Veröffentlichungen aus der
Forschungsstelle für Theoretische Pathologie
(Professor Dr. med. Dr. phil. Dr. h. c. H. Schipperges)
der Heidelberger Akademie der Wissenschaften

W. Doerr   H. Schipperges (Hrsg.)

Modelle der Pathologischen Physiologie

Mit 43 Abbildungen

Springer-Verlag
Berlin Heidelberg New York
London Paris Tokyo

Prof. Dr. Dres. h.c. Wilhelm Doerr
em. Direktor des Pathologischen Instituts
der Universität Heidelberg
Im Neuenheimer Feld 220–221, D-6900 Heidelberg

Prof. Dr. med. Dr. phil. Dr. h.c. Heinrich Schipperges
em. Direktor des Instituts für Geschichte der Medizin
der Universität Heidelberg
Im Neuenheimer Feld 305, D-6900 Heidelberg

ISBN-13:978-3-642-83193-5   e-ISBN-13:978-3-642-83192-8
DOI: 10.1007/978-3-642-83192-8

CIP-Kurztitelaufnahme der Deutschen Bibliothek
Modelle der Pathologischen Physiologie / W. Doerr; H. Schipperges (Hrsg.). –
Berlin; Heidelberg; New York; London; Paris; Tokyo: Springer, 1987
(Veröffentlichungen aus der Forschungsstelle für Theoretische Pathologie der
Heidelberger Akademie der Wissenschaften)
ISBN-13:978-3-642-83193-5

NE: Doerr, Wilhelm [Hrsg.]

Einband: J. Schäffer GmbH & Co. KG, Grünstadt – 2125/3140-543210

Vorwort

Am 8. November 1986 veranstaltete die Forschungsstelle für Theoretische Pathologie der Heidelberger Akademie der Wissenschaften ein interdisziplinäres Symposium, das aus Anlaß des 80. Geburtstages von Hans Schaefer einen festlichen Rahmen fand. Als Thema hatte sich der Jubilar – Mitglied der Kommission für Theoretische Pathologie und Leiter eines Arbeitskreises „Modelle" – „Modelle der Pathologischen Physiologie" gewünscht und damit eines der tragenden Themen des 19. und 20. Jahrhunderts getroffen.

Im Oktober des Jahres 1824 schon hatte der junge Johannes Müller – der Urahn aller heute noch lebenden Physiologen – zu Bonn eine damals vielbeachtete Antrittsvorlesung gehalten mit dem aufregenden Titel: „Von dem Bedürfnis der Physiologie nach einer philosophischen Naturbetrachtung", eine Rede, die mit dem Satz schließt: „Die Physiologie ist keine Wissenschaft, wenn nicht durch die innige Vereinigung mit der Philosophie. Die Medizin ist keine Wissenschaft ohne den Anfang und das Ende der Physiologie".

Diesem Schluß würde vielleicht auch unser Jubilar noch zustimmen, wenngleich er seine Rede eher nennen würde: „Von dem Bedürfnis der Philosophie nach einer physiologischen Betrachtung"! Hier hätte es Hans Schaefer eher mit dem großen Physiologen Du Bois-Reymond gehalten, der einmal sarkastisch bemerkte: „Wir glauben, daß die Philosophie an manchen Stellen Vorteil aus der naturwissenschaftlichen Methode ziehen kann, nicht aber umgekehrt die Naturforschung aus der Methode der Philosophie" (Reden I, 438).

Und damit wären wir schon mitten in der Problematik der akademischen Festsitzung, einem Colloquium, das sich – Hans Schaefer zu Ehren – befaßte mit Modellen der Pathologischen Physiologie! Neben historischen Modellvorstellungen konnten vor allem analytische und empirische Untersuchungen zu Wort kommen. Mit laufenden Projekten sollte auch eine Perspektive auf die Forschungsvorhaben der Kommission für Theoretische Pathologie gegeben werden. Über die Referate hinaus durften wir zahlreiche weitere dem Jubilar gewidmete Beiträge zum Thema aufnehmen.

Heidelberg, im Sommer 1987   Die Herausgeber

Inhaltsverzeichnis

Mitarbeiterverzeichnis

Dr. med AXEL BAUER
  Institut für Geschichte der Medizin
  Im Neuenheimer Feld 305, D-6900 Heidelberg

Prof. Dr. med. BENEDICTO CHUAQUI
  Universidad Catolica de Chile, Santiago (Chile)

Prof. Dr. med. Dres. h. c. WILHELM DOERR
  Pathologisches Institut
  Im Neuenheimer Feld 220–221, D-6900 Heidelberg

Prof. Dr. AUGUST WILHELM VON EIFF
  Lehrstuhl für Innere Medizin
  Medizinische Universitäts-Klinik
  Sigmund-Freud-Str. 25, D-5300 Bonn 1

Prof. Dr. med. THEODOR M. FLIEDNER
  Abteilung für Klinische Physiologie und Arbeitsmedizin
  Oberer Eselsberg, D-7900 Ulm

Prof. Dr. med. FRITZ HARTMANN
  Abteilung für Innere Medizin
  Medizinische Hochschule Hannover
  Karl-Wichert-Allee 9, D-3000 Hannover-Kleefeld

Prof. Dr. med. BERNHARD HASSENSTEIN
  Institut für Biologie/Zoologie
  Albertstr. 21, D-7800 Freiburg

Dr. med. GABRIELE HAUG-SCHNABEL
  Universitäts-Kinderklinik
  Mathildenstr. 1, D-7800 Freiburg

Dr. phil., Dr. med. PETER HUCKLENBROICH
  Institut für Theorie und Geschichte der Medizin
  Waldeyerstr. 27, D-4400 Münster

Prof. Dr. med. WOLFGANG JACOB
    Abteilung Arbeits- und Sozialhygiene
    Im Neuenheimer Feld 368, D-6900 Heidelberg

Prof. Dr. med. Dr. h. c. HANS SCHAEFER
    Waldgrenzweg 15/2, D-6900 Heidelberg

Prof. Dr. med. Dr. phil. Dr. h. c. HEINRICH SCHIPPERGES
    Institut für Geschichte der Medizin
    Im Neuenheimer Feld 305, D-6900 Heidelberg

Prof. Dr. P. TAUTU
    Institut für Epidemiologie und Biometrie
    am Deutschen Krebsforschungszentrum
    Im Neuenheimer Feld 280, D-6900 Heidelberg

Prof. Dr. med. GUSTAV WAGNER
    Institut für Dokumentation, Information und Statistik
    am Deutschen Krebsforschungszentrum
    Im Neuenheimer Feld 280, D-6900 Heidelberg

Einführung: Das Konzept der Theoretischen Pathologie

Wilhelm Doerr

Als HEINRICH SCHIPPERGES und ich 1960 in Kiel gelegentlich über die „Lage" der wissenschaftlichen Medizin in Deutschland sprachen, stellten sich uns sogleich Wort und Begriff „Theoretische Pathologie" ein. Es lag in der Natur unserer fachlichen Zugehörigkeit, also des intellektuellen Standortes, daß der eine (H. SCHIPPERGES) Theoretische Pathologie vorwiegend im Sinne eines geisteswissenschaftlichen Auf- und Umrisses der Gesamtmedizin als Physiologie, Pathologie und Therapeutik verstand, daß der andere (DOERR) Theoretische Pathologie unter voller Wahrung aller Bindungen an die naturwissenschaftlichen Grundlagen der „Medizin als Heilkunde" versuchen wollte, problemgeschichtliche Zusammenhänge, Fragen der mathematischen Logik, evolutive anthropologische Gegebenheiten, wo immer nötig auch unter Nutzung des hermeneutischen Instrumentariums, anzugehen.

Wir waren uns einig, daß hier ein weites Feld ebenso schwieriger wie fesselnder Aufgaben liegen würde. Selbstverständlich waren uns die Bemühungen von K. E. ROTHSCHUH um eine „Theorie des Organismus" vertraut. Ich hatte ROTHSCHUHs „Geschichte der Physiologie" regelmäßig und seit Jahren für meinen eigenen Unterricht konsultiert, mein Fachkollege HOLLE in Leipzig hatte ROTHSCHUHs „Theorie" für unsere „Berichte Pathologie" rezensiert (1959/60).

Aber wir - SCHIPPERGES und ich - sind ganz unbewußt - fast instinktiv - eigene Wege gegangen. Freilich konnte es nicht ausbleiben, daß wir uns gelegentlich, jedenfalls methodologisch, voneinander entfernten, aber wir haben uns doch immer wieder getroffen.

Die Worte, teilweise auch - die Begriffe „Theoretische Medizin", „Theorie der Medizin" im Zusammenhang mit der „Pathologischen Physiologie", aber auch die „Theoretische Pathologie" sind viel älter, als man denken sollte, - vorvirchowisch, bei RUDOLF VIRCHOW selbst, bei LUDOLF KREHL zu finden. Die Pathologen vom Fache, d.h. die Sprecher der institutionalisierten Pathologie, hatten sich nicht immer um derlei Fragen hinlänglich gekümmert. Eine *Allgemeine* Pathologie kennen wir erst seit VIRCHOW; seine Schüler V. RECKLINGHAUSEN und besonders COHNHEIM haben die klassische Allgemeine Pathologie als Fachrichtung begründet: COHNHEIMs Vorlesungen zur Allgemeinen Pathologie waren weltberühmt; KREHL war Professor der Speziellen Pathologie und Therapie und hat gemeinsam mit dem Pathologen FELIX MARCHAND (Leipzig) das Handbuch der *Allgemeinen* Pathologie (Bd. I 1908, Verlag S. Hirzel) herausgegeben. Es blieb ein Torso, aber es war epochemachend. Die Pathologen standen in der Faszination dieser allgemeinen, vorwiegend mit morphologischer Methodik erarbeiteten Krankheitslehre:

ERNST SCHWALBE – Lehrbuch der Allgemeinen Pathologie, Stuttgart: F. Enke 1911;
N. PH. TENDELOO – Lehrbuch der Allgemeinen Pathologie, Berlin: Julius Springer 1919 und 1923;
FRANZ BÜCHNER – Urban und Schwarzenberg seit 1951 in vielen Auflagen;
ERICH LETTERER – Stuttgart: Georg Thieme 1959.
Schließlich die Krönung, nämlich das neue Handbuch der Allgemeinen Pathologie von F. BÜCHNER, E. LETTERER und F. ROULET, Berlin-Göttingen-Heidelberg: Springer seit 1955.

Um zu konturieren, worum es sich bei der Theoretischen Pathologie handelt, ist es nützlich, *zwei Dinge* auszusprechen:

einmal, nicht jede Form der Pathologie wird mit morphologischer Methodik betrieben; ich denke nicht nur an die Pathologische Physiologie, sondern u. a. auch an KARL JASPERS und seine Allgemeine Psychopathologie;
zum anderen an die Differenzierung der Pathologie in hinlänglich ausgewiesene konventionelle Richtungen. Diese sind

1. die Pathologische Anatomie. Sie steht der Klinik ganz nahe. Sie untersucht den Einzelfall und arbeitet idiographisch; sie ist eine Ereigniswissenschaft;
2. die Allgemeine Pathologie. Sie stellt die Abstraktion der Summe aller Erfahrungen einer speziellen pathologischen Anatomie dar; sie sucht und möchte finden allgemeine Gesetzlichkeiten, nach denen sich Krankwerden und Kranksein vollziehen. Sie arbeitet nomothetisch; sie ist eine Gesetzeswissenschaft.
3. Man spricht heute gern von praktischer oder chirurgischer Pathologie. Diese arbeitet diagnostisch, zwar vorwiegend mit morphologischer Methodik, aber sie steht der Laboratoriumsmedizin nahe.

Da sich die Pathologie in den Jahren meiner aktiven Dienstzeit, vielfach stärker als früher, monetären „Gelegenheiten" zuwendete, da unsere Institute zu riesenhaften Dienstleistungsbetrieben wurden, hatte ich das elementare Bedürfnis zu zeigen, daß viele Fragen unserer „Pathologie als Wissenschaft" rein gedanklicher Natur, nämlich solche einer betonten *Innerlichkeit* wären. Diese sollten erhalten bleiben, ja wenn möglich zunehmend fortentwickelt werden. Den Komplex *dieser* Probleme

alles Begriffliche,
alles, was mit den geistigen Aufgaben einer wissenschaftlichen Pathologie zusammenhängt,
das demonstrative und plausible Schließen,
die Lehre von den Gestalten im Sinne dessen, was man Gestaltphilosophie oder
Gestalttheorie nennen kann,
die Prinzipien der Pathogenese, insoweit diese mit den Gesetzen der physikalischen Chemie
zusammenhängen,
Evolutionslehre und Störungen der Entwicklungsgeschichte,
Heterochronie und Homologieprinzip, schließlich
anthropologische Fragen aus der Sicht des gelernten Pathologen – nämlich: Gibt es menschenspezifische Krankheiten, und welche sind diese? –,

alles dies – und noch einiges dazu – machen das aus, was man „Theoretische Pathologie" nennen *kann.*

Im Jahre 1979 haben meine Freunde eine wissenschaftliche Aussprache in größerem Rahmen über „Konzepte der Theoretischen Pathologie" durchgeführt. Dabei kam es – im Ductus einer temperamentvollen Aussprache – zu einer Kontroverse mit dem hochverdienten Altmeister unseres Faches, Herrn Professor BÜCHNER. Für ihn bedeutete die Summe der Verhandlungsergebnisse *damals* so etwas wie ein Bündel von Daten zur Allgemeinen Pathologie. Er verwies mit Recht auf die Prolegomena seines eigenen Handbuches und meinte, es sei besser, auf die Bezeichnung „Theoretische Pathologie" zu verzichten. Sein Schüler H.-W. ALTMANN hat kürzlich in einer Rückschau auf sein eigenes Berufsleben die Allgemeine Pathologie als das „Innerste" der morphologischen Krankheitsforschung bezeichnet.

Dies ist alles unstreitig richtig. Doch darf ich daran erinnern, daß jede Zeit ihre eigene Befangenheit hat. Unsere Institute, in denen die Pathologie qua Amt planmäßig betrieben wird, sind zu diagnostischen Hilfseinrichtungen der Kliniken geworden, und es bleibt oft nicht die Kraft, die ideellen weiterreichenden, um nicht zu sagen höheren Bindungen herauszustellen.

Darf ich in den 25 Minuten, die mir heute zugestanden wurden, *folgende Beispiele* vortragen, die deutlich machen könnten, was ich unter Theoretischer Pathologie verstehe. Ich möchte sprechen

1. über den Begriff des Krankhaften aus der Sicht des Pathologen;
2. über Gestalttheorie in ihrer Bedeutung für die Konzeption nosologischer Entitäten, – ich meine bestimmt-charakterisierbare Krankheitsgruppen;
3. über Evolution und Pathologie;
4. über vergleichende Morphologie und pathische Manifestationen.

Zu 1): Das Menschsein beginnt mit dem Bedürfnis, sich ein Bild von der Wirklichkeit zu machen (BURKHARDT 1965). Ich habe von dem „Begriff des Krankhaften" gesprochen. Das „Krankhafte" umfaßt mehr, als mit dem Wort „Krankheit" gemeint sein kann. „Krankhaft" ist die Gesamtheit aller aus der Variationsbreite gestaltlicher und funktioneller Lebensäußerungen herausfallender Erscheinungen. Gesundheit bedeutet ungestörtes Leben in voller Harmonie, und zwar aller körperlich-substantiellen und aller psychisch-intellektuellen Funktionen. „Leben" – unendlich vereinfacht ausgedrückt – bedeutet „Geschehen in der Zeit, gebunden an ein variables materielles Ordnungsgefüge" (DOERR et al. 1975).

Gesundheit und Krankheit sind alternative Erscheinungsweisen des Lebens (MÜLLER 1969). Insofern Gestalten nicht *sind,* sondern *geschehen,* bedeutet Leben „Ereignisabfolge" mit dem Ziele der Erhaltung organismischer Strukturen. Die Besonderheiten des Lebens beruhen nicht auf einem chemischen Mysterium, sondern auf Organisiertheit. Die organismische Theorie betrachtet die Existenz des Lebens von einem systemanalytischen Standpunkt aus. Lebende Systeme gelten als thermodynamisch offene Systeme (v. BERTALANFFY 1965). Ihre Grundeigenschaften sind (1.) Metabolismus, (2.) Selbstreproduktivität und (3.) Mutabilität. Lebende Systeme besitzen auch invariate Eigenschaften (PRIGOGINE 1980; KÜPPERS 1980/81). Es ist das Verdienst von PRIGOGINE, der verallgemeinerten Thermodynamik offener Systeme eine Form gegeben zu haben, die es gestattet, komplizierte Erscheinungen wie die Übergänge von einer Gleichgewichtsstruktur auf eine dissipative Struktur zu erfassen (TRINCHER 1981). Durch das Auftauchen irreversibler Prozesse entstehen Strukturen, die weit von einem Gleichgewicht im Sinne der physikalischen Chemie entfernt sind. Wenn biologische Systeme durch eine Informationsgröße beschrieben werden, kommt eine enge Beziehung zwischen Entropie und Organisation ins Spiel (TRINCHER 1981). Anorganische Materie und lebendige Masse unterliegen den gleichen Fundamentalgesetzen der Thermodynamik und der Entropieregel. Aus diesem Grunde gibt es weder ein ewiges, noch ein auf die Dauer störungsfreies Leben. Krankheit im Sinne der physikalischen Chemie ist der „wahrscheinlichere", Gesundheit als störungsfreies Leben der „weniger wahrscheinliche Fall". DIETER FLAMM, Professor der Theoretischen Physik in Wien, hat durch seine Arbeit „Der Entropiesatz und das Leben. 100 Jahre BOLTZMANNsches Prinzip", selbstverständlich absolut unabhängig von mir, Ähnliches ausgedrückt, – aber auch im mathematischen Bereich seiner Schlüsse (ich nenne die SCHRÖDINGERsche Gleichung [CHUAQUI 1985]) –, Widerspruch gefunden. Auch im Reich der anorganischen Materie gibt es abnorme Strukturen, die man, wenn man will, als „krank" bezeichnen kann. Krankheit im Sinne *ärztlicher* Betrachtung kann aber nur die Störung eines „offenen Systemes" sein, und zwar durch Heterochronie, Heterotopie, Heterometrie, das Ganze verbunden mit dem *Charakter der Gefahr.*

Der menschliche Organismus ist keine Wärmekraftmaschine, und die Cartesianische Betrachtung liegt lange hinter uns. Aber der Wirkungsgrad unserer Zellverbände kann kurzzeitig bis 40% betragen. Dieser Wert stimmt mit dem Nutzungsgradient der Wärmekraftmaschine überein. Nur ein Teil der in der Nahrung enthaltenen chemischen Energie wird in mechanische umgewandelt. Dies geschieht in Übereinstimmung mit dem Entropiesatz. Weil ein Zustand des thermodynamischen Gleichgewichts eine bedeutend größere Wahrscheinlichkeit besitzt als jeder Nicht-Gleichgewichtszustand, sind – wohl verstanden nur aus der Sicht der Physik – Krankwerden und Altern, Krankheit und hohes Alter gleichwertig (DOERR 1983; WISSEROTH 1983). Es handelt sich um eine „feldchemische Erscheinung", verständlich gemacht durch die „quantenmechanische Katalysetheorie". Sie hängt im Letzten mit den Möglichkeiten der Regeneration im subzellularen Bereich zusammen.

HEINRICH SCHIPPERGES verdanke ich das GOETHE-Zitat: Gesundheit ist kein Zustand, „Gesundheit ist das Gleichgewicht entgegengesetzter Kräfte", und an anderer Stelle sagte GOETHE „Gesundheit ist eine Idee"!

Zu 2): Einige Worte zur *Gestalttheorie* in ihrer Bedeutung für die Erkennung nosologischer Entitäten. Ich hatte jahrelang versucht, *entzündliche Organkrankheiten* so zu ordnen, daß der Stoff lernbar, aber nach der Sache angemessen gegliedert würde (Pankreatitis, Endokarditis, Myokarditis).

Abb. 1. Schematische Darstellung der Ausbreitungsmuster der sechs Hauptformen der Encephalitis nach Hugo Spatz. Die Festlegung der Befalls-Orte gestattet die nosologische Zuordnung des Encephalitis-Types ohne Rücksicht auf ätiologische Einzelfragen. ▷
a Ausbreitungstyp der sog. Meningoencephalitis, *b* Ausbreitungstyp der metastatischen Herdencephalitis z. B. nach Endocarditis lenta, *c* Ausbreitungsmuster der kontinuierlichen Polioencephalitis mit Bevorzugung des Endhirns, sog. Paralysetypus (d. h. bevorzugte Lokalisation der Veränderungen bei progressiver Paralyse), *d* Ausbreitungstyp der fleckförmigen Polioencephalitis mit Bevorzugung des Hirnstammes z. B. bei Encephalitis epidemica, *e* Ausbreitungstyp der herdförmigen Entmarkungsencephalitis z. B. bei akuter multipler Sklerose, *f* Ausbreitungsmuster der diffusen perivenösen Herdencephalitis z. B. bei Encephalitis nach Masern, nach Pokken-Schutzimpfung u. a.

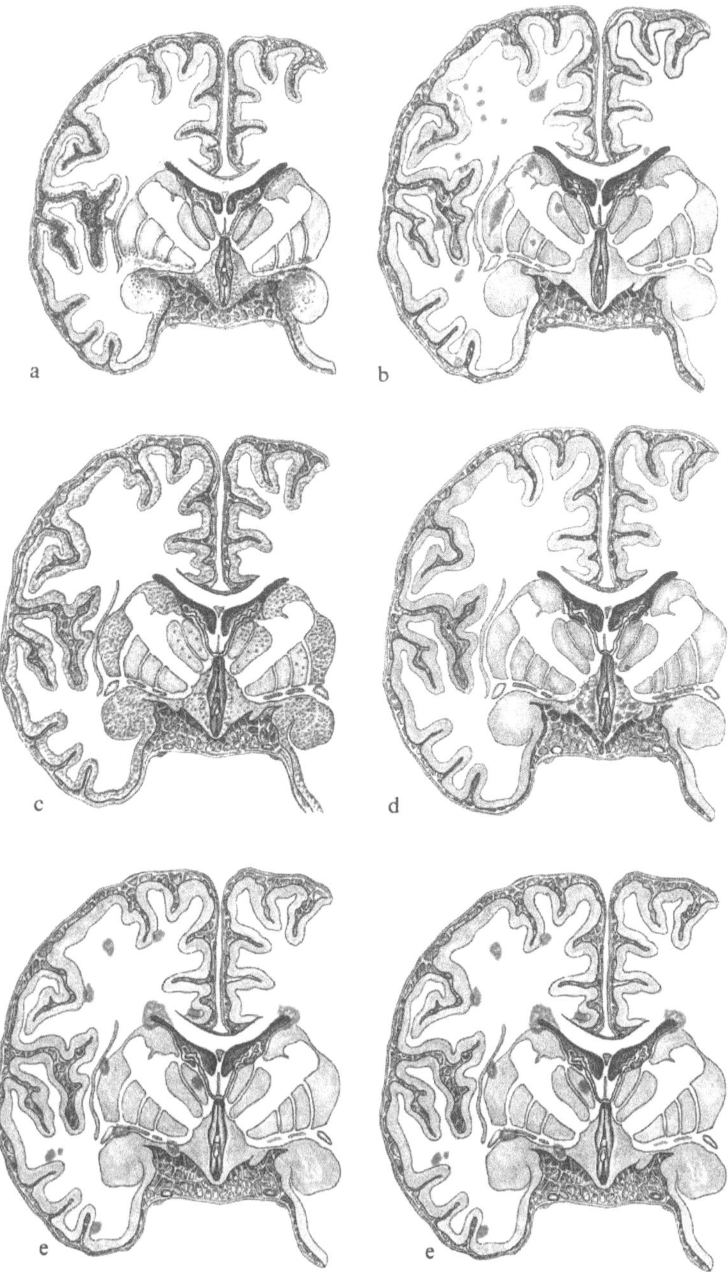

Sogenannte entzündliche Organkrankheiten kann man einteilen nach der Ursache (belebte Erreger, Toxine), der Beschaffenheit eines Exsudates (serös, fibrinös, leukocytär etc.), nach der Hodogenese, also dem Entstehungsweg (nämlich hämatogen, kanalikulär, aus der Nachbarschaft), nach dem zeitlichen Auftreten oder der Verlaufsgeschwindigkeit (angeboren oder erworben; akut, subakut, rezidivierend, chronisch). All das ist ohne Leben und lernerisch niemand zumutbar. Große Organkrankheiten kann man nur einteilen nach ihrem klinisch-anatomischen Erscheinungsbild. Man hat geäußert, „Krankheitseinheiten" seien „symptomatologisch-syndromatologische Einheiten" (LEIBER 1973). „Gesund" und „krank" seien anthropozentrische Wertungen. Sie gehörten nicht in logische, sondern ästhetische Kategorien (PROPPE 1973). Wer dies ernstlich vertritt, hat die Elemente der Gestaltphilosophie nicht verstanden (DOERR 1984).

Sie hat uns die Möglichkeit gegeben, die Tatsachen in Biologie und Pathologie frei von Spekulationen, frei von einer anthropomorph orientierten Geisteshaltung, nämlich *organismisch* zu verstehen. Organismisch ist alles Denken, das auf die empirische Tatsache der Gesamtheit und Individualisiertheit des Lebens ausgerichtet ist. „Organismus" ist kausal unerklärbar; es handelt sich um einen Urbegriff, der weitere Auflösung weder zuläßt noch benötigt.

Eine wichtige Methode, die dem Patho-Anatomen ganz allein gehört und die geeignet ist, in bestimmten Fällen großer Organkrankheiten zur Umreißung einer Entité morbide zu gelangen, besteht in folgendem:

1. HUGO SPATZ hat 1930 die morphologischen Befunde bei allen ihm erreichbaren *Encephalitisformen* in frontale Hirnschnittkarten eingetragen und auf diese Weise 6 Ausbreitungsformen menschlicher Hirn- (Hirnhaut)-Entzündungen erarbeitet (Abb. 1). Dieses Vorgehen war seinerzeit eine befreiende Tat, denn die Ätiologie der Encephalitiden war weitgehend dunkel. Mit einem Schlage zog Ordnung in die sinnverwirrende Fülle der Erscheinungen ein. Man konnte sich vorstellen, welche klinischen Konsequenzen der bevorzugte Befall bestimmter Hirnareale haben mußte.
2. Ich bin vor 20 Jahren ähnlich vorgegangen, um die Wunderwelt der Myokarditis zu ordnen (DOERR 1967, 1971). Es wurden Herzschnittkarten angelegt und Ausbreitungsmuster erarbeitet. Wiederum ließen sich 6 Hauptmanifestationsformen differenzieren (Abb. 2). Sie haben sich auch insofern bewährt, als man in Fällen der mors subita durch Nachweis einer bestimmt-charakterisierbaren Lokalisation des entzündlichen Prozesses Rückschlüsse auf die Ätiologie der Herzerkrankung – mindestens auf deren Gruppenzugehörigkeit – ziehen kann.
3. Mein Lehrer SCHMINCKE hatte sich sein Leben lang mit der Klärung des Ablaufes der „Tuberkulose als Krankheit", besonders der Lungentuberkulose, beschäftigt. Es ging ihm um die gestaltliche Äquivalenz der Lehre von KARL ERNST RANKE (Einzelheiten bei DOERR 1983). SCHMINCKE fand Hilfe vor allem durch WALTER PAGEL (später in London). Als kurzgefaßtes Resultat aller Arbeiten fand sich das erstaunliche Fazit, daß die Lungentuberkulose des erwachsenen Menschen in 73% aller Fälle als Folge einer endogenen Re-Infektion gelten darf (Abb. 3). PAGEL erkannte, daß RANKE, der ein Neffe des Historikers LEOPOLD V. RANKE war und eine gute Ausbildung auch in Philosophie und Historiographie besaß, offenbar unbewußt die Krankheits-

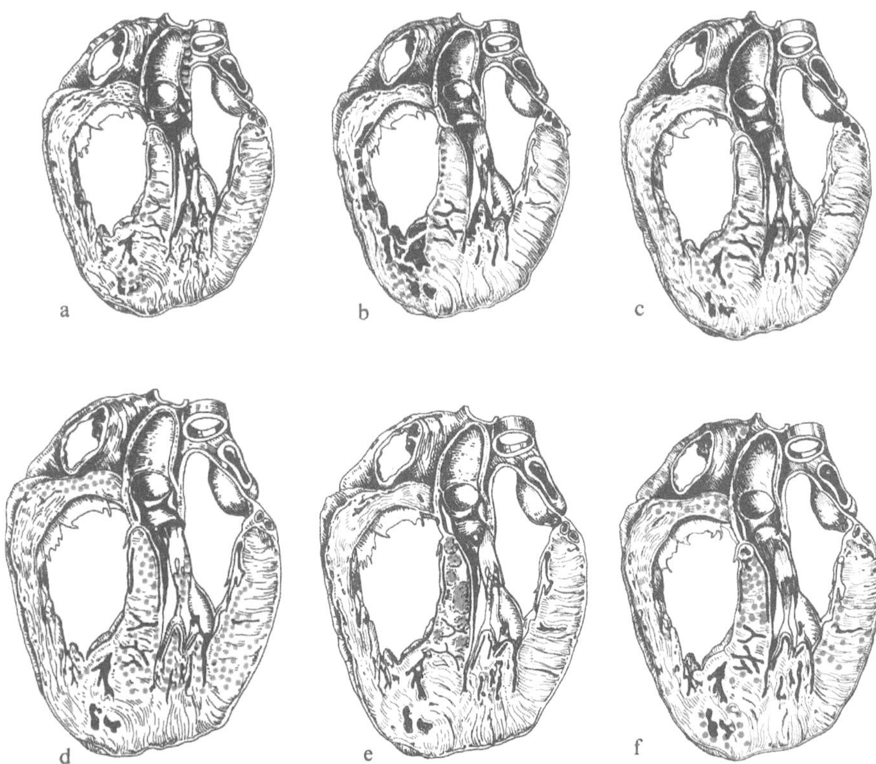

Abb. 2. Darstellung der Ausbreitungsmuster der Hauptformen menschlicher Myokarditis nach W. Doerr (1967). Da die Diagnose ‚Myokarditis‘ vielfach erst intra autopsiam gestellt wird, kann eine serologische Bestimmung des etwaigen mikrobiellen Erregers nicht mehr erfolgen. Die topologische Zuordnung der Desintegrationsherde gestattet es aber, ex post eine ‚Gruppenzugehörigkeit‘ der Myokarditis zu erkennen. Einzelheiten bei W. Doerr (1967 und 1971).
a Ausbreitungsmuster des Rheumatypus, *b* Ausbreitungsmuster des Diphtherietypus, d.h. der Myokarditis nach toxischer Diphtherie, *c* Ausbreitungsmuster der infektallergischen Myokarditis, Bevorzugung des rechten Herzens, *d* Ausbreitungsmuster der Myokarditis nach Virusbefall, *e* Ausbreitungstypus der Myokarditis durch Granulombildung, z.B. Riesenzellenmyokarditis (Beziehung z. Morbus Boeck), aber auch nach Tuberkulose, Lues, Lepra, *f* Ausbreitungstypus der Myokarditis nach Trypanosomiasis, z.B. Chagaskrankheit durch Schizotrypanum Cruzi

gestalt, d.h. die Interferenz von zeitlichen Ereignissen und örtlichen Manifestationen – ex ante richtig – freilich zu einer Zeit lange vor eingreifenden therapeutischen Möglichkeiten – erkannte. Mit anderen Worten, die RANKE-sche Lehre von dem Ablauf der nicht eigentlich behandelten Lungentuberkulose ist ein klassisches Beispiel „substantiierter Gestalttheorie". Sic!

Nosologische Entitäten sind also Realitäten und keine Gedankenspiele. Sie sind logisch begründbar und durch Interferenz von „Raumgestalt" und „Zeitgestalt" charakterisiert. Diese Art der Naturbetrachtung ist ein Kernstück unserer Theoretischen Pathologie.

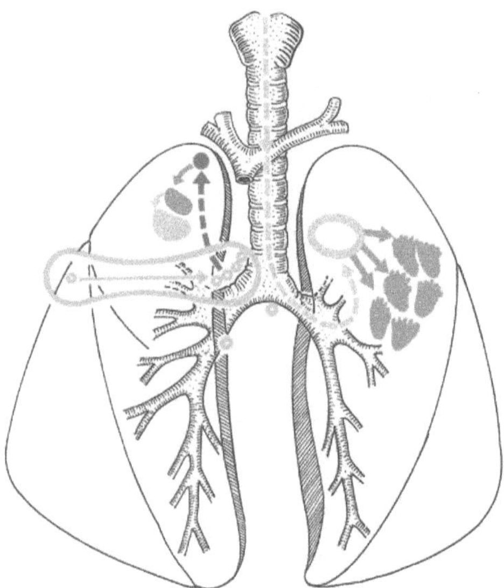

Abb. 3. Darstellung der Lungentuberkulose als „Krankheitsgestalt" und zwar nach den Untersuchungsergebnissen von Schmincke und Pagel (ausführlich dargestellt bei W. Doerr, 1983). Ergebnis: Die Tuberkulose des Erwachsenen ist in der weit überwiegenden Zahl der Fälle die Folge einer endogenen Re-Infektion. Daher die Formulierung der Heidelberger Schule: „Wir Schmincke-Schüler sind Endogenisten!"

Zu 3): Lassen Sie mich einige Daten über Evolution und Pathologie vorlegen. Alle Pathologen von Rang haben sich immer wieder einmal mit den hierhergehörigen Fragen beschäftigt (VIRCHOW 1886; v. HANSEMANN 1909; ASCHOFF 1927; FRANZ BÜCHNER 1985). In der alten Zeit standen die Untersuchungen unter dem Problemdruck des Lamarckismus und Darwinismus, heute stehen Fragen der Manipulation des menschlichen Erbgutes im Mittelpunkt.

Wir pflegen zu sagen, das *Gen* sei die Einheit der *Vererbung,* das *Individuum* die Einheit der *Selektion,* die *biologische Art* die Einheit der *Evolution.* Wenn man frägt, was die konventionelle Pathologie mit der Evolution zu tun habe, denkt man an ERNST SCHWALBE und die von ihm erarbeitete Penetranz stammesgeschichtlicher Entwicklungswege. Ich hatte 1983 vor meiner Fachgesellschaft Probleme der *Heterochronie* und die Lehre von den *Individualzyklen* ausgebreitet. Erstere habe ich am Beispiel von Herz- und Hirn-Entwicklung zu erläutern versucht; hierauf gründet sich die Pathoklise „großer Herz- und bestimmter Hirnkrankheiten". Letztere geht auf den Zoologen HARMS und unser Akademie-Mitglied OTTO PFLUGFELDER zurück.

Danach kann man die tierischen Lebewesen der Erde nach den zellularen Zyklen in *drei Gruppen* einteilen. In diesem Sinne gibt es

1. *labile regulative Tierformen* mit ausgezeichneter Regeneration. Geschwülste kommen nicht vor;
2. *halbstabile Tierformen* mit unvollständigen regeneratorischen Fähigkeiten; Geschwülste kommen reichlich vor;
3. *stabile Tierformen* ohne jede Regeneration. Geschwülste sind nicht bekannt.

Nur halbstabile tierische Lebewesen sind tumorfähig. Es handelt sich um Mollusken, Arthropoden und Chordaten. Hierher gehört auch der Mensch. Bei allen Vertebraten, einschließlich des Menschen liegen „halbstabile" Zellsysteme vor, die durch eine „inadäquate" Antwort auf einen Reiz Geschwulstgewebe entstehen lassen. Für die morphologische Leistung dieses cancerogenen Reizes sind wahrscheinlich mehrere – bis sieben (!) – zellulare Schritte erforderlich (NORDLING 1953). Daß man aus einem Wirbeltier ein stabiles, d.h. zell- und faserkonstantes Lebewesen ohne jede Regeneration oder das Gegenteil, ein labiles mit unerschöpflicher Regeneration machen könnte, ist ausgeschlossen. Aber daß man diejenige *Stelle* der *Chromosomenstruktur* ausfindig machen könnte, in deren Bereich die Fähigkeit lokalisiert ist, eine Cancerisierung entstehen zu lassen, wäre nicht undenkbar. Man darf wohl nicht zu viel erhoffen; eine mittelbare, also indirekte Hilfeleistung liegt aber doch im tentativen Erwartungs-Spielraum der Theoretischen Pathologie. Andererseits ist unsere Zuweisung zu dem Zyklus der halbstabilen Lebewesen im *Ordovizium*, d.h. vor 500 Millionen Jahren, erfolgt. Sie stellt so etwas dar wie ein *unerbittliches somatisches Fatum*, das auf uns lastet mit aller Schwere. Man sollte dies sehen, und man sollte sein Schicksal annehmen.

Zu 4): Ich wollte etwas zur *vergleichenden Morphologie* und zu den aus ihr verständlich zu machenden pathischen Manifestationen sagen: Homo heidelbergensis hat vor mehr als 400000 Jahren gelebt. Er lag nicht in der Entwicklungslinie von homo sapiens sapiens. Hierunter versteht man den Cromagnon-Menschen vor etwa 20000 Jahren. Der entscheidende Schritt der Menschwerdung ist die Lösung unserer Vorfahren vom Erdboden, die ständige aufrechte Körperhaltung, die Lokomotion mit den Mitteln der hinteren Extremitäten, die freie Benutzung der Arme und Hände, – dies alles durch eine Impulsgebung zum Gehirn und von diesem zurück. Ohne ergon kein organon, ohne daß die Hand begriff, konnte das Auge nicht sehen! Allein die Sprache hat den Menschen menschlich gemacht. Es ist selbstverständlich, daß die Statik des Schädels durch die Aufrichtung seines Trägers eine andere – eine labile – werden mußte. Ich will etwas zum *Kopf des Menschen* sagen. Er ist das vornehmste Zeugnis der Hominisierung, er ist aber auch ein Atrium morbi et mortis (DOERR 1986).

Der entscheidende Vorgang für die Gestaltung unseres Hauptes war der, daß der Gesichtsschädel *unter* den Gehirnschädel zu stehen kam. Dabei ist es interessant, daß die embryofetale Kopfentwicklung bei Hund, Affe und Mensch *zu-*

nächst starke Ähnlichkeiten aufweist, die menschenspezifischen Entwicklungsschritte erst gegen Ende der Tragzeit zurückgelegt werden. Die Entwicklung nimmt also, von einer ähnlichen Ausgangsform herkommend, einen divergenten Verlauf.

Daß die besondere Stellung der Hominiden im Kreis aller Lebewesen durch die *progressive Cerebration* garantiert wird, ist Ihnen bekannt. Allein, wer die Form des rezenten menschlichen Kopfes bestimmt, ist nicht ganz ausgemacht. Ist es die knöcherne Konstruktion oder die nervöse Masse? Lassen Sie mich einen Augenblick historisch zurückblenden: GOETHE hatte 1784 das Os intermaxillare gefunden und 1790 auf dem Judenfriedhof in Venedig die Wirbeltheorie des Schädels konzipiert. LORENZ OKEN hat die Wirbeltheorie 1807 expressis verbis inauguriert. GOETHES morphologische Forschung und SCHILLERS ästhetische Spekulation sind der Anfang der typologischen Betrachtungsart. Ihr Wesen besteht darin, daß ein ideelles Schema, ein Idealtypus, entsteht, der so und in der Wirklichkeit nicht vorkommt.

Der Zweck einer solchen Betrachtungsweise besteht darin, das Besondere eines Phänomens zu verdeutlichen. Kein organisches Wesen ist ganz der Idee, die zugrunde liegt, entsprechend; hinter jedem steckt die höhere Idee (VIËTOR 1949). Und auf diese komme es an!

Es ist nun sehr bemerkenswert, daß ein Unvollendeter, der von einer sozialen Vision getragene Dichter GEORG BÜCHNER, in seiner Zürcher Antrittsvorlesung 1836 die Wirbeltheorie unabhängig, d. h. selbständig wieder entdeckte und eine Homologisierung zwischen Rückenmark und Gehirn, Wirbelsäule und Schädel, Spinalnerven und Hirnnerven skizzierte.

Der Anatom HERMANN BRAUS hatte schon 1921 Grund und Gegengrund dargelegt und gezeigt, inwieweit man den menschlichen Schädel als wirbelig ansprechen darf. BRAUS löste die Wirbeltheorie des Schädels durch GEGENBAURS *Segmenttheorie* ab. Er unterschied den chordalen und prächordalen Abschnitt des Schädels und erläuterte, daß das Primordialcranium aus Urschädel und Wirbelschädel besteht. Bei allen Amnioten und auch beim Menschen sind durch die zugehörigen Nerven „die drei letzten Wirbel nachweisbar, die in den hintersten Teil des Schädels aufgenommen sind".

Die Theoretische Pathologie erwartet, daß es Belege für die Richtigkeit dieser Auffassung gibt. Tatsächlich kennt die Pathologische Anatomie *zwei Beispiele,* die geeignet sind, die phylogenetisch präformierte Organisation der Schädelbasis wie durch ein Schlaglicht zu erhellen. Ich meine die *basilare Impression* und die Reste der *Chorda dorsalis.*

Erstere ist die Folge einer fehlerhaften Konstruktion des Clivus Blumenbachi. Der okzipitale Rand des Clivus erscheint eleviert und höckrig gegen die rostalen Abschnitte abgesetzt. Unter den Bedingungen eines Hirnödems kann es zu tödlicher Steigerung des intrakraniellen Druckes und Tod durch Atemlähmung kommen. Sodann erinnere ich daran, daß Reste der Chorda dorsalis bis an die Grenze der Sutura spheno-occipitalis auftreten können. Der erfahrene Obduzent erkennt sie leicht bei der Herausnahme des Gehirnes, weil am Orte des chorda-Reliktes eine Exostose liegt, offenbar entstanden durch Wachstum des chordalen Gewebekeimes. In seltenen Fällen entsteht ebendort ein *Chordom,* die Ekchondrosis physalifora im Sinne von VIRCHOW.

Zu der Zeit, als GEORG BÜCHNER in Zürich promoviert wurde (1836), war vorwiegend in der Folge der viel kritisierten Arbeiten von FRANZ JOSEPH GALL (1758–1828) ein bis dahin den Philosophen vorbehaltener Bereich „biologisiert" worden:

die Psychologie,
die Verhaltenslehre,
die Soziabilität des Menschen,
die Geisteskrankheiten.

Seit dieser Zeit interessierte die Frage, wer eigentlich die Form des menschlichen Schädels bestimmt, der Entwicklungsgang des Gehirnes oder die Kompartimente des Schädelskelettes. Der Heidelberger Pathologe RICHARD THOMA (1847–1923), ein Sohn des badischen Landes, ein glänzender Biomathematiker, hat in unendlich mühsamen Untersuchungen ermittelt, daß die Schädeldachnähte im 3. Lebensjahrzehnt verstreichen, und daß als Gestaltungsfaktoren für Nahtausreifung und Ossifikation gelten dürfen:

Schädeldachspannung durch Zug von außen und Druck von innen,
Schwerkraft und Muskelzug,
kritische Materialspannung schlechthin.

THOMA errechnete die kritische Spannung des Schädeldaches mit 6 g/cm^2.

Ob eine prämature Nahtsynostose Ursache eines Schiefkopfes (einer Plagiocephalie) sein kann, oder ob die Bedingungen umgekehrt liegen, muß von Fall zu Fall entschieden werden. Menschen, die eine Aorteninsuffizienz mit großer Blutdruckamplitude haben, besitzen offene Schädeldachnähte ihr Leben lang. Dies hängt nach THOMA mit den pulssynchronen Nahtlinienbewegungen zusammen, die eine zeitgerechte Verödung der Nähte verhindern (Lit. bei DOERR 1949).

THOMA ist der Vater der *histomechanischen Gesetze:* sie vindizieren das Verhalten der Skleroproteine (der kollagenen Bindegewebsfasern), der Schlagaderwände, der Schädeldach-, Wirbel- und Extremitätenskelett-Anteile unter den verschiedensten Bedingungen, – des Wachstums, der Rückbildung und der natürlich-normalen Belastung. Ich nenne die ausgezeichneten Arbeiten von JOACHIM-HERMANN SCHARF (1981) über die Möglichkeiten der *mathematischen Formulierung* von Wachstumsprozessen. Freilich darf ich GOTTFRIED HOLLE (1983) zitieren: „Wissenschaft besteht also nicht nur aus der Registrierung spezieller Wahrnehmungsinhalte, sondern aus deren geistiger Verarbeitung mit stufenweiser Verallgemeinerung bis zur Erarbeitung einer tragfähigen Theorie". Auch ARNO HECHT, der Nachfolger HOLLES auf dem Leipziger Lehrstuhl unseres Faches, ringt um Inhalt und Grenzen einer Theoretischen Pathologie (1986a), deren Notwendigkeit er im Ganzen bejaht, eigenartigerweise aber auch weltanschaulich binden zu sollen meint (1986b).

Ich hatte mit ROTHSCHUH (1963) gesagt, eine Theoretische Pathologie könne nicht ohne Anschluß an eine Theorie des Lebendigen entwickelt werden. Ich hatte mich ausdrücklich zu einer *organismischen Betrachtungsweise* bekannt. Eine solche bedeutet nach v. BERTALANFFY (cf. NIERHAUS 1981): Das Prinzip ist die Betrachtung des lebenden Systemes als eines Ganzen und im Gegensatz zu einer nur analytischen oder aber nur summativen Anschauungsweise, im Gegensatz letzten Endes zu einer Maschinentheorie des Organismus. Lebewesen sind hierarchisch geordnete *offene* Systeme. Ihr Kennzeichen ist der fortwährende Austausch von Materie und Energie. Die Erweiterung der thermodynamischen Theorie auf offene Systeme wird als irreversible Thermodynamik bezeichnet. Thermodynamisches Gleichgewicht führt zum *Tod,* ein stationäres Nichtgleichgewichtsystem aber bedeutet *Leben!*

Wie zu den Zeiten des PLATON und ARISTOTELES, so muß auch heute die Logik an der Mathematik lernen, wie das menschliche Denken arbeitet (KOPPELMANN 1929). Die euklidische Geometrie hatte von jeher als Muster logischer Gedankenführung gegolten. Sie wurde schon von SPINOZA ausdrücklich in dieser Bedeutung anerkannt, ja in den Titel seines Hauptwerkes *Ethica ordine geometrico ordinata* aufgenommen.

Die geistige Orientierung in diesem Sinne ist das Konzept unserer Theoretischen Pathologie.

Literatur

Altmann HW (1986) Pathologie in Deutschland – Ahnung und Gegenwart. Pathologe 7:128
Aschoff L (1927) Über die Stellung der Naturwissenschaften zur Religion. Zeitwende 3:114
Bertalanffy L von (1965) Die Biophysik offener Systeme. Naturwiss Rundschau 18:467
Braus H (1921) Anatomie des Menschen, Bd I: Bewegungsapparat. J. Springer, Berlin
Büchner F (1951) Lehrbuch Allgemeine Pathologie. Urban & Schwarzenberg, München Wien
Büchner F (1985) Evolution des Menschen: Plan oder Zufall. In: Büchner F (Hrsg) Der Mensch in der Sicht moderner Medizin. Herder, Freiburg Basel Wien, S 101
Büchner F, Letterer E, Roulet FC (1955) Handbuch der Allgemeinen Pathologie. Springer, Berlin Göttingen Heidelberg
Büchner G s. Strohl J (1936)
Burkhardt H (1965) Dimensionen menschlicher Wirklichkeit. Neues Forum, Schweinfurt
Chuaqui J (1985) Eine Bemerkung zur Entropie in deren Beziehung zur Morphologie. In: Schipperges H (Hrsg) Pathogenese. Springer, Berlin Heidelberg New York Tokyo, S 159
Doerr W (1949) Über die geburtstraumatische Nahtsynostose des kindlichen Schädeldaches. Z Kinderheilkd 67:96
Doerr W (1967) Entzündliche Erkrankungen des Myokard. Verh Dtsch Ges Pathol 56:67
Doerr W (1971) Morphologie der Myokarditis. Verh Dtsch Ges Inn Med 77:301
Doerr W (1983) Evolutionstheorie und pathologische Anatomie. Verh Dtsch Ges Path 67:663
Doerr W (1983) Lungentuberkulose. In: Doerr W, Seifert G (Hrsg) Spezielle pathologische Anatomie Bd 16, Teil I. Springer, Berlin Heidelberg New York Tokyo, S 473
Doerr W (1983) Altern – Schicksal oder Krankheit? Springer, Berlin Heidelberg New York Tokyo (Sitzungsberichte der Heidelberger Akademie der Wissenschaften, mathem.-naturwiss. Klasse Jg. 1983, 4. Abh.)
Doerr W (1984) Gestalttheorie umd morphologische Krankheitsforschung. In: Seidler E (Hrsg) Medizinische Anthropologie. Springer, Berlin Heidelberg New York Tokyo, S 77
Doerr W (1986) Der Kopf des Menschen. Zeugnis der Hominisierung, Atrium morbi et mortis. In: Dtsch Z Mund Kiefer Gesicht Chir 10:15
Doerr W, Jacob W, Nemetschek T (1975) Über den Begriff des Krankhaften aus der Sicht des Pathologen. Internist 16:41
Flamm D (1979) Der Entropiesatz und das Leben. 100 Jahre Boltzmannsches Prinzip. Naturwiss Rundschau 32:225
Hansemann D von (1909) Deszendenz und Pathologie. Hirschwald, Berlin

Harms JW (1924) Individualzyklen als Grundlage für die Erforschung des biologischen Geschehens. Deutsche Verlagsgesellschaft, Berlin (Schriften der Königsberger Gelehrten-Gesellschaft, 1. Jg., H 1, S 1)

Hecht A (1986a) Die Bedeutung einer Theoretischen Pathologie für den wissenschaftlichen Erkenntnisprozeß in der Medizin. Zentralbl Pathol 131:459

Hecht A (1986b) Erkenntnistheoretische Aspekte und Probleme der Diagnostik maligner Tumoren und Ihre Einordnung in den allgemeinen Krankheitsbegriff. Zentralbl Pathol 132:71

Holle G (1959/1960) Rezension von KE Rothschuh Theorie des Organismus. Berichte Allg Spez Pathol 43:196

Holle G (1983) Das Verhältnis der Allgemeinen zur Speziellen Pathologie. Z Gesamte Inn Med 38:37

Koppelmann W (1929) Muß sich die Logik nach der Mathematik oder die Mathematik nach der Logik richten? Ann Philos 8:169

Krehl L (1930) Pathologische Physiologie. Vogel, Leipzig

Krehl L, Marchand F (1908, 1924) Handbuch der allgemeinen Pathologie, Bd I, Bd IV. Hirzel, Leipzig

Küppers BO (1980/81) Evolution im Reagenzglas. Boehringer, Mannheim (Mannheimer Forum, S 47)

Leiber B (1973) Krankheitseinheiten – Fiktion oder Realität. In: Lange HJ, Wagner G (Hrsg) Computerunterstützte ärztliche Diagnostik. Schattauer, Stuttgart New York, S 45

Letterer E (1959) Allgemeine Pathologie. Thieme, Stuttgart

Müller E (1969) Gesundheit und Krankheit. In: Büchner F, Letterer E, Roulet F (Hrsg) Prolegomena einer allgemeinen Pathologie. Springer, Berlin Heidelberg New York (Handbuch der allgemeinen Pathologie, Bd 1, S 51)

Nierhaus G (1981) Ludwig von Bertalanffy 1901–72. Sudhoffs Arch 65:144–172

Nordling CO (1953) A new theory on the cancer-inducing mechanism. Br J Cancer 7:68

Pflugfelder O (1954) Geschwulstbildungen bei Wirbellosen und niederen Wirbeltieren. Strahlentherapie 93:181

Prigogine I (1980/81) Zur Entropie und der Evolutionsbegriff in der Physik. Boehringer, Mannheim (Mannheimer Forum, S 9)

Proppe A (1973) Krankheitseinheiten – Fiktion oder Realität. In: Lange HJ, Wagner G (Hrsg) Computerunterstützte ärztliche Diagnostik. Schattauer, Stuttgart New York, S 39

Rothschuh KE (1963) Theorie des Organismus, 2. Aufl. Urban & Schwarzenberg, München Wien Baltimore

Scharf J-H (1981) Möglichkeiten der mathematischen Formulierung von Wachstumsprozessen. Gegenbaurs Morphol Jahrb 127:706

Schwalbe E (1911) Allgemeine Pathologie. Enke, Stuttgart

Strohl J (1936) Lorenz Oken und Georg Büchner, zwei Gestalten aus der Übergangszeit von Naturphilosophie zur Naturwissenschaft. Corona, Zürich

Tendeloo NP (1919, 1925) Allgemeine Pathologie. J. Springer, Berlin

Thoma R (ausführliche Literatur bei Doerr 1949)

Trincher K (1981) Die Gesetze der biologischen Thermodynamik. Urban & Schwarzenberg, Wien München Baltimore

Viëtor K (1949) Goethe. Dichtung, Wissenschaft, Weltbild. Francke, Bern

Virchow R (1886) Deszendenz und Pathologie. Virchows Arch 103:1

Wisseroth KP (1983) Altern und Krebs in chemischer Sicht. Flad, Stuttgart

1 Historische Modellvorstellungen

1.1 Modelle einer Pathologischen Physiologie im 19. Jahrhundert

Heinrich Schipperges

Einführung

Dem Modell-Begriff ist in der neueren Wissenschaftsgeschichte eine Bedeutung zugesprochen worden wie keinem anderen Grundbegriff in der Theorie der Medizin. Das „Modell" dient – darüber hinaus – auch als Vorstellung, als Gedankenexperiment, als Abbild, als Teil einer „Hypothese", die dann zur „Theorie" wird. Modelle versuchen, bestimmte Zusammenhänge zwischen den Strukturen deutlich zu machen und sie so in ein „System" zu bringen.

Wie wichtig Modelle sowohl für die Standortbestimmung eines Gebietes als auch als praktische Handlungsanleitung werden können, dafür bietet die Geschichte der Medizin Zeugnisse in Hülle und Fülle. Im "Canon medicinae" des AVICENNA bereits ist von zwei Modellvorstellungen die Rede, die uns die „Kräfte der Arzneimittel" verdeutlichen könnten: „Die eine ist der Weg des Experimentes, die andere der Weg der vernünftigen Schlußfolgerungen ... Wir lernen, daß das Experiment zur Kenntnis der Medikamente nur sicher hinführt, wenn die jeweiligen Bedingungen beobachtet werden". Auch AVERROES, mit seiner deutlichen Akzentverlagerung auf die "ars operatrix", lenkt doch wieder auf das klassische Gleichgewicht ein, wenn er ausführt: Die medizinische Kunst habe eine spekulative (speculativum), eine theoretische (theoreticalis), von den Gesetzen des Verstandes (ratio) beherrschte Seite und eine pragmatische (practicale), die ganz der Erfahrung (experimentum) verpflichtet sei.

Daß diese beiden Modelle immer wieder ineinandergreifen müssen, hatte schon ISAAC IUDAEUS (gest. um 950) betont, wenn er in seinen 50 Aphorismen zur Einführung in die Medizin schreibt: „Wie es notwendig ist, alle Werke über praktische Medizin zu kennen, so ist es auch erforderlich, Kenntnis von dem zu haben, was sich auf die Prinzipien der Naturerkenntnis bezieht, von der die Medizin nur ein Zweig ist. Außerdem ist es wertvoll, Erfahrung zu haben in den Methoden des logischen Denkens, um mit vernünftigen Argumenten den Scharlatanen begegnen, sie einschüchtern und von ihnen Respekt fordern zu können."

Auf diese innere ausgewogene Gleichgewichtigkeit hatte in seinem Werk mit dem arabesken Titel „Goldene Halsbänder" (atwaq aḍ-ḍahab) der islamische Gelehrte ABŪ 'L QĀSIM MAḤMUD B. 'UMAR AZ-ZAMAḤSARĪ (gest. 1144) aufmerksam gemacht, wenn er im Vers 77 fordert: „Wissen ist für den Mann der Praxis, was das Senkblei für den Baumeister ist. / Und Praxis ist für den Gelehrten, was das Seil für den Wasserschöpfer. / Ohne Senkblei kann das Gebäude nicht genau sein. / Ohne Seil läßt sich der Durst nicht löschen. / Wer auf Vollkommenheit ausgeht, / Muß ein Mann der Wissenschaft und ein Mann der Praxis werden."

Wissenschaftstheoretische Erfahrungen solcher Weite und dieser Dichte sind den abendländischen Gelehrten nie fremd gewesen, und sie wurden mit der Rezeption der arabischen Bildungsgüter nur geschliffener und potenzierter vorgetragen. Aber bereits ISIDOR VON SEVILLA ging in seinen "Etymologiae" auf das Spannungsfeld von "ratio et experimentum" ein, wenn er die Begründer der medizinischen Schulen vorstellt und hier AESCULAP als den ersten Empiriker, HIPPOKRATES als den ersten Logiker und APOLLO als den ersten Methodiker nennt.

Wir beschränken uns bei unserer Übersicht auf das 19. Jahrhundert und konzentrieren uns auf drei Problembereiche:

I.   Physiologische Modelle bei JOHANNES MÜLLER
II.   Konzepte einer Pathologischen Physiologie bei RUDOLF VIRCHOW
III. Modelle der praktischen Medizin, aufgezeigt an der Heidelberger „Medizin in Bewegung".

I. Physiologische Modelle bei MÜLLER

1. Der naturphilosophische Hintergrund

Ein großangelegtes Modell finden wir in der Medizin des 19. Jahrhunderts erstmals bei JOHANNES MÜLLER (1801–1858). Als ein paradigmatisches Modell versteht MÜLLER die Heilkunst bereits in seiner Bonner Antrittsvorlesung. Im Oktober des Jahres 1824 hatte der junge Bonner Dozent seine damals vielbeachtete Antrittsvorlesung gehalten mit dem aufregenden Titel: „Von dem Bedürfnis der Physiologie nach einer philosophischen Naturbetrachtung", eine Rede, die mit dem Satz schließt: „Die Physiologie ist keine Wissenschaft, wenn nicht durch die innige Vereinigung mit der Philosophie. Die Medizin ist keine Wissenschaft ohne den Anfang und das Ende der Physiologie."

JOHANNES MÜLLER betont einleitend, daß nun endlich auch die Heilkunde zu ihrem Heil erkannt habe, „daß man nicht genug erfahren könne, um recht zu denken", daß aber die bloße logische Verbindung empirischer Tatsachen noch lange keine Wissenschaft mache. Hierzu bedürfe es – zu der Beobachtung, zum Experiment – eines philosophischen Elements. Nur so kann eine Theorie der Medizin ausgehen von der rechten Physiologie, für die MÜLLER die Formel findet: „Der Physiologe erfährt die Natur, damit er sie denke."

Mit dem „philosophischen Element im höheren Sinne" im Hintergrund stellt MÜLLER eine dreifache Physiologie vor: die Naturbetrachtung der alten Hochkulturen als „mythische Physiologie"; die zeitgenössischen Spekulationen als „falsche Naturphilosophie"; die neuere, empirische Forschungsrichtung als „verständige Physiologie", „verständig", weil verstandesmäßig beschränkt und aufs banale Experimentieren ausgerichtet.

Wozu sich JOHANNES MÜLLER diesen falschen Modellvorstellungen gegenüber bekennt, ist „die echte Physiologie". Sie erfordert „exakte empirische Ausbildung" ebenso wie die Gewinnung möglichst vieler Fakten. Aber das ist nicht alles: Sie braucht ein Organ höherer Art, das, was GOETHE „anschauende Urteilskraft" nannte, ein philosophisches Element. Denn: „Eine wahre Theorie der Medicin kann nur von der echten Physiologie ausgehen. Die meisten der sogenannten medicinischen Theorien sind nur Verstandessysteme gewesen, als solche hypothetisch, unbefriedigend sogar dem Verstande, weil der Zustand empirischer Gewähr über ihr Gelten unsicher läßt, überhaupt unbefriedigend, weil von einer nur verständigen Betrachtung der Natur kein Heil zu erwarten ist" (1824).

Von einer „Theorie der Medizin" kann füglich verlangt werden, daß sie „die rechte philosophische und physiologische Ausbildung mit der praktischen Tätigkeit des Arztes" vereinigen solle. MÜLLER schließt daraus: „Die Physiologie ist keine Wissenschaft, wenn nicht durch die innige Vereinigung mit der Philosophie. Die Medizin ist keine Wissenschaft ohne den Anfang und das Ende der Physiologie" (1824). Die Physiologie stellt somit die rationale Grundlage aller Pathologie dar, aus der dann auch die Prinzipien der Therapie abzuleiten sind.

Aus der großen „Natur" das für Physiologie und Pathologie handliche Modell zu finden, das in erster Linie ist „der Sinn des Naturforschers und namentlich des Physiologen". In seiner Bonner Antrittsrede (1824) konnte MÜLLER daher bekennen: „Die Erfahrung wird zum Zeugungsferment des Geistes. Nicht das abstrakte Denken über die Natur ist das Gebiet des Physiologen. Der Physiologe erfährt die Natur, damit er sie denke."

Es ist sicherlich kein Zufall, daß MÜLLER sich dabei immer wieder auf ARISTOTELES beruft, auf die Prinzipien vor allem von „energeia" und „dynamis". So ist ihm die spezifische Reizbarkeit ein passives Geschehen, die spezifische Energie ein aktives Tun; beides ineins, und so kann er kühn behaupten: „Es ist offenbar, daß, wie das Sehen ein Leiden, so auch ein Tätigsein ist." So in den „Phantastischen Gesichtserscheinungen" (S. 110)!

In seinen „Phantastischen Gesichtserscheinungen" (1826) bereits sieht MÜLLER sich für immer von dem Fehler behütet, „Erklärungen aus der Physik und Chemie, welche auf das Leben der Organismen angewendet werden, für Erkenntnis dieses Lebens selbst zu halten" (S. 3). Und in seiner „Bildungsgeschichte der Genitalien" bekennt er sich zu einer umfassenden philosophischen Methode, wenn er schreibt: „Wir sehen die Entwicklung des Embryo aus dem Keim wie ein Fortschreiten des Allgemeinen und Ganzen in seine integrierenden Teile. Dies ist in den physikalischen Gesetzen nicht der Fall." Die „Deduktion aus mathematischen Modellen" allein, sie „widerstrebt so sehr der Erfahrung, daß ... ein Fehler stattfinden muß" (Jahresberichte zur Physiologie, in: MÜLLERS Archiv (1837) 132). Was MÜLLER methodisch erstrebt, ist ein Gleichgewicht von „Phantasie" und „Verstandesstütze". So kann er in den „Jahresberichten" seines Archivs (1834) schreiben: Die Phantasie „verdirbt nicht nur die Realität, sondern die Beobachtungen im Kern", und im gleichen Jahre (1834): Die Phantasie sei das unentbehrliche Gut, „durch welche neue Combinationen zur Veranlassung wichtiger Entdeckungen gemacht wurden".

Charakteristisch für seine frühe methodologische Einstellung scheint mir der ausführliche Kommentar zu PURKINJE's Dissertation über das Sehen (De examine physiologico organi visu", 1823) den MÜLLER für JOHANNES SCHULZE im Berliner Kultusministerium gegeben hat. Hier rühmt er einleitend „das Menschenauge als die vollendetste Erinnerung aller in dem einzelnen Organismus gegebenen physiologischen Besonderungen und gleichsam als Logarithme zur Erkenntnis einer geforderten allgemeinen Größe" –, ein Urphänomen des Organischen gleichsam, dem man allerdings nicht mit „objektiven Merkmalen" allein beikommen könne. Der „forschende Physiologe" müsse vielmehr das hinzunehmen, was „die subjektive Erfahrung des Individuums während des ganzen Lebens mit viel größerer Bestimmtheit gewinnen kann und wird". Das untersuchte Individuum sei „nur durch Mitteilung seiner subjektiven Erfahrungen dem Urteil des Physiologen unterworfen". So JOHANNES MÜLLER (1824), und schon hier eine eindeutige „Einführung des Subjekts" in die Medizin, in die Physiologie jedenfalls, weniger in die Pathologie!

Was die Pathologie nämlich anbelangt, so dominiert hier in klassischer Weise das Objektive, wenn MÜLLER schreibt: „Es ist die größte Vollendung des Pathologen und auch des practischen Arztes, daß er aus rein objektiven Merkmalen ohne alle Beihilfe des Individuums das Leiden in seiner ganzen Bestimmtheit erkenne". Und er schließt daraus – sehr souverän generalisierend –: „Diese Erkenntnis, welche durch Individualisieren *und* Nachahmung des *ganzen* Prozesses der krankhaften Entwicklung aus den allgemeinsten Lebensverhältnissen in Gedanken erlangt wird", diese Erkenntnis allein sei die sicherste und würdigste, (nach KRUTA (1967) 162).

Aus diesen Erwägungen heraus kommt der Physiologe MÜLLER – so in der „Bildungsgeschichte der Genitalien" (S. VIII) – zu dem ebenso differenzierten wie ausgewogenen Schluß: „Ich bin zwar immer ein Freund von einer mit Methode angestellten, gedankenvollen, durchdachten, oder, was dasselbe ist, philosophischen Behandlung eines Gegenstandes. Denn philosophische Einsicht ist mir überhaupt mit vernünftiger Einsicht gleichbedeutend."

2. Die methodologische Einschränkung

In seinem „Jahresbericht über die Fortschritte der anatomisch-physiologischen Wissenschaften im Jahre 1835" hat JOHANNES MÜLLER die Situation der Medizin seiner Zeit klar und treffend geschildert (MÜLLER's Archiv, 1836): „Es ist sehr schwer, einen Bericht über die jährlichen Fortschritte einer Wissenschaft zu geben, zu welcher nur Wenige grössere gediegene Untersuchungen, die Meisten nur casuistische Beiträge liefern. So schätzbar auch manche dieser Beiträge sind, so vereinzelt sind die meisten wiederum, und viele Aerzte geben sich nicht die Mühe, durch Zusammenstellung und Vergleichung ihrer Beobachtungen mit den vorhandenen Tatsachen ihren Erfahrungen ein allgemeines Interesse zu geben, oder halten ihre Erfahrungen nicht so lange zurück, bis sie zu gereifteren Schlüssen führen können. Das casuistische Interesse ist auch in anderen Ländern vorherrschend, aber hier treten uns in dieser Art wenigstens einzelne Erscheinungen von der grössten Bedeutung entgegen; wer wollte z.B. nicht gern die ganze jährliche Ausbeute der flüchtigen Journalistik im Felde der pathologischen Anatomie für die Medical reports eines BRIGHT und die Arbeiten eines CRUVEILHIER hingeben.

Mit tiefem Bedauern muss man sich gestehen, wie wenig die Medicin bei so vielen Organen und Stimmen zu ihrer Fortführung wirklich fortschreitet. Die Ursache davon liegt in der Flüchtigkeit und Ungründlichkeit der gewöhnlichen medicinischen Erfahrungen, und hauptsächlich darin, dass so Wenige mit einigem Ernst eigentliche Studien und Untersuchungen anstellen, vielmehr sich mit der vorschnellen Bekanntmachung einiger interessanter Fälle begnügen. Zu einem grössern Fortschritt gehört etwas mehr als die grosse Strasse der gewöhnlichen ärztlichen Bildung, die dem ephemeren Trugbild einer grassierenden Theorie leicht in die Arme fällt; es gehört eine ernste philosophische Bildung, ein gründlicher Unterricht in den Naturwissenschaften, ein inniges Vertrautseyn mit den Fortschritten der Anatomie und Physiologie dazu. Ist diese Grundlage vorhanden, so werden unermüdliche Sectionen, chemische und microscopische Untersuchungen der pathologischen Gewebe uns bald auf einen grünern Fleck hinführen und das traurige Bild erhellen, das uns der Wirrwarr der grossen medicinischen Thätigkeit darbietet.

Ist in den zwei letzten Jahren etwas Wesentliches für die weitere Aufklärung der typhösen Krankheiten geschehen? Nein. Ist die pathologische Anatomie der krebshaften Krankheiten, bis auf einige bessere Bilder en gros, wesentlich gefördert worden? Nein. Hat man die Natur des Eiters, der gewöhnlichsten aller pathologischen Materien, und ihren Unterschied von Tuberkelmaterie studiert? Nein. Haben die deutschen Aerzte das Feld der Nervenpathologie angebaut? Mit wenigen Ausnahmen, nein. Hat Einer, in einem grossen Krankenhause, eine grössere Anzahl chronischer Kranker auf den Zustand der Ganglien untersucht, deren Krankheiten so gut wie ganz unbekannt sind, aber eine grosse Rolle in den Systemen spielen? Nein.

Möge der Genius schon da seyn, der auf eine ernstere Grundlage philosophischer Vorbildung, der Naturwissenschaften, der Geschichte der Medicin, der Anatomie und Physiologie fussend, selbst Untersucher in der chemischen, pathologisch anatomischen und microscopischen Analyse der pathologischen Formen ist, und eine auf die Physiologie und pathologische Anatomie gegründete, dem Zustande der medicinischen und der Naturwissenschaften würdige allgemeine Pathologie vor uns hinstellen wird. Von dem Physiologen selbst wird man diese Leistung nicht verlangen, es ist die Aufgabe eines Arztes, die würdigste Aufgabe eines entschiedenen Talentes. Den Anatomen und Physiologen steht ein sicherer Antheil an dieser Arbeit bevor, die allgemeine Anatomie der pathologischen Gewebe, und diesen Beruf werden sie, dem jetzigen Geiste unserer Wissenschaft zufolge, gewiss erfüllen."

Mit dieser ebenso nüchternen wie ernüchternden Situationsanalyse ist die methodologische Einstellung MÜLLERs klar umrissen. „Die morphologische Betrachtung" - so im „Grundriß" (1827) - muß einfach als unentbehrlich für „jede physiologische Untersuchung" vorausgestzt werden. Unter diesen Voraussetzungen deuten sich - bereits im Jahrgang 1836 von „Müller's Archiv" die Konturen einer Pathologischen Physiologie konkreter an, wenn JOHANNES MÜLLER hinweist auf die Grundlagen philosophischer Vorbildung und naturwissenschaftlicher Ausbildung mit dem Ziel: „eine auf die Physiologie und die pathologische Anatomie gegründete, dem Zustande der medicinischen und der Naturwissenschaften würdige allgemeine Pathologie" (MÜLLER's Archiv (1836) CLXXVI).

Ohne ein solches Modell aber würde die Wissenschaft „bald zu einem Chaos von Kenntnissen gewachsen sein, in denen kein lebendiger Gedanke ist" (1824). Ein Modell im engeren Sinne begegnet uns in MÜLLERs Traktat „Über die phantastischen Gesichtserscheinungen" aus dem Jahre 1826, die gewidmet war: „den Philosophen und Ärzten".

JOHANNES MÜLLER drückt die methodologischen Schwierigkeiten eines Sachverhaltes mit den Worten seiner Zeit aus: „Wenn jemand den Fortgang der physiologischen Lehren in der Geschichte verfolgt, wird sich ihm die Erkenntnis oft wiederholen, daß die theoretischen Irrtümer dieser Wissenschaft meist nur darauf beruhen, daß man die Erklärungsgründe aus andern Gebieten der Naturwissenschaft übertragend auf den Organismus anwandte. Es gibt fast keine Entdeckung eines allgemein wirkenden Wesens in der Natur, die nicht sofort das Prinzip für das Leben der organischen Welt für eine Zeit lang gegeben hätte. Und gleichwohl läßt sich schon auf bloßem Erfahrungswege die Wirksamkeit der organischen Wesen von jeder anderen auf eine so scharfe Weise trennen, daß, wer jemals diesen Unterschied klar gefaßt, für immer behütet sein wird, Erklärungen aus der Physik und Chemie, welche auf das Leben der Organismen angewandt werden, für Erkenntnis dieses Lebens selbst zu halten."

Als Beispiel für die Schwierigkeiten zwischen einem mechanischen oder organischen Geschehen führt MÜLLER die Entzündung an. Nur dort, wo ein Gewebe tot ist, abgestorben, demarkiert, reagiert es nach mechanischen oder chemischen Gesetzen. An der Grenze des Lebendigen hingegen reagiert es organisch, eben als Entzündung, d.h. es findet eine gleichartige Reaktion auf verschiedenartigste Reize statt. Auf polyvalente Reize erfolgt eine oligovalente Gewebsantwort.

So wissen wir vom Licht als Naturvorgang kaum etwas: Wir wissen nur vom Licht als einem Empfindungsinhalt. Ein äußeres fertiges Licht ist völlig gleichgültig; interessant ist nur der Reiz und was alles dann als Licht zur Reaktion kommt. Wir sehen im Grunde genommen nur die Netzhaut, und auch diese nur als die Extremität der Sehsinnsubstanz im Lobus opticus, im Zustand der Affektion. Unser Gesichtsfeld ist eine nach außen projizierte Netzhaut. Auch unser Vorstellungs- und Einbildungsvermögen setzt wie jeder andere Reiz im Auge nur Licht und Farbe. Das eben sind die phantastischen Gesichtserscheinungen!

Der Physiologe sieht sich freilich immer wieder angehalten, mechanische Modelle auf biologische Bereiche zu transponieren, wie er auch nur zu oft der Gefahr erliegt, aus organismischen Erfahrungsbereichen heraus Konzepte für quantifizierbare Hypothesen zu suchen. MÜLLER bekennt sich dabei eindeutig zur empirischen Forschung; er hat das morphologische Experiment erst eigentlich begründet; aber neben den Versuchen und über dem Experiment steht für ihn die Beobachtung. So schon 1824: „Die Beobachtung schlicht unverdrossen, fleißig, aufrichtig, ohne vorgefaßte Meinung; – der Versuch künstlich, ungeduldig, emsig, abspringend, leidenschaftlich, unzuverlässig."

Damit sind wir auf ein methodologisches Kernproblem gestoßen, dem wir einmal systematischer nachgehen sollten: auf die Rolle des Experiments in der Physiologie, auf seine Möglichkeiten und mehr noch Grenzen. MÜLLER wäre es nie in den Sinn gekommen, das Experiment als „das Wort Gottes in der Physiologie" zu betrachten, wie ihm auch nie darum zu tun war, „den Gang des leiblichen Lebens nach dem Belieben der menschlichen Vernunft zu lenken" (CARL LUDWIG). Gerade diese mechanistischen Konsequenzen eines aufkommenden biotechnologischen Denkens waren es, die JOHANNES MÜLLER zutiefst bewegten.

MÜLLER wendet sich zunächst energisch und überraschend scharf gegen alles bloß empirische Experimentieren, wenn er sagt: „Es ist nichts leichter, als eine Menge sogenannter interessanter Versuche machen. Man darf die Natur nur auf irgend eine Weise gewalttätig versuchen; sie wird immer in ihrer Not eine leidende Antwort geben. Nichts ist schwieriger, als sie zu deuten, nichts ist schwieriger als der gültige physiologische Versuch". Experimente machen – so später in der Abhandlung über die „Physiologie des Gesichtssinnes" –, das bereitet nur ein ephemeres Glück; denn Experimente sinken mit tausend anderen in eine verdiente Vergessenheit.

Die „Natur auf der Folter des Experiments" –, damit scheint ein Stichwort gegeben für das Wesen der neuen Wissenschaften als dem „harten Kern der Neuzeit", für ihre Methoden und Techniken, nicht zuletzt ihrer Ziele. In ihrer Not, auf der Folter, wird die Natur immer eine Antwort geben, wenngleich eine leidende. So JOHANNES MÜLLER, und auch sein bedeutendster Schüler, RUDOLF VIRCHOW, befand, daß die Naturforschung „wie ein ernster Schwurgerichtshof" über den Tatsachen zu Gericht sitze. Es ist der Organismus im Experiment, der auf seine physikalische Kausalität hin mit allen Mitteln der Mechanik, Optik, Statik oder Hydraulik befragt wird. Sehen wir doch an diesem Maschinenleib nichts anderes, wie DESCARTES betonte, als „Uhren, kunstvolle Wasserspiele, Mühlen und andere ähnliche Maschinen", weshalb wir auch in der Praxis durchaus zurechtkommen mit einem solchen System rein „automatischer Akte".

Niemand hat dieses Problem schärfer gesehen und eleganter durchdacht als IMMANUEL KANT in seiner „Kritik der reinen Vernunft", wo es in der Vorrede zur zweiten Auflage heißt: „Als GALILEI seine Kugeln die schiefe Fläche mit einer von ihm selbst gewählten Schwere herabrollen, oder TORRICELLI die Luft ein Gewicht, was er sich zum voraus dem einer ihm bekannten Wassersäule gleich gedacht hatte, tragen ließ, oder in noch späterer Zeit STAHL Metalle in Kalk und diesen wiederum in Metall verwandelte, indem er ihnen etwas entzog und wiedergab: so ging allen Naturforschern ein Licht auf. Sie begriffen, daß die Vernunft nur das einsieht, was sie selbst nach ihrem Entwurfe hervorbringt, daß sie mit Prinzipien ihrer Urteile nach beständigen Gesetzen vorangehen und die Natur nötigen müsse, auf ihre Fragen zu antworten, nicht aber sich von ihr allein gleichsam am Leitbande gängeln lassen müsse; denn sonst hängen zufällige, nach keinem vorher entworfenen Plane gemachte Beobachtungen gar nicht in einem notwendigen Gesetze zusammen, welches doch die Vernunft sucht und bedarf."

Ähnlich wußte ALEXANDER VON HUMBOLDT, daß man die Natur nur zu jenen Antworten zwingen könne, die man selber, in seinem eigenen Entwurfe, bereits aufgeworfen habe. Daher müsse die Natur „immer in ihrer Not eine leidende Antwort geben". Dies ist wohl auch der Grund dafür, daß das Experiment einem philosophischen Feinschmecker wie GOETHE so sehr gegen den Strich ging; er sah die Natur auf der Folter verstummen; er wollte nicht die vielen experimentellen Zwischenlösungen und Schattierungen; die treue Antwort auf eine redliche Frage könne nur sein: Ja oder Nein; alles Übrige sei von Übel. GOETHE wollte bei der Natur immer nur Schüler sein, immer nur in die Lehre gehen. KANT aber hat dazu fein bemerkt, der Naturforscher von heute gehe zwar auch in die Lehre der Natur, aber nicht wie ein Schüler, der sich alles erklären und sagen läßt, sondern eher wie ein Richter, „der die Zeugen nötigt, auf die Fragen zu antworten, die er ihnen vorlegt".

Wir werden dabei an GOETHEs Memento erinnert, das er uns in seinen Notizen zur deutsch-französischen Ausgabe der „Metamorphose der Pflanzen" vor Augen gestellt hat: daß es nämlich im Verfolg wissenschaftlichen Bestrebens gleich schädlich sei, „ausschließlich der Erfahrung als unbedingt der Idee zu gehorchen". Noch einmal finden wir die ganze Dramatik unseres Topos von „ratio et experimentum" vorgeführt, wenn uns GOETHE in seinem „Versuch als Vermittler von Objekt und Subjekt" diese innere Geladenheit und Spannungskraft zwischen „Erkenntnis und Erfahrung" zu bedenken gibt: „Denn beim Übergang von der Erfahrung zum Urteil, von der Erkenntnis zur Anwendung ist es, wo dem Menschen gleichsam wie an einem Passe alle seine inneren Feinde auflauern, Einbildungskraft, Ungeduld, Vorschnelligkeit, Selbstzufriedenheit, Steifheit, Gedankenform, vorgefaßte Meinung, Bequemlichkeit, Leichtsinn, Veränderlichkeit und wie die ganze Schar mit ihrem Gefolge heißen mag, alle liegen hier im Hinterhalte und überwältigen unversehens sowohl den handelnden Weltmann als auch den stillen, vor allen Leidenschaften gesichert scheinenden Beobachter."

MÜLLER hielt es mit GOETHE –, daran scheint kein Zweifel! Seiner Abhandlung zur „Physiologie des Gesichtssinnes" (1826) setzte JOHANNES MÜLLER als Motiv „GOETHE" voraus mit seinem Merkspruch: „Gehalt ohne Methode führt zur Schwärmerei, / Methode ohne Gehalt zum leeren Klügeln, / Stoff ohne Form zum beschwerlichen Wissen, / Form ohne Stoff zum hohlen Wähnen."

Was RUDOLF VIRCHOW (1858) freilich an JOHANNES MÜLLER am meisten bewunderte, das war „nicht so sehr das Genie des Entdeckers, nicht so sehr der bahnbrechende Flug des Sehers, sondern vielmehr die methodische Strenge des Forschers, das maßvolle Urteil, die sichere Ruhe, die reiche Vollendung des Wissens". Daher gebe es auch „keine Schule MÜLLER's im Sinne der Dogmen, denn er lehrte keine, sondern nur im Sinne der Methode" (S. 29).

3. Vorentwurf einer Theoretischen Pathologie

Mit seinem „Handbuch der Physiologie des Menschen" (1833) wollte MÜLLER noch in einem einzigen Band den aktuellen Zustand seiner Wissenschaft, einer wirklichen Physiologie, darstellen, basierend auf den „Elementa physiologiae" ALBRECHT VON HALLERS, dem „Kodex aller älteren Erfahrungen", wie MÜLLER ihn nannte, wobei „ratio et experimentum" die beiden Pfeiler bleiben sollten, unter denen man nicht deutlich genug differenzieren könne. „Die Überzeugung in den Naturwissenschaften und in der Philosophie hat eine ganz andere Basis", heißt es im „Handbuch" (I, 17) und weiter: „Die Lösung des Problems des Lebens ist überhaupt nicht Aufgabe der Physiologie, sondern der Philosophie" (I, XVII). Die Philosophie „zieht daher aus allen Wissenschaften ihre Nahrung und verbindet sie untereinander" (II, 522). Soweit sich die Naturwissenschaften auch entwickeln und differenzieren, es bleibe „immer eine schöne Aufgabe der Philosophie, die Erklärung der Grundphänomene zu prüfen" (Handbuch II, 522). Diese Aufgabe allerdings sei „ungemein schwierig"!

Als ein besonders schwieriges Problem der Physiologie empfindet der Pathologe MÜLLER die Frage: „warum die organischen Körper vergehen, warum die organische Kraft aus den produzierenden Teilen in die jungen lebenden Produkte der organischen Körper übergeht und die alten produzierenden Teile vergehen" (Handbuch II, 509). Die organische Kraft wird durch die Lebensfunktionen konsumiert. Der Tod ist schließlich nur das natürliche Erlöschen jener Kraft, welche den Organismus gebildet hat.

Daß man aber Erfahrungen „ohne irgend ein theoretisches Band" vortragen solle, hat Goethe im Vorwort zur Farbenlehre „eine höchst wunderliche Forderung" genannt. Die Erfahrung nötigt uns immer wieder „gewisse Ideen" ab, wie wir uns auch genötigt finden, „der Erfahrung gewisse Ideen aufzudringen". Bei der Erfahrung wissenschaftlichen Bestrebens müsse es sich daher – schreibt GOETHE in der „Geschichte meines botanischen Studiums" – als gleichermaßen verhängnisvoll auswirken, „ausschließlich der Erfahrung als unbedingt der Idee zu gehorchen".

Suchen wir nach einem leitenden Faden des jungen JOHANNES MÜLLER und nach einem ständigen Begleiter des reifen Naturforschers, so stoßen wir immer wieder auf GOETHE, der dieses „Vorwaltende eines oberen Leitenden" selbst schon als „Geist" bezeichnet hatte. Geist und Stoff, beide, sind die ewigen Attribute der Natur. Gott schafft in der Natur wie Natur in Gott. Das allein meint „denkende Erfahrung", von der es im „Handbuch" (1840) heißt: „Das ist mehr als bloßes Erfahren und, wenn man will, eine philosophische Erfahrung."

Nicht von ungefähr war es wiederum ein Philosoph, der angesichts des Siegeszuges der Physiologie konstatieren mußte: „Die Physiologie, die Biophysik als Lehre von den organischen Körpern im Ganzen der konkreten organischen Welt kann noch so oft Anlaß haben, Physik zu verwenden (da der Organismus idealisierbar ist als ein mathematischer Körper), aber prinzipiell kann nie eine Biophysik in Physik aufgehen". So EDMUND HUSSERL, und daraus sein Schluß: „Die biophysische Realität und Kausalität kann sich nie auf physikalische Realität und Kausalität reduzieren".

Zum Selbstverständnis der modernen Medizin freilich gehört prinzipiell der Regreß, die Reduktion im Modell, die Konversion der Heilkunde in eine Naturwissenschaft, wobei der Regreß auf „biologisches Denken" unvermeidlich blieb, unausbleiblich wurde und daher auch immer wieder von neuem kompensiert werden muß.

Man könnte JOHANNES MÜLLER am ehesten einen Mann der alten „Anatomia animata" nennen, jener funktionell durchdachten Anatomie, deren Prototyp im 18. Jahrhundert ALBRECHT VON HALLER gewesen ist. Von einer „Anatomia genuina" oder „Anatomia viva" hatte ganz ähnlich auch schon PARACELSUS mit lebhaften polemischen Worten gegen die bloße Knochenzählerei der rein morphologisch eingestellten Anatomen gesprochen. Es ist denn auch bei JOHANNES MÜLLER noch vielfach der Morphologe, der im großen Handbuch der Physiolo-

gie spricht, während der Physiologe MÜLLER den experimentellen und physi-
kalisch-chemischen Versuchen seiner Schüler eher zurückhaltend gegenüber-
stand.

II. Konzepte einer Pathologischen Physiologie bei RUDOLF VIRCHOW

1. „Pathologische Physiologie" als Theorie der Medizin

Die „Pathologische Physiologie" ist für RUDOLF VIRCHOW eine durch und
durch theoretische Disziplin und als solche das Fundament der praktischen Medizin. Sie ist „eine Physiologie, die nicht vor den Toren der Medizin, sondern
mitten in ihrer Residenz steht, eine Wissenschaft, die genau weiß, was der Medizin fehlt". Für VIRCHOW konnte daher die „Pathologische Physiologie" nichts
anderes sein als „die Veste der wissenschaftlichen Medizin, an der die Pathologische Anatomie und die Klinik nur Außenwerke sind". Oder – noch deutlicher –: Die Pathologische Physiologie ist „die eigentliche, theoretische wissenschaftliche Medizin".

So der junge Pathologe RUDOLF VIRCHOW im ersten Band seines „Archiv
für Pathologische Anatomie und Physiologie und für klinische Medicin"! VIR-
CHOW geht charakteristischerweise zunächst von der „Aufgabe der praktischen
Medizin" aus. Zweck des ärztlichen Eingriffs ist ihm das Heilen. Da Krankheiten aber nur „Lebenserscheinungen unter veränderten Bedingungen" sind, bedeutet Heilen: „die normalen Bedingungen des Lebens zu erhalten oder wieder-
herzustellen". Die „Erforschung der veränderten Bedingungen" aber, das und
nichts anderes ist Gegenstand der „wissenschaftlichen Medizin". Ihre Grundlage ist die Physiologie; sie braucht die Pathologie, und sie zielt auf Therapie.

Die wissenschaftliche Medizin erstrebt somit „eine genaue Kenntnis der Bedingungen des Lebens der Einzelnen und des Lebens der Völker". Erst nachdem
die Medizin auf ein naturwissenschaftliches Modell gebracht wurde, hat sie „den
Glauben abgeworfen, die Autoritäten cassiert und die Hypothese in ein häusli-
ches Stilleben gebannt" (6). Auf der Basis der Naturwissenschaft werden folglich
„die Gesetze der Medizin und Physiologie" mehr und mehr als „allgemeine Gesetze des Menschengeschlechtes" geltend gemacht (7).

VIRCHOW ist sich der Gefahr, die rein chemische oder bloß physikalische
Modelle bringen könnten, durchaus bewußt, wenn er fordert: „Suchen wir die
allgemeinen Gesetze aus den Summen der einzelnen Erscheinungen, aber con-
struieren wir nicht Systeme, welche die Erscheinungen aus apriorischen allgemeinen Gesetzen, oder das allgemeine Gesetz aus einzelnen Erscheinungen herleiten" (9). Pathologie und Therapie lassen sich nur von innen heraus konstruieren, „und wir bestreiten die Berechtigung jeder Diziplin, die nicht in der Betrachtung des kranken Lebens selbst wurzelt, an der Deutung seiner Erscheinungen" (10).

Die Pathologische Anatomie ist bisher – so VIRCHOW – auf halbem Wege
stehengeblieben, insofern sie sich nur „anatomisch" und nicht auch „physiologisch" orientierte. „Dinge, die wir bloß räumlich neben einander sehen, sollen in
ein zeitliches und ursächliches Verhältnis gebracht werden" (15). Kann die Pa-

thologische Anatomie das leisten? VIRCHOW bezweifelt dies mit guten Gründen, und er fordert eine neue Disziplin, die „Pathologische Physiologie". Er definiert sie als „die eigentliche, theoretische wissenschaftliche Medizin" (16).

Pathologische Physiologie, das wäre demnach: „eine Physiologie, die nicht vor den Toren der Medizin, sondern mitten in ihrer Residenz steht, eine Wissenschaft, die genau weiß, was der Medizin fehlt, welche Untersuchungen notwendig, welche Fragen zu beantworten sind" (17). Und zum Schluß nochmals, klar und eindeutig als Resultat: Die Pathologische Physiologie ist „die Veste der wissenschaftlichen Medizin, an der die pathologische Anatomie und die Klinik nur Außenwerke sind!" (19).

Die Grundlage der wissenschaftlichen Medizin ist und bleibt die Physiologie, die Lehre vom gesunden Leben. Auf dieser Basis erst bauen sich die beiden integrierenden Bestandteile der Heilkunde auf: die Pathologie, als die Lehre von den veränderten Bedingungen und den veränderten Erscheinungen des Lebens, und die Therapie, „welche die Mittel, diese Bedingungen aufzuheben oder die normalen zu erhalten, feststellt".

Der zentrale, die neuere Medizin in Bewegung setzende und in Bewegung haltende Punkt in dieser medizinischen Trias ist für RUDOLF VIRCHOW die Pathologie. Pathologie aber ist unmittelbar und unauflöslich verbunden mit der ihr zugrundeliegenden Physiologie wie auch der aus ihr hervorgehenden Therapie. Eine wissenschaftlich zu begründende Pathologie bedarf daher zunächst einmal einer Theorie. Sie ist als solche schon eine Theorie der Therapeutik.

In dieser großangelegten Architektonik einer wissenschaftlichen Medizin erscheint die Heilkunde als eine umfassende Lebensphilosophie, als die Lehre von den Phänomenen des Lebendigen, von den Bedingungen, den Veränderungen und der Wiederherstellung lebendiger Prozesse im menschlichen Organismus. Die reale Ausführung dieses theoretischen Zweckes ist für VIRCHOW „die Aufgabe der praktischen Medizin". Aus diesen theoretischen Prämissen zieht VIRCHOW klare Konsequenzen: „Die Medizin und die Philosophie sind darin einig, daß nur ein ernstes Studium des Lebens und seiner Erscheinungen ihnen eine Bedeutung im Leben sichern könne. Erst eine genaue Kenntnis der Bedingungen des Lebens der Einzelnen und des Lebens der Völker wird es möglich machen, die Gesetze der Medizin und Philosophie als allgemeine Gesetze des Menschengeschlechtes geltend zu machen" (6).

2. Auswirkungen auf Zeitgenossen

Die ausgewogene Modell-Theorie des Physio-Pathologen JOHANNES MÜLLER erfährt bei seinem Schüler VIRCHOW und dessen Zeitgenossen einen einschneidenden Bedeutungswandel, wie nur an wenigen exemplarischen Hinweisen belegt werden soll.

Im Jahre 1852 erschien in der Akademischen Verlagshandlung von Winter in Heidelberg der erste Band des Lehrbuchs der „Physiologie des Menschen" von CARL LUDWIG. Sein Freund DU BOIS-REYMOND war davon so begeistert, daß er ihm (1853) schrieb: „Ich denke allen Ernstes, unser ... Auftreten wird wirklich eine Epoche in der Wissenschaft der Wissenschaften, der Physiologie, gegründet

haben, und so wirst Du deren Fahnenträger geworden sein". Im Lehrbuch LUD-
WIGS offenbart sich zunächst einmal eine kritische Haltung zur Anatomie. Um
so interessanter ist es, wenn wir im LUDWIGschen Lehrbuch von 1852 bereits
lesen, daß im Grunde genommen der Inhalt aller anatomischen Werke dem Physiologen wenig genutzt habe. „Bänderlehre und Knochenlehre, obwohl seit Jahr-
hunderten von den Anatomen kultiviert, haben erst durch die physiologische
Bearbeitung eine brauchbare Gestalt angenommen". Die rein deskriptive Behandlung des menschlichen Körpers sei „dem vollendetsten Mechaniker und
Hydrauliker zu nichts dienlich".

Was die neue Wissenschaft wirklich auszurichten vermochte, hat CARL LUD-
WIG in seinem „Lehrbuch der Physiologie des Menschen" (1852–56) klar umrissen: „Die wissenschaftliche Physiologie hat die Aufgabe, die Leistungen des
Tierleibes festzustellen und sie aus den elementaren Bedingungen mit Notwendigkeit herzuleiten." Was aber sind diese elementaren Bedingungen? Sie sind
keineswegs das, als was sie bisher unter romantischen Begriffen wie Lebenskraft
oder Nervenäther aufgetreten sind. Man kommt zu den elementaren Voraussetzungen nur auf einem einzigen Wege, durch ein klar vorgezeichnetes methodisches Vorgehen: Man muß nämlich den tierischen Körper in seine chemischen
und strukturellen Elementarbestandteile zerlegen. Man wird die konstanten Verhältnisse herausgreifen und womöglich auch mathematisch ausdrücken müssen.
Man muß nicht allein Topographisches abmessen, sondern die Leistungen der
Organe messen und sie „als Funktion der sie erzeugenden Bedingungen" auffassen. Dazu allein dient der physikalisch-chemische Versuch!

Das aber ist das absolut Neue dieser „Methodik der Lebensforschung", wieder nach LUDWIG: „Da der tierische Körper ein Gemenge endlich ausgedehnter
Massen ist, die unter sich an Atomgewicht, an Verwandtschaft, an Richtung und
Geschwindigkeit der Bewegung verschieden sind, so muß eine Theorie von dem
eben mitgeteilten Inhalte allen Anforderungen Genüge leisten, welche der Arzt
an die Physiologie zu stellen berechtigt ist".

Die Physiologie richtet sich nach den Methoden der exakten Naturwissenschaft aus. Sie überträgt alle Möglichkeiten der physikalischen Mechanik auf
den tierischen Organismus. Sie geht kausalanalytisch vor und isoliert im Experiment die einzelenen Elemente. Sie schafft sich des weiteren selbst ihre Hilfsmittel. Im Jahre 1846 hat LUDWIG das Kymographion eingeführt; er hat Blutdruck-
messungen vorgenommen; von ihm stammt die bekannte Stromuhr, mit der die
Durchblutungsgröße festgestellt wird. LUDWIG hat weiter den Filtrationsvor-
gang in der Niere rein mechanisch interpretiert. Seine Schüler aus aller Welt
haben bei ihm in Leipzig gelernt, den einmal eingeschlagenen Weg konsequent
zu verfolgen.

Erklärtes Ziel ist: eine „Physik des Organischen" (VIRCHOW), das „Auflösen
der Naturvorgänge in Mechanik der Atome" (DU BOIS-REYMOND, 1872). Es
geht darum – so MOLESCHOTT (1865) –, „die Physiologie für das Herz der Medicin zu erkären, das heißt für denjenigen organischen Teil der Heilkunde, welcher allen den anderen das Blut des Wissens einflößt, allen übrigen das wissenschaftliche Gepräge verleiht" (MOLESCHOTT (1865) 7).

Demgegenüber stellte sich NICOLAUS FRIEDREICH (1867) auf den Standpunkt, die Therapie dürfe nicht stillstehen, „bis die vollendete pathologische

Physiologie den letzten Schleier gelüftet hat, welcher den feinsten Mechanismus der Krankheiten noch umhüllt". Medizin bedeutet hier weniger Erkenntniswissenschaft als Handlungswissenschaft. Gerade die Diagnostik sollte zeigen, daß man in ihr nicht nur ein Erkenntniselement zu sehen hat, sondern auch ein Handlungselement.

Rückblickend auf seine Epoche konnte DU BOIS-REYMOND (1879) feststellen: „Durch HUMBOLDT und JOHANNES MÜLLER angeregt, übernahm ich selber mit Jugendfeuer die Führung im Gebiete der tierischen Elektrizität, und aus den uns überkommenen rohen und unsicheren Anfängen entwickelte sich, bei den Kenntnissen und Hilfsmitteln der Neuzeit, schnell einer der schönsten Zweige der Physiologie". Physiologie wurde zu einer methodisch abgesicherten Disziplin; sie war alles andere geworden als jene „Wissenschaft der Wissenschaften", von der DU BOIS noch 1853 geschwärmt hatte.

3. „Physiologische Bildung" bei VIRCHOW

Eine völlig anders geartete „Wissenschaft der Wissenschaften" schwebte RUDOLF VIRCHOW vor, ein ins Anthropologische und später ins Kosmopolitische erweitertes Modell, das wir heute nur noch als utopisch betrachten können. Für den jungen Pathologen RUDOLF VIRCHOW bestand kein Zweifel darüber, „daß die praktische Medicin nie etwas anderes als angewandte Naturwissenschaft sein darf, daß ihre Begründung auf der Anatomie und Physiologie mehr als hohle Phrasen, die Zurückführung ihrer Erscheinungen auf die Lehrsätze der Physik und Chemie mehr als Blendwerk sein können" (1845; Arch. Path. Anat. *188* (1907) 7).

Das utopische Programm erscheint bereits in den ersten Leitartikeln seiner „Medizinischen Reform" (1848), wo es heißt: „Wenn die Medizin die Wissenschaft von dem gesunden und kranken Menschen ist, was sie doch sein soll, welche andere Wissenschaft könnte mehr berufen sein, in die Gesetzgebung einzutreten, um jene Gesetze, welche in der Natur des Menschen schon gegeben sind, als die Grundlagen der gesellschaftlichen Ordnung geltend zu machen".

Da es die Methode ist, die den Geist der Naturwissenschaften ausmacht, und da es keine andere Methode geben kann, die wissenschaftlichen Anspruch erhebt, so ist auch die Methode der sog. Geisteswissenschaften geklärt. Möge kein Physiologe, kein praktischer Arzt es je vergessen - so ruft VIRCHOW leidenschaftlich aus -, daß die Medizin alle Kenntnis von den Gesetzen in sich vereine, „welche den Körper *und* den Geist zu bestimmen vermögen".

Damit sind die Konsequenzen angedeutet und unausweichlich klar: Der Physiologe und der praktische Arzt werden, wenn die Medizin als Anthropologie einst festgestellt sein wird, zu den Weisen gezählt werden, auf denen sich das öffentliche Gebäude errichtet, dann nämlich, wenn nicht mehr das Interesse einzelner Persönlichkeiten die öffentlichen Angelegenheiten bestimmen wird.

Im „Übergang vom philosophischen zum naturwissenschaftlichen Zeitalter" - wie RUDOLF VIRCHOW in seiner Berliner Rektoratsrede 1893 sein Jahrhundert charakterisieren konnte - wird denn auch der Medizin eine völlig neue, eine umfassende „pädagogische Aufgabe" zugespielt. VIRCHOW steuert von Anfang

an seiner „Medizin im Großen" zu. Die Institutionen einer Öffentlichen Gesundheitspflege können seiner Meinung nach keine andere Aufgabe haben, „als
den großen Gedanken des Humanismus Gehalt zu geben".

VIRCHOW geht hierbei ausdrücklich von den Forderungen des „politisch-sozialen Fortschritts" aus, wenn er postuliert: „und die Ehre erheischt es, den sittlichen, politisch-sozialen Fortschritt der Zeit auch in der Medizin zur Geltung zu
bringen. Das Prinzip ‚von Gottes Gnaden' und die Armenkrankenpflege ‚um
Christi Jesu willen' sind gefallen, das Prinzip der gleichen Berechtigung und die
öffentliche Gesundheitspflege als Konsequenz derselben sollen und wollen zur
Geltung kommen" (1848). Auch daraus werden sofort wieder weiterreichende
Konsequenzen gezogen: „An die Stelle des Strafrechts muß jetzt die Psychologie
treten, wie die Politik durch die Anthropologie zu ersetzen ist, denn die Geisteskrankheiten der Völker, die psychischen Epidemien, können nur anthropologisch geheilt werden." Den Krankheiten des Staates müssen „politische Arzneien" verordnet werden, sonst bleiben beide eine halbe Sache: die Politik wie die
Medizin!

Mit diesem seinem Modell einer „physiologischen Bildung" versucht RU
DOLF VIRCHOW ohne Zögern, nun auch in die sozialen und politischen Bereiche
vorzustoßen. Neben der rein reparativen Linderung der Leiden sollte künftighin
die positive Stilisierung der Gesundheit zum selbstverständlichen Auftrag des
Arztes gehören. „Wir verlangen daher zunächst eine Verallgemeinerung der physiologischen Bildung. Die Physiologie muß ein Teil der allgemeinen Universitätsbildung der Studierenden aller Fakultäten werden". Ihre Basis aber muß bis
in die Gymnasialbildung und in die Elementarschulen hineingetragen werden.
Vom naturwissenschaftlichen Standpunkt aus seien „die öffentliche Gesundheitspflege und der öffentliche Unterricht" einfach nicht zu trennen, „da sie
beide auf die Kultur, die normale Entwicklung und Erhaltung derselben durch
die Lebensvorgänge einheitlich verbundener Körperteile hinauslaufen und sich
nicht gegenseitig bedingen, sondern durchaus einschließen".

Auch hieraus werden nochmals notwendige Konsequenzen gezogen: „Nicht
bloß die physische Erziehung, die Gymnastik in ihrer weitesten Ausdehnung, die
Bestimmung der Unterrichtszeit gehören hierher, sondern der Unterricht muß
gewisse Impulse von der Medizin erhalten. Populäre Unterweisungen, die eine
allgemeine, vernünftige Diätetik, eine allgemeine Prophylaxe etc. begründen,
müssen sich auf eine durch den Unterricht allgemeiner verbreitete Kenntnis des
menschlichen Körpers stützen; die Sittlichkeit muß aus einer gründlicheren Anschauung von dem Wesen der Naturerscheinungen, von der Bedeutung der ewigen Naturgesetze und von ihrer Geltung im eigenen Leibe neue und sichere Stützen gewinnen" (1848).

VIRCHOW geht noch einen Schritt weiter, wenn er die Idee dieses Bildungsprogramms mit dem „Gang der Kultur des Menschengeschlechts" insgesamt zu
verbinden trachtet. Wir alle sind von der Natur ausgegangen, haben uns nach
und nach gelöst, wurden emanzipiert und bleiben doch alle dieser Natur verhaftet. „So muß auch die Medizin zur Natur zurück". Aus den Ärzten waren Priester geworden. Allein die Medizin vermochte sich bald schon zu emanzipieren,
„wie sich der Staat und die Schule emanzipieren, bis der Prozeß mit der Emanzipation der Gesellschaft beendet sein wird". So sollen auch die Ärzte wieder

Priester werden, „die Hohenpriester der Natur in der humanen Gesellschaft. Aber mit der Verallgemeinerung der Bildung muß diese Priesterschaft sich wiederum in das Laienregiment auflösen und die Medizin aufhören, eine besondere Wissenschaft zu sein. Ihre letzte Aufgabe als solche ist die Konstituierung der Gesellschaft auf physiologischer Grundlage" (1849).

Mit dem Prestige des weltweit anerkannten Pathologen hat RUDOLF VIRCHOW immer wieder versucht, aus der Naturwissenschaft ein Kulturprogramm zu machen. Ausdruck dafür ist die Gründung einer „Sektion für naturwissenschaftliche Pädagogik", die um 1870 auf den Versammlungen der Gesellschaft Deutscher Naturforscher und Ärzte eine besondere Aktivität entfalten sollte. Als eine „soziale Wissenschaft" erst werde die Medizin den ihr von der Natur aus zustehenden Platz in der Gesellschaft behaupten und zum Garant der sozialen Zukunft werden. RUDOLF VIRCHOW hält es für untragbar, daß die realen Wissenschaften immer offensichtlicher „in den tiefsten Born der Erkenntnis" schauen, ohne nun auch „die Neigung einer Anwendung ihrer Erkenntnis zu verspüren". Hat doch die Medizin allein wirkliche Kenntnis von den Gesetzen, die den Körper *und* den Geist zu bestimmen vermögen! „Soll die Medizin daher ihre große Aufgabe wirklich erfüllen, so muß sie in das große politische und soziale Leben eingreifen; sie muß die Hemmnisse angeben, welche der normalen Erfüllung der Lebensvorgänge im Wege stehen und ihre Beseitigung erwirken. Sollte es jemals dahin kommen, so wird die Medizin, was sie auch sein muß, ein Gemeingut aller sein; sie wird aufhören, Medizin zu sein, und sie wird ganz aufgehen in das allgemeine, dann einheitlich gestaltete Wissen, das mit dem Können identisch ist."

Das wohl umfassendste Kulturprogramm der Naturwissenschaft wollte Virchow vorstellen, als er im Jahre 1860 auf der Jahresversammlung der Gesellschaft Deutscher Naturforscher und Ärzte in Königsberg „Über den Fortschritt in der Entwickelung der Humanitäts-Anstalten" sprach. Auf der Basis exakter Forschung scheint ihm die Wissenschaft aufgebrochen als eine gewaltige revolutionäre Macht, die kein anderes Ziel vor Augen habe, als „dem Humanismus zu dienen" und damit „in die Rolle einzutreten, welche in früheren Zeiten den transzendenten Strebungen der verschiedenen Kirchen zugefallen war". Immer konsequenter erhebt die Wissenschaft Anspruch auf das Recht und die Wirtschaft, auf Erziehung und Moral und damit auch auf das Gewissen des Menschen –, Ansprüche, die im Zuge der Verwissenschaftlichung der Medizin rasch einer Ernüchterung Platz machten.

Von der revolutionären Dynamik des „Einheitsgedankens" in den Wissenschaften her wird man schließlich auch das verstehen, was RUDOLF VIRCHOW „Anthropologie im weitesten Sinne" genannt hat, eine Anthropologie, die in allen Motiven und Tendenzen sowohl von der Entwicklungslehre der Zeit als auch von der Sozialbewegung potenziert worden ist. VIRCHOW sieht seine Medizin als die höchste und schönste Wissenschaft an, in der lang verschollene Gedanken aus den Philosophenschulen des Altertums wieder wach geworden sind. Der Arzt wird es nunmehr sein, der die Brücken schlägt von der Physiologie, der organischen Physik und Chemie zu dem allein befruchteten Gebiet der sozialen Praxis.

In seinem Schlußappell an die Frankfurter Naturforscherversammlung (1867) werden die Priester der Wissenschaft feierlich aufgerufen, als die treuen

Arbeiter an der Natur zu wirken, um das natürliche Werk der Offenbarung zu vollenden. Die Naturkunde ist zu jener „Wissenschaft von der ewigen Verwandlung Gottes in die Welt" geworden, die schon LORENZ OKEN postuliert hatte, als er unter der Ägide der „Isis" 1822 die Gesellschaft Deutscher Naturforscher und Ärzte ins Leben rief. Auf ihrer Versammlung zu Heidelberg im Jahre 1829 verstand sich dieses Gremium bereits als das Konzil für das kommende Zeitalter, und wenig später konnte RUDOLF VIRCHOW seine Ärzte feiern als „die Hohenpriester der Natur in einer humanen Gesellschaft".

In einer damals vielbeachteten, programmatischen Rede vor der Naturforscherversammlung – 1886 in Berlin – hatte WERNER VON SIEMENS seine Epoche als „Das naturwissenschaftliche Zeitalter" proklamiert, eine Epoche, in der das Leben des Menschen immer genußreicher und anspruchsvoller werde, ein Zeitalter, in dem alle Bedürfnisse zunehmend befriedigt und endgültig gesichert würden. Den Überschuß an Freizeit, den er durch die Arbeit der eisernen Arbeiter (der „eisernen Engel") gewinnt, wird der Mensch seiner geistigen Ausbildung gewähren. Die Naturwissenschaften werden die Menschen moralischen und materiellen Zuständen zuführen, die besser sind, als sie je waren. „Das hereinbrechende naturwissenschaftliche Zeitalter wird ihre Lebensnot, ihr Siechtum mildern, ihren Lebensgenuß erhöhen, sie besser, glücklicher und mit ihrem Geschick zufriedener machen."

Daß die „planmäßige Ausbeutung der Naturschätze" das erhabenste Ziel der Menschheit sei und den Menschen immer gottähnlicher machen werde, das betonte DU BOIS-REYMOND abermals in seiner Akademierede zum Gedenken von WERNER VON SIEMENS (1874). Was der Gottheit bei der Erschaffung der Welt bloß vorgeschwebt hatte, das schaffen wir nun realiter, nämlich: die Summe unserer Genüsse zu einem Maximum, die unserer Entbehrungen zu einem Minimum zu machen.

Soweit einige wenige Hinweise auf die sich als „angewandte Naturwissenschaft" verstehende Medizin, auf eine sich auf das „Modell" reduzierende Wissenschaft, die uns heute kaum noch als methoden-bewußt erscheint und die nicht von ungefähr bereits am Ausgang des 19. Jahrhunderts energische Gegenströmungen hervorrufen mußte.

III. Modelle der praktischen Medizin

1. Entwürfe einer Pathologischen Physiologie bei LUDOLF VON KREHL

In seiner Wiener Antrittsvorlesung hatte im Jahre 1882 der Kliniker HERMANN NOTHNAGEL (1841–1905) betont: „Mit Kranken, nicht mit Krankheiten hat es die Klinik zu tun." Dieses Urteil ist um so bemerkenswerter, als es von einem Mediziner stammt, der die experimentell-physiologische Richtung mit der pathologisch-anatomischen Methodik souverän zu kombinieren verstand und beide der Klinik dienstbar machte, so wie auch RUDOLF VIRCHOW dies verstanden wissen wollte: als die „höchste Potenz der praktischen Medizin". Der Arzt ist dabei nicht „magister naturae", nicht „collega"; er bleibt „minister naturae", der sich bewußt ist, daß er nicht zum therapeutischen Demiurgen bestimmt ist, nicht der Schöpfer seiner synthetischen Medikamente sein kann, daß er vielmehr immer nur in der Natur die Person zu sehen hat, den Patienten mit seiner durch das Kranksein so gebrochenen wie sensibilisierten Freiheit.

Auf die festen Grundlagen der Medizin als einer Naturwissenschaft hatte sich auch LUDOLF VON KREHL berufen wollen. Aber dann bekennt er sich gleichzeitig zur Weiterbildung dieser Medizin, wie sich ihm mit dem Eintritt der Persönlichkeit als Forschungs- und Wertungsobjekt in die Medizin gegeben scheint. „Das aber bedeutet die Wiedereinsetzung der Geisteswissenschaften und der Beziehungen des ganzen Lebens als andere und mit der Naturwissenschaft gleichberechtigte Grundlage der Medizin."

Mit dieser kritischen Fragestellung geschah etwas Entscheidendes, das nicht ohne Folge bleiben konnte. „Wir Ärzte - schrieb KREHL - können keine Psychologie brauchen, die seelische Freiheit nicht als Tatsache und Problem nimmt. Damit ist natürlich nicht ein Prinzip der Unordnung statuiert, sondern vor uns liegt eine andere, vorerst noch unbekannte, also zu erforschende Ordnung. In ihr haben die Willensvorgänge, das religiöse und das sittliche Geschehen Platz. Ohne diese in unser ärztliches Wirken einzuschließen, vermögen wir eine Behandlung des kranken Menschen nicht durchzuführen." Zu dieser neuen Einstellung aber reichten der gute Wille, menschlicher Takt und menschliches Geschick allein nicht aus; dazu gehörten „nicht geringe methodische Kenntnisse"!

KREHL sieht mit seinem Modell den Menschen als solchen, der seine Krankheitsvorgänge zu gestalten vermag durch körperlichen und seelischen Einfluß auf eben diese Vorgänge. Der Kranke ist damit nicht nur ein Objekt, sondern stets zugleich Subjekt und bietet somit Erscheinungen, die nie da waren und die nie wiederkommen werden bei der Entstehung der pathologischen Prozesse. Dieses Neue: „Das ist aber das Zeichen einer eigenen Wissenschaft." So in KREHL's Werk „Entstehung, Erkennung und Behandlung Innerer Krankheiten", der 13. Auflage seiner berühmten „Pathologischen Physiologie"!

Wenn KREHL bereits in einer früheren Auflage seiner „Pathologischen Physiologie" (1912) die „biologische Betrachtungsform für die verschiedenen Organsysteme von einem einheitlichen Standpunkte aus" darzustellen versucht (Vorwort, S. VI), dann lehnt er sich auch hier im strengen Sinne eng an ein „Modell". Es ist das biologische Modell eines Organismus damit gemeint, aber - und das ist entscheidend - immer „im Lichte des ganzen Organismus" gesehen.

Das Neuartige an dieser Anthropologischen Medizin ist weniger eine neue „Theorie der Medizin" als eine neue ärztliche Gesinnung. Was völlig anders geworden ist, das sind weniger neuartige Forschungsergebnisse als eine neue, ursprünglichere Haltung des Arztes. Und so sehen wir denn das Lebenswerk von LUDOLF VON KREHL immer auf zwei Bahnen laufen: Es ist zum einen der Weg der Forschung, der immer weiter gradlinig geradeaus geht; es ist zum anderen aber auch immer der Weg des Lebens, eine Bahn im Kreislauf, eingespannt zwischen Geburt und Tod, sich entfaltend in Reifung und Wandlung, in der allein auch Sinn und Bestimmung des Daseins zu suchen sind. Die Erfahrung eines reifenden Lebens ist damit gemeint und - mehr noch -: der Begriff einer Erfahrung als der „gesamten Erfahrung aller Menschen zu allen Zeiten", worin dann letzten Endes auch der Beitrag der Geschichte der Medizin für die ärztliche Praxis zu sehen wäre.

Das Programm einer solchen Anthropologischen Medizin, das VIKTOR VON WEIZSÄCKER dann in seiner Medizinischen Anthropologie zu systematisieren versuchte, erscheint damals für KREHL noch als ganz „ungeheuerlich, ja freventlich". LUDOLF VON KREHL glaubte insofern darin eine Hybris zu sehen, als mit der Behandlung des ganzen Menschen ja auch schon seine gesamte historische und psychologisch-hermeneutische Erforschung und Auslegung gegeben sein mußte. „Da muß man sagen: welcher Arzt kann eine solche durchführen? Weiter: welcher Kranke will sie haben?" Wird sich der Kranke nicht mit Recht sträuben, „weil das alles für die meisten Fälle gar nicht notwendig ist?" Würde uns eine solche Anthropologie letzten Endes nicht „in ein ungeheures pfadloses Gebiet" führen, in einen „Zaubergarten" und damit wiederum in das Labyrinth?

Und doch müssen wir, meint KREHL, den Weg wagen, was bedeutet, daß wir die Wege dazu erst einmal bahnen müssen. Dieses Bahnen des Weges aber scheint nur unter größten Schwierigkeiten und ständigen Enttäuschungen möglich. „Die Persönlichkeit erhielt nur schwer das Bürgerrecht in der Medizin als Wissenschaft. Schon für ihren rationalen Teil erwarb sie es nur sehr langsam. Noch viel zögernder geht es trotz allen Redens mit dem Irrationalen, mit Ethik und Religion". Und doch wird es sich lohnen, diesen Weg zu gehen: Ein Mediziner wird erst dann zum Arzt, wenn er mit dem Kranken die letzten Lebensfragen behandelt.

In jeder ärztlichen Handlung schafft sich der Arzt ein neues Werk, das Beziehungen hat zu allen Gebieten der Wissenschaft, der Kunst, der Religion. Und dann stellt sich KREHL beherzt die Frage: „Gibt es ein schöneres Amt auf Erden? Einen schöneren Beruf, zu dem wir uns berufen fühlen dürfen?" Gibt es etwas Aufregenderes in der Medizin, als dieses immer wieder neue Eingehen auf das biographische Szenarium des Patienten, jedes einzelnen Kranken? Geht es hier doch letzten Endes immer um die Einsicht in die Person, in die Person jedes einzelnen Kranken, der – um es mit KREHL (1930) zu formulieren – Erscheinungen bietet, „die nie da waren und nie wiederkommen werden in Bedingtheit und Gestaltung, damit aber auch in der Entstehung der pathologischen Prozesse". Hier geht es keinesfalls um die additive Ergänzung des Somatischen durch die Psychologie: Hier geht es um die gegenseitige Durchdringung innerhalb einer in sich geschlossenen Architektonik. Hier kommt auf besonders eindringliche Weise die Einsicht zum Durchbruch, daß Lebendiges im dualen Schematismus der Wissenschaften gar nicht gefaßt werden kann, da es eben nicht um Ursache und Wirkung geht, nicht um Zwecke allein, sondern um den Sinn. „Seele" oder „Geist" benutzen nirgendwo diesen Leib als ihr physisches Werkzeug; es ist vielmehr der Mensch als Ganzes mit Herz und Hirn und Hoden, der sich mittels organischer Strukturen und sinnlicher Funktionen (so MERLEAU-PONTY) „leiblich ins Werk richtet".

Von solchen Erfahrungen aus kommen wir zu einem Bild vom Kranken, das mehr subjektiv als objektiv geprägt ist, und aus dem wir so etwas gestalten sollten wie ein „Porträt des Patienten", eine Phänomenologie des „homo patiens", die uns immer noch fehlt. „Die Wissenschaft vom Menschen beginnt (wie MARTIN BUBER sagt) mit dem Thema: der Mensch mit dem Menschen." Der andere aber, das ist immer nur der Mensch in seiner vollen Leiblichkeit; ist seine Natur, seine Umwelt, seine Biographie; ist unsere Geschichte, unsere Mitwelt, Vorwelt und Nachwelt! Der Arzt wirkt von Anfang an „auf diesen Leib selbst", wobei es zum vielschichtig verwickelten Prozeß einer Kommunikation kommt, mit allen Risiken und allen Chancen. Hier ist der Arzt „weder Techniker noch Heiland, sondern Existenz für Existenz, vergängliches Menschenwesen mit dem anderen", dem leidenden Partner.

2. Theoretische Grundlagen der Therapie

In der 13. und letzten Auflage seiner „Pathologischen Physiologie" (1930) hat LUDOLF VON KREHL diesem neuen Konzept paradigmatischen Ausdruck gegeben, wenn er (im Vorwort, S. VIII) schreibt: „Das Problem des kranken Menschen erschöpft sich nicht in objektiver Betrachtung." Selbstverständlich könne man die Medizin „eine angewandte Wissenschaft" nennen; aber sie sei ihrem Wesen nach noch weitaus mehr. „Sie bedeutet etwas für sich, indem der kranke Mensch die gleiche schaffende Welt ist, wie der Beobachter, der Arzt". Der Mensch aber, er „vermag seine Krankheitsvorgänge zu gestalten durch seinen körperlichen und seelichen, am besten gesagt menschlichen Einfluß auf eben diese Vorgänge".

Der Kranke ist damit „nicht nur Objekt, sondern stets zugleich Subjekt: Das ist es, was die nie sich erschöpfende Vielseitigkeit der krankhaften Vorgänge am Menschen erzeugt. Jeder Kranke bietet Erscheinungen, die nie da waren und nie wiederkommen werden in Bedingtheit und Gestaltung, damit aber auch in der Entstehung der pathologischen Prozesse". Diese zu erkennen, dient das neue Modell; dieses systematisch zu einer Theorie auszubauen, ist „das Zeichen einer eigenen Wissenschaft".

In einem längst vergessenen, auch damals kaum beachteten Grundsatzreferat „Über die Grundlagen der Therapie" (Müchener Medizinische Wissenschaft 80 (1933) 83–87) hat LUDOLF VON KREHL auch zu diesem „Zeichen" das Wichtigste gesagt, wenn er differenziert:

1.) Der Arzt ist in erster Linie ein Biologe, „ein wahrer Biologe", indem er die Modelle, welche ihm Physiologie und Pathologie liefern, in „Beziehungen zu dem gesamten Organismus" bringt.

2.) Das Bezugssystem als solches freilich läßt sich nicht mehr auf ein Modell bringen. Hier ist der Forscher auf Entscheidungen verwiesen, die ihm nur die Intuition vermitteln kann. Hier verweist KREHL ausdrücklich auf HERMANN VON HELMHOLTZ und seinen GOETHE-Vortrag zu Weimar.

3.) Die dritte Grundlage erwächst aus dem Arzt selbst, aus einem Verständnis für „das ganze Menschentum des Kranken". Dafür ist erforderlich, daß der Arzt sich zu einem vollen und ernsten Menschen bildet, indem er zur Entwicklung seines eigenen Inneren kommt. Das aber erfordert „ein weites Interesse des menschlichen Lebens nach allen Richtungen hin: Religion und Weltanschauung, Volk, Familie und Staat, Kultur und Bildung".

Mit seinem Lebenswerk will KREHL über eine Vergleichende Physiologie und Pathologie der Lebewesen hinaus zum Grundriß einer Allgemeinen Biologie kommen, die den kranken Menschen nicht mehr vom Aspekt des Naturforschers aus, sondern vom Gesichtspunkte des Arztes betrachtet. „Der Arzt ist nicht Gelehrter, nicht Künstler, nicht Techniker, sondern eben Arzt. Sein Schaffen hat mit dem von allen dreien vielerlei Gemeinsames. Aber es ist in den letzten Zielen ein völlig anderes, und es hat noch mehr, denn das Objekt seiner Tätigkeit ist der Mensch als Mensch."

Was KREHL beunruhigt, ist die Frage, ob es möglich sei, sämtliche Vorgänge des Lebens auf Prozesse der unbelebten Natur zurückzuführen, wie das die Naturforscher des 19. Jahrhunderts geglaubt hatten. „In diesem Wahne bestand die Schwäche, die Einseitigkeit jener starken Zeit." Gerade die Fortschritte der Forschung aber hätten uns gezwungen, immer neue Aspekte mitzuberücksichtigen, wobei die Komplexität lebendiger Organisation gleichsam auf ein Unendliches zu gewachsen sei. Jeder krankhafte Prozeß müsse daher von allen Seiten zugleich angesehen werden.

In den Vordergrund des Selbstverständnisses tritt nun die ärztliche Tätigkeit mit ihrem sozialen Auftrag, damit aber auch die prinzipielle Kritik an einer Theorie der naturwissenschaftlichen Anthropologie. Eine Heilkunde aber, die sich den kranken Menschen in seiner Umwelt und Mitwelt zum Gegenstand der Forschung machen wollte, mußte das alte Schema der Medizin immer fragwürdiger werden. Der Arzt hat den soziologischen Raum betreten – wie KREHL sagt –, und er holt sich den „unerschöpflichen Schatz" unseres historischen Besitzes zurück. Er holt mit dem Begriff der Persönlichkeit das irrationale Element wieder zurück in eine einseitig rationalisierte Wissenschaft, das Irrationale und damit „ein großes Geheimnis".

3. Der Gestalt-Kreis als Modell-Theorie

Bei allem Irrationalen im Umgang mit kranken Menschen und bei aller Achtung vor dem „großen Geheimnis" wurde von der Anthropologischen Medizin nie vergessen, die Phänomene theoretisch zu betrachten, das „Gespräch" zu strukturieren, die Erscheinungen auf ein Modell zu bringen. Alles Menschliche an Leib, Seele und Geist wurzelt eben – so wurde deutlich gesehen – „in tiefen vitalen Schichten", wozu noch die „dunklen Schichten alter Überlieferungen" kommen, die wir ebenfalls zu studieren und aufzunehmen haben, um einen möglichst umfassenden Einblick in die Welt des kranken Menschen zu erhalten. Die „Medizin in Bewegung" löste sich dabei immer mehr von der scheinbar rein objektiven, aber lediglich krankheitsorientierten Medizin des 19. Jahrhunderts und näherte sich mehr und mehr dem Kranken als solchem. Selbst Infektionskrankheiten werden – so RICHARD SIEBECK – „nicht durch die Erreger verursacht", sondern „entwickeln sich in und aus der Lebensgeschichte", aus der ganz und gar persönlichen Szenerie des Alltags. Hier ist sehr deutlich schon das zum Ausdruck gebracht, was VIKTOR VON WEIZSÄCKER „die Einführung des Subjekts in die Pathologie" genannt hat.

Unwillkürlich erinnern wir uns an das bekannte Diktum des jungen Physiologen JOHANNES MÜLLER (1824): „Der Physiologe erfährt die Natur, damit er sie denke." Etwas erfahren, um es zu denken –, was uns unvermittelt nun an den „Gestaltkreis" führt, wo abermals eine Einheit, die von Bewegen und Wahrnehmen nämlich, zur Debatte stand, und dies ganz analog wie die Einheit von Erfahren und Denken! Und es ist sicherlich kein Zufall, daß selbst noch ein VIKTOR VON WEIZSÄCKER sich – über seinen Lehrer JOHANNES VON KRIES – ganz selbstverständlich – und in einem tiefverwurzelten Sinne – als JOHANNES MÜLLER-Schüler empfinden konnte. „Und so konnten wir uns (schreibt er in „Natur und Geist") als Urenkel dieses Ahnherrn der deutschen Physiologie fühlen."

Als ein Modell besonderer Art hat man den „Gestaltkreis" VIKTOR VON WEIZSÄCKERS ansehen wollen, obschon es sich hier um keine objektive abtrennbare theoretische Vorstellung handelt, nicht einmal um eine Lebensfigur oder ein Symbol, sondern – so WEIZSÄCKER (1946) – um „eine Anweisung zur Erfahrung des Lebendigen". Mit anderen Worten: „Um Lebendes zu erforschen, muß man sich am Leben beteiligen". Es gibt keine objektive Natur, die man experimentell befragt, um eine Theorie zu falsifizieren und so an die Wahrheit der Dinge zu kommen. Für WEIZSÄCKER ist Wahrheit zwar „möglich, doch müssen wir sie verwirklichen" (1943).

Daher das Postulat: „Am Anfang jeder Lebenswissenschaft steht nicht der Anfang des Lebens selbst; sondern die Wissenschaft hat mit dem Erwachen des Fragens mitten im Leben angefangen" (1940). Gegenstand der Medizin ist immer nur ein Objekt, dem ein Subjekt schon innewohnt. Wir können nicht erkennen, „in welcher Welt wir eigentlich leben, ohne diese Welt auch zugleich zu verändern" (1984). Das meint die berühmte „Einführung des Objekts" in die Biologie, die Pathologie, die Medizin (1940).

Zwischen objektiven Kriterien und subjektiven Momenten besteht eine enge Verflochtenheit, eine „Verschränkung", wie sich besonders eindrucksvoll an der Kohärenz von Wahrnehmung und Bewegung aufweisen läßt. Dies ereignet sich so, „daß, indem ich mich bewege, ich eine Wahrnehmung erscheinen lasse. Und daß, indem ich etwas wahrnehme, eine Bewegung mir gegenwärtig wird" (Gestaltkreis (1940) XX). In einem solchen biologischen Akt konstituiert sich das Subjekt jedesmal neu: Es ist „kein fester Besitz, man muß es unablässig erwerben, um es zu besitzen" (l. c. 173).

Es wäre angesichts der Aktualität des Gestaltkreis-Denkens längst an der Zeit, den wissenschaftshistorischen Hintergrund dieses Gestalt-Kreises aufzuarbeiten, wobei vor allem FRIEDRICH NIETZSCHE eine aufklärende Mittlerrolle spielen würde. Bewegung bedeutete für NIETZSCHE nur Übersetzung einer Welt von Wirkungen in eine sichtbare Welt, eine „Welt für's Auge", eine Wahrnehmung –, so wenn er etwa die Hand als „Fühler und Greifer zugleich" betrachten wollte.

Unter dem Kommando des Leibes (III, 498) werden die Wahrnehmungen gleichsam nach außen auf Bewegungen hin projiziert. „Diese gleichmachende und ordnende Kraft, welche im Idioplasma waltet, waltet auch beim Einverleiben der Außenwelt: unsere Sinneswahrnehmungen sind bereits das Resultat dieser Anähnlichung und Gleichsetzung in bezug auf alle Vergangenheit in uns; sie folgen nicht sofort auf den 'Eindruck'" (III, 499). Eindruck und Ausdruck sind lediglich Momente im Wechselspiel der Gestalt. „Das Nachbilden (Phantasieren) wird uns leichter als das Wahrnehmen: weshalb überall, wo wir meinen, bloß wahrzunehmen (zum Beispiel Bewegung), schon unsere Phantasie mithilft, ausdichtet und uns die Anstrengung der vielen Einzelwahrnehmungen erspart". In diesem „Gestaltkreis" verhalten wir uns keineswegs passiv: „Wir sind nicht leidend bei den Einwirkungen anderer Dinge auf uns, sondern sofort stellen wir unsere Kraft dagegen. Die Dinge rühren unsere Saiten an, wir aber machen die Melodie daraus."

Mit jeder Sinneswahrnehmung geht nämlich sofort das Ausdichten und Vervollständigen los, wenn wir zum Beispiel die Bewegung eines Vogels als äußere Bewegung zu sehen vermeinen! „Wir formulieren immer ganze Menschen aus dem, was wir von ihnen sehen und wissen. Wir ertragen das Leere nicht, – das ist die Unverschämtheit unserer Phantasie: wie wenig an Wahrheit ist sie gebunden und gewöhnt!". Ständig betreiben wir so – beim Hören wie beim Sehen – „das spielende Verarbeiten des Materials", wobei uns der Sinn immer nur auf eine gezielte Auswahl der Wahrnehmungen steht, auf solche nämlich, „an denen uns gelegen sein muß, um uns zu erhalten" (III, 499).

Die innerste Korrespondenz zwischen Bewegung und Wahrnehmung wird uns besonders empfindlich beim Hören und Sehen. „Unser Denken ist wirklich nichts als ein sehr verfeinertes zusammen verflochtenes Spiel des Sehens, Hörens, Fühlens, die logischen Formen sind die physiologischen Gesetze der Sinneswahrnehmungen. Unsere Sinne sind hochentwickelte Empfindungszentren mit starken Resonanzen und Spiegeln". Der Gestaltkreis funktioniert wie ein Regelkreis! „Guthören ist also wohl ein fortwährendes Erraten und Ausfüllen der wenigen wirklich wahrgenommenen Empfindungen. Verstehen ist ein erstaunlich schnelles entgegenkommendes Phantasieren und Schließen." Zwischen dem wirklichen Geschehen haben wir ständig „gedichtet und geschlossen"! Wir sehen daher auch nur, was wir kennen: „der größte Teil des Bildes ist nicht Sinneneindruck, sondern Phantasie-Erzeugnis". Der Mensch sieht, was er weiß; er weiß, was er sieht: Das Auge ist das Organ der Weltanschauung!

Am Modell des Gestalt-Kreises vermögen sich somit höchst aktuelle, wenn auch kaum schon erschlossene Bezüge zur „Theoretischen Pathologie" aufzuzeigen. VIKTOR VON WEIZSÄCKER vor allem stellte sich auf den Standpunkt, „daß das Leben nicht ein Vorgang ist, sondern daß es erlitten wird" (Gestaltkreis (1940) 183). Die biologischen Krisen gehörten wesentlich zu einer Existenz; sie machen seine „Leidenschaft" aus; sie demonstrieren uns in unserem Ausgeliefertsein den pathologischen Charakter unseres Daseins. Das in erster Linie macht die Erfahrung unserer pathischen Existenz aus, bildet den eigentlichen, den ständigen Wendepunkt auch in unserem Werden. Leben ist eben kein Zustand, sondern ein Entwurf! Leben war für WEIZSÄCKER ein immer wieder neues Entwerfen –: dazu in erster Linie dienen uns die Modelle! Und wenn VIKTOR VON WEIZSÄCKER die Physiologie als eine Wissenschaft verstand, die in der praktischen Medizin angewendet werde, dann bedeutete das für ihn – so in „Natur und Geist" (S. 188) – nicht mehr und nicht weniger als „das Programm der pathologischen Physiologie".

Literatur

Du Bois-Reymond E (1860) Gedächtnisrede auf Joh. Müller. Gehalten in der Preuß. Akademie der Wissenschaften am 8. Juli 1858. Abhandlungen der Akademie der Wissenschaften, Berlin, S 25–190

Du Bois-Reymond E (1912) Reden in zwei Bänden, hrsg. von Estelle Du Bois-Reymond. Leipzig

Ebbecke U (1951) Johannes Müller, der große rheinische Physiologe. Hannover

Friedreich N (1867) Über die heutigen Standpunkte der Medizin. Heidelberg

Goethe J von (1807) Bildung und Umbildung organischer Naturen. In: Zur Morphologie (1817) Bd I, Heft 1

Haberling W (1924) Johannes Müller. Das Leben des rheinischen Naturforschers. Leipzig

Isakower O (1974) Self-observation, self-experimentation, and creativ vision. Psychoanal Study Child 29:451–472

Koller G (1958) Das Leben des Biologen Johannes Müller (1801–1858). Wissenschaftliche Verlagsgesellschaft, Stuttgart

Krehl L von (1918) Pathologische Physiologie, 9. Aufl. Vogel, Leipzig

Krehl L von (1931) Pathologische Physiologie, 13. Aufl. Vogel, Leipzig

Krehl L von (1933) Ueber die Grundlagen der Therapie. MMW 80:83–87

Kruta V (1967) Johannes Müller's report on Purkyné's treatise "On the Physiological Examination of the Organ of Vision and the Cutaneous System" (1823). Clio Med 2:159–177

Lohff B (1977) Johannes Müller (1801–1851) als akademischer Lehrer. Rer. nat. Dissertationsschrift, Hamburg

Lohff B (1981) Johannes Müllers „Jahresberichte zur Physiologie" in Müllers Archiv der Jahre 1834–1838. Sudhoffs Arch 65:32–78

Moleschott J (1865) Natur- und Heilkunde. Gießen

Müller J (1826) Von dem Bedürfniß der Physiologie nach einer philosophischen Naturbetrachtung. Eine öffentliche Vorlesung, gehalten auf der Universität zu Bonn am 19ten October 1824. In: Zur vergleichenden Physiologie des Gesichtssinnes. Leipzig, S 1–36

Müller J (1826) Zur vergleichenden Physiologie des Gesichtssinns der Menschen und der Thiere nebst einem Versuch über die Bewegungen der Augen und über den menschlichen Blick. Leipzig

Müller J (1826) Ueber die phantastischen Gesichtserscheinungen. Eine physiologische Untersuchung mit einer physiologischen Urkunde des Aristoteles über den Traum, den Philosophen und Aerzten gewidmet. Coblenz

Müller J (1827) Grundriss der Vorlesungen über die Physiologie. Bonn

Müller J (1830) Bildungsgeschichte der Genitalien. Düsseldorf

Müller J (1836) Jahresbericht über die Fortschritte der anatomisch-physiologischen Wissenschaften im Jahre 1835. Arch Anat Physiol Wiss Med I–CCXXXVI

Müller J (1838) Handbuch der Physiologie des Menschen für Vorlesungen. Bd. I, 1. Coblenz: Hölscher 1833; Bd. I, 2. 1834; Bd. II, 1. 1837; Bd. II, 2.

Müller J (1837) Gedächtnisrede auf Carl Asmund Rudolphi. Berlin

Müller M (1926) Über die philosophischen Anschauungen des Naturforschers Johannes Müller. Sudhoffs Arch 18:130–150, 209–234, 328–350

Nietzsche F (1954–1956) Werke in drei Bänden, hrsg. von Karl Schlechta, München

Rad M von (1979) Gestaltkreis und Medizinische Anthropologie. In: Hahn P (Hrsg) Ergebnisse für die Medizin. Zürich (Die Psychologie des 20. Jahrhunderts, Bd 9, S 182–190)

Rothschuh KE (1953) Geschichte der Physiologie. Springer, Berlin Göttingen Heidelberg

Rothschuh KE (1968) Physiologie. Der Wandel ihrer Konzepte, Probleme und Methoden vom 16. bis 19. Jahrhundert. Alber, Freiburg

Rothschuh KE (1955) Johannes Müller und Carl Ludwig. Ihre Bedeutung für die Entwicklung der modernen Physiologie. Dtsch Med Wochenschr 78:71–74

Schipperges H (1977) Alexander von Humboldt als Geburtshelfer der modernen Physiologie. Mensch Med Ges 2:80–84

Steudel J (1952) Wissenschaftslehre und Forschungsmethodik Johannes Müllers. Dtsch Med Wochenschr 77:115–118

Stürzbecher M (1972) Zur Berufung Johannes Müllers an die Berliner Universität. Jahrb Gesch Mittel- u. Ostdeutschlands 21:184–226
Virchow R (1847) Ueber die Standpunkte in der wissenschaftlichen Medicin. Arch Pathol Anat 1:3–19
Virchow R (1858) Johannes Müller. Eine Gedächtnisrede, gehalten bei der Totenfeier am 24. Juli 1858 in der Aula der Universität zu Berlin. Berlin
Virchow R (1875) Ueber die Heilkräfte des Organismus
Vogt R (1979) Der Modellbegriff in der psychosomatischen Medizin. In: Hahn P (Hrsg) Ergebnisse für die Medizin. Zürich (Die Psychologie des 20. Jahrhunderts, Bd 9, S 117–121)
Weizsäcker V von (1930) Soziale Krankheit und soziale Gesundung. Berlin
Weizsäcker V von (1940) Der Gestaltkreis. Theorie der Einheit von Wahrnehmen und Bewegen. Leipzig
Weizsäcker V von (1948) Grundfragen medizinischer Anthropologie. Tübingen
Weizsäcker V von (1950) Diesseits und jenseits der Medizin. Stuttgart
Weizsäcker V von (1951) Der kranke Mensch. Eine Einführung in die medizinische Anthropologie. Stuttgart
Weizsäcker V von (1954) Natur und Geist. Erinnerungen eines Arztes. Göttingen
Weizsäcker V von (1956) Pathosophie. Göttingen

1.2 Zur Einführung der naturwissenschaftlichen Methode in die Medizin

Axel Bauer

I. Einführung

Mitten im Biedermeier, jener im Bereich der Heilkunde von den Epigonen der Naturphilosophie und den Vertretern der Naturhistorischen Schule geprägten Epoche, beginnt in Deutschland eine neue Phase der Medizin, welche wir heute als die „naturwissenschaftliche" charakterisieren. Das Vorfeld zu dieser Entwicklung finden wir bereits am Ende der zwanziger Jahre des 19. Jahrhunderts angelegt, wenn auch zunächst mehr in programmatischen Reden als im praktischen Handeln der Wissenschaftler.

Als Forum für grundsätzliche Beiträge zur Wissenschaftstheorie eignen sich besonders die alljährlichen Versammlungen Deutscher Naturforscher und Ärzte, deren Intentionen sehr bald über den in den Statuten von 1822 festgelegten Hauptzweck („den Naturforschern und Aerzten Deutschlands Gelegenheit zu verschaffen, sich persönlich kennen zu lernen") hinausreichen. Der Erste Geschäftsführer der 8. Versammlung, die 1829 in Heidelberg tagt, der Anatom und Physiologe FRIEDRICH TIEDEMANN (1781-1861), formuliert die Aufgabe der Gesellschaft sehr präzise in seiner Eröffnungsrede:

„Was uns zusammen führte, ist allein das Suchen nach Wahrheit und der Trieb, unsere Kenntnisse zu erweitern, durch Mittheilung von Beobachtungen und Erfahrungen aus dem unermeßlichen Gebiete der Natur, durch Austausch von Ideen, und durch Erweckung und Anregung klarerer und tieferer Einsichten. Dadurch ..., daß gleich gesinnte ... Männer sich die Ergebnisse ihrer Forschungen mittheilen, werden neu errungene Thatsachen aufs schnellste in Umlauf gesetzt, ... Meinungen und Theorieen ... werden erwogen und geprüft, Zweifel und Einwürfe ... erhoben und beseitigt. Und so gelingt es, Blicke in die Geheimnisse der Natur und des Weltgebäudes zu thun"[1].

Wahrheitssuche, Erkenntnistrieb, Beobachtung und Erfahrung, Ideenaustausch, Prüfung von Theorien, Einblick in die Geheimnisse der Natur - damit sind Schlüsselbegriffe für Motive, Methoden und Ziele der „Naturforscher" genannt, gleichsam eine verbindende „Ideologie" der ansonsten recht locker organisierten „Scientific Community", die sich seit 1822 stets im September an wechselnden Orten Deutschlands versammelt. Getragen wird diese geistige Bewegung von einem schwungvollen Optimismus, einem ganz auf die Zukunft hin orientierten Selbstbewußtsein, das schon die Gegenwart weit über das Niveau der Vergangenheit zu erheben scheint. Wie sehr übertrifft doch unser Zeitalter hinsichtlich der physikalischen Kenntnisse jenes der Griechen und Römer, ruft TIEDEMANN aus. Die Methode der wissenschaftlichen Naturforschung sei den

Alten kaum bekannt gewesen, nicht zuletzt wegen des Mangels an geeigneten Instrumenten wie Waagen, Wärmemessern, Barometern, Hygrometern, Mikroskopen oder Ferngläsern. Deshalb hätten sich die Vorfahren mit Spekulation und Metaphysik behelfen müssen, wobei aber nur Spitzfindigkeiten über die Entstehung der Welt und ihr Wesen das Ergebnis waren[2].

Die von TIEDEMANN genannten Instrumente zeigen den Weg, auf dem die „Hirngespinste" allmählich durch „subjective Erkenntnis aus objectiver Anschauung" ersetzt werden sollen: quantifizierende Messung und optische Vergrößerung der physikalischen, chemischen oder biologischen Strukturen. Erst mit diesen Mitteln gelingt es, die Natur „durch Beobachtungen zu belauschen", ja mehr noch, sie „durch Versuche zu befragen"[3]. TIEDEMANN bezeichnet die Gebiete, auf denen die Naturwissenschaft bereits zu hoffnungsvollen Ergebnissen gelangt ist: Astronomie, Chemie, Mineralogie, Geographie, Zoologie und Botanik, Vergleichende Anatomie, Physiologie und Naturgeschichte. Insbesondere die Ärzte seien mit ihrem praxisorientierten Verstand als Förderer des nüchternen Denkens und Gegner der Spekulation hervorgetreten. Der Redner sieht die Medizin mitten auf dem Weg zu einer wissenschaftlichen Disziplin, und dies um so mehr, je größer ihre Distanz zur Philosophie werde und je enger sie ihr Verhältnis zu den physikalischen Wissenschaften gestalte. Gleichzeitig leisteten die Naturwissenschaften einen unschätzbaren Beitrag zum Ausbau der bürgerlichen Gesellschaft und der allgemeinen Kultur, indem sie dazu aufforderten, „nach den Gesetzen der Vernunft und Sittlichkeit zu handeln"[4].

Auf den Tag genau 60 Jahre später, am 18. September 1889, wird wiederum in Heidelberg eine Naturforscherversammlung eröffnet, nunmehr schon die zweiundsechzigste! Diesmal spricht der 1. Geschäftsführer GEORG HERMANN QUINCKE (1834–1924), Professor für Physik an der Ruperto-Carola, und er beginnt seine Rede mit einem Rückblick auf jene Tagung von 1829. Wievieles hat sich doch seither geändert! „Damals wurden die Theilnehmer der Versammlung von der Post befördert. Heute reisen wir auf der Eisenbahn mit mehr als vierfacher Geschwindigkeit"[5]. Während seinerzeit die Naturforscher nur über 6 Fachabteilungen verfügt hätten, tage man heute in 32 Sektionen und mit vierfacher Teilnehmerzahl.

Doch nicht nur die äußeren Umstände haben sich verändert; weit dramatischer erscheint QUINCKE der Wandel in den Wissenschaften selbst. Voller Stolz konstatiert der Physiker: „Ueberall versuchte man in Deutschland die Methoden der Physik auf verwandte Gebiete zu übertragen, medicinische Fragen mit Hilfe der Naturwissenschaften zu lösen, aus dem Befunde der Leichen über den Verlauf der Krankheit und die Zweckmässigkeit der angewandten Heilmittel zu entscheiden und so in gemeinsamer Arbeit die beiden grossen Gebiete der Wissenschaft zu fördern, welche in unseren Versammlungen seit ihrem Bestehen in so glücklicher Weise vereinigt sind ... Man kann wohl sagen: zu dieser Zeit der ersten Heidelberger Naturforscher-Versammlung begann eine neue Epoche der Naturwissenschaft und Medicin in Deutschland"[6]. Soweit QUINCKE im Jahre 1889.

Tatsächlich trennt die beiden Heidelberger Naturforscherversammlungen mehr als nur jene quantitative Beschleunigung des Reisetempos von der Postkutsche zur Eisenbahn; besonders in der Medizin des 19. Jahrhunderts wird ein qualitativer Sprung deutlich, der von wissenschaftshistorischer Seite gelegentlich als *Paradigmawechsel* im Sinne KUHNS, besser vielleicht als *Konzeptwandel* im Sinne KARL EDUARD ROTHSCHUHS bezeichnet worden ist. Wie auch immer man diesen Prozeß benennen mag, stets spielt dabei die Einführung der „naturwissenschaftlichen Methode" in die Heilkunde eine wesentliche Rolle, das, was Quincke mit der „Übertragung der Methoden der Physik auf verwandte Gebiete" umschrieb. Ich möchte im folgenden versuchen, diese „naturwissenschaftliche Methode" und ihre Bedeutung für die Medizin des 19. Jahrhunderts darzustellen, nicht zuletzt aber auch ihre Grenzen, die gegen Ende des von mir betrachteten Zeitraums zum ersten Male deutlich werden.

II. Von der Naturphilosophie zur Empirie

Zur Zeit der Heidelberger Naturforscherversammlung von 1829 wird die Medizin in Deutschland noch weitgehend von den Epigonen der Naturphilosophie sowie von den Vertretern der sogenannten Naturhistorischen Schule beherrscht, als deren Begründer der Würzburger Kliniker JOHANN LUKAS SCHÖNLEIN (1793-1864) zu nennen ist. Beide Richtungen entwickelten eine Arbeitsweise, die auf den Prinzipien der Naturphilosophie SCHELLINGS basierte. FRIEDRICH WILHELM SCHELLING (1775-1854) hat vor allem durch einige frühe Werke auf seine ärztlichen Zeitgenossen anregend gewirkt, und zwar durch die „Ideen zu einer Philosophie der Natur" (1797), seinen „Ersten Entwurf eines Systems der Naturphilosophie" (1799) sowie durch eine „Vorläufige Bezeichnung des Standpunktes der Medizin nach Grundsätzen der Naturphilosophie" (1806). Geleitet von der Überzeugung der Einheit und Vernünftigkeit des Alls, entwarf SCHELLING ein System der Identität von Natur und Geist, von Realem und Idealem auf allen Ebenen und in allen Bereichen des Makrokosmos und des Mikrokosmos. Es gelte, die Natur aus dem Geist zu konstruieren, so sagte er 1797. Die Natur solle der sichtbare Geist, der Geist die unsichtbare Natur sein. Letztes Ziel des Naturphilosophen bleibe, die Idee der Natur zu erreichen, welche sich dem Geist als eine Stufung wachsender Vielfalt, als eine Steigerung offenbare. Natur ist dabei Fassade, ihr Inneres sind die Ideen, die sich in den Naturerscheinungen manifestieren.

Die einheitliche Abkunft und die Idealverwandtschaft aller Phänomene bedingen es, daß sich auf allen Stufen der Natur ein und dieselben Ideen, Grundprinzipien und Gesetze wiederfinden, nur dem Grad der Vollkommenheit nach unterschieden. Es muß daher das Streben der Naturforschung sein, auf allen Stufen der sich entwickelnden Natur diese gleichen Gesetzmäßigkeiten immer wieder aufzufinden. Den Weg dazu sieht SCHELLING im Aufspüren von Ähnlichkeiten und Verwandtschaften in den Eigenschaften und Kräften oder im Verhalten durch die Ermittlung von Analogien. Das Gemeinsame und die „wahre Idee" der Dinge zu begreifen, ist eine Sache des Sehers, nicht des Empirikers! „Einzelne waren und werden seyn, die der Wissenschaft nicht bedürfen, in denen die Natur sieht, und die selber in ihrem Sehen Natur geworden sind. Diese sind die waren Seher, die ächten Empiriker, zu denen die jetzt also sich nennenden sich verhalten, wie zu gottgesandten Propheten politische Kannengießer sich verhalten. Was durch einen solchen Seher verrichtet wird in Arzneikunst oder irgend einem andern Werk, das ist Wunder, denn es wird ohne Vermittlung erkannt und gethan" (Aphorismen … 1805).

In der naturphilosophischen Methodologie spielen also Intuition und Analogiedenken eine führende Rolle; sie werden ergänzt durch die Prinzipien der Polarität und der Abstufung aller Lebenserscheinungen, an deren Spitze der Mensch als Zentralorganismus steht. Insbesondere der Analogieschluß entwikkelt sich unter SCHELLINGS Adepten zum Königsweg der philosophischen Naturkonstruktion; er rechtfertigt sich durch die Grundthese, daß der Organismus nichts anderes sei als die große Welt im kleinen (d. h. die Makrokosmos-Mikrokosmos-Analogie). Das Auffinden einer Analogie zwischen der Gliederung der Natur in die vegetative, die animalische und die sensitive Sphäre einerseits und dem Verhalten bestimmter Krankheiten andererseits genügt beispielsweise dem Arzt DIETRICH GEORG KIESER (1779–1862), um 1819 in seinem „System der Medizin" ein nosologisches Tableau zu postulieren, welches eine Einteilung nach Krankheiten der vegetativen, der animalischen und der sensitiven Organe vornimmt. Das aus allgemeinen Prinzipien, deren Gültigkeit axiomatisch vorausgesetzt wird, mittels der naturphilosophischen Methode Deduzierte bedarf *weder* eines experimentellen Beweises, – denn es genügt der Nachweis seiner Systemkonformität, etwa im Sinne einer offensichtlichen Analogie –, *noch* zumindest der empirischen Kontrolle am Krankenbett; nicht zuletzt ihre Praxisferne brachte die naturphilosophisch inspirierten Konzepte der Medizin denn auch schon bald in Verruf.

An dieser Situation konnte auch die vor allem in den zwanziger und dreißiger Jahren prosperierende, eher klinisch-empirisch orientierte Naturhistorische Schule wenig ändern, die sich um JOHANN LUKAS SCHÖNLEIN gruppierte. Immerhin lassen sich hier gewisse Modifikationen zur naturphilosophischen Heilkunde erkennen: Die streng empirisch arbeitende Schule SCHÖNLEINS verzichtete auf eine a priori akzeptierte allgemeine Krankheitslehre. Durch genaue Beobachtung einzelner Krankheitsfälle wollte man stattdessen zur Konstruktion abstrakter Krankheitsbilder, zur Bildung von Krankheitsarten und -familien, endlich zu einem „natürlichen System" der Krankheiten fortschreiten.

Da die Naturhistoriker um die Abstraktheit ihrer Krankheitseinheiten wußten, entwickelten sie Regeln für ihre Verfahrensweise, die sie nun wiederum den Vorstellungen der naturphilosophischen Medizin entnahmen. Die beiden wichtigsten Anleihen waren hierbei die Vorstellung, daß Krankheiten Prozesse seien, sowie die Überzeugung von der Örtlichkeit aller pathologischen Phänomene. Beobachtung und Empirie gewinnen mit der Naturhistorischen Schule zwar eine wachsende Bedeutung, doch kann sie ihren spekulativen Hintergrund in Gestalt naturphilosophischer Prämissen nicht verleugnen. Immerhin kehrt Schönlein das methodische Vorgehen der deduzierenden Naturphilosophen um, indem er induktiv vom Speziellen zum Allgemeinen fortschreitet. Der entscheidende Schritt zur experimentellen, quantifizierenden Überprüfung eines Sachverhalts fehlt allerdings noch gänzlich, die von großer Skepsis gegenüber mit Monopolanspruch auftretenden Theorien erfüllten Mediziner des Biedermeier schrecken vor abstrahierenden Überlegungen zurück. Zu deutlich hat man die Auswüchse der spekulativen romantischen Naturforschung noch vor Augen, deren „Versuche", „Ahnungen", „Fragmente" oder „Systeme" zwar genialisch, aber ohne praktischen Nutzen waren. Die Kliniker der dreißiger Jahre beharren stattdessen auf dem Vordergründigen, Deskriptiven, der erfahrungsgemäßen Korrelation der Erscheinungen und Umstände. Man sucht nach empirischen Gesetzen, die möglichst numerisch gesichert sein sollen. KARL EDUARD ROTHSCHUH nannte das Zeitalter „vorexperimentell" und „geradezu erfahrungssüchtig"[7].

Dieses Phänomen beschränkt sich keineswegs allein auf die klinische Medizin, selbst in der exaktesten aller Naturwissenschaften, der Physik, können ähnliche Tendenzen nachgewiesen werden, wie KENNETH L. CANEVA 1978 gezeigt hat. Die Generation der um 1770 geborenen Physiker wie PAUL ERMAN (1764-1851), GEORG GOTTLIEB SCHMIDT (1768-1837), THOMAS JOHANN SEEBECK (1770-1831) oder GEORG WILHELM MUNCKE (1772-1847) – die alle wesentliche Beiträge auf dem Gebiet der Elektrizitätslehre und des Magnetismus leisteten – betrachtete das Experiment eher unter qualitativen denn unter quantitativen Gesichtspunkten. Teilweise reflektierte ihre Grundeinstellung Newtons Ideal des „experimentum crucis", indem der Forscher nach einem einfachen Experiment suchte, dessen Ergebnisse direkt und endgültig entweder *für* oder *gegen* eine bestimmte Behauptung sprechen sollten, ohne nach quantitativen Daten zu verlangen. Solche Experimente erbrachten typischerweise entweder gar keinen Effekt, oder sie bewiesen lediglich das Vorhandensein bzw. Nichtvorhandensein eines bestimmten Stoffes oder Phänomens.

Der wichtigste allgemeine Aspekt der Anschauungen der Physiker dieser Generation über das Verhältnis zwischen Erkenntnis und Experiment bestand in dem Glauben, das Experiment rangiere *vor* jeglicher Konzeptualisierung, was bedeutete, daß man das Experiment eher als eine Quelle denn als eine Kontrolle der Theorie auffaßte. Oft schien das Experiment sogar direkter Ausdruck eines grundlegenden Phänomens zu sein, was in Termini wie „Zentralphänomen", „Hauptphänomen" oder „Fundamentalversuch" gekleidet wurde. Eine Theorie mußte demgemäß vor allem „Anschaulichkeit" besitzen, „Intuition" in der doppelten Wortbedeutung. Die andere Seite dieses Empirismus bestand in einer ausdrücklichen Ablehnung des Gebrauchs von Hypothesen in der Wissenschaft. Insbesondere empfanden es viele Physiker der älteren Generation als unstatthaft, Hypothesen *vor* dem Experiment zu bilden. Die Forderung, daß physikalisches Wissen anschaulich zu sein habe, wurde von einer Aversion gegen die Mathematik begleitet; numerische Daten wären für eine nicht-quantitative Theorie ja auch irrelevant gewesen, und es herrschte weitgehend Übereinstimmung darin, daß eine Theorie nicht anschaulich sein könne, wenn sie in der Sprache der Mathematik formuliert wurde. CANEVA nennt die Physik dieser Generation daher auch „science of the concrete" oder „concretizing science". Dies wäre sozusagen die deutsche Variante der empiristischen Tradition, die ihr Pendant in der englischen Naturphilosophie oder der französischen „physique expérimentale" besaß[8].

III. Medizin im Umbruch

Weit mehr noch als die Physik (und mit einer zeitlichen Verzögerung von etwa 20 Jahren) bleibt die Medizin unter den naturhistorisch orientieren Ärzten der Empirie und Beobachtung verhaftet. Man gewinnt den Eindruck, als sammelten die Wissenschaftler während der dreißiger und frühen vierziger Jahre akribisch Detail um Detail, ohne die Menge der Fakten jedoch – um es modern auszudrücken – „operationalisieren" zu können. Gerade diese positivistische Suche nach bloßen „Thatsachen" stößt bei den Angehörigen der alten, noch von der Naturphilosophie geprägten Generation auf Unverständnis und Widerstand; viele von ihnen halten derartige Forschung schlicht für oberflächlich und seicht. Ein Beispiel für diese Einstellung bietet der Bonner Mediziner CHRISTIAN FRIEDRICH HARLESS (1773–1853), der als Epigone einer theoretisierenden, nicht-klinischen, spekulativ-naturphilosophischen Heilkunde gelten kann.

Auf der 20. Naturforscherversammlung 1842 in Mainz bringt Harless seine Abneigung gegen das Eindringen naturwissenschaftlicher Disziplinen und Arbeitsweisen in die Medizin deutlich zum Ausdruck; insbesondere Physik und Chemie dienen ihm dabei als Zielscheiben der Kritik. Im selben Jahr hat der um drei Jahrzehnte jüngere Chemiker JUSTUS VON LIEBIG (1803–1873) sein Werk „Die organische Chemie in ihrer Anwendung auf Physiologie und Pathologie" veröffentlicht und damit den Anspruch der exakten Naturwissenschaften auf Mitwirkung in der Medizin angemeldet. Der 69jährige HARLESS hingegen gebraucht in seinem Mainzer Vortrag harte Worte gegen die Überbewertung von Physik und Chemie in der Heilkunde: Sektiererei und Modesucht, Ballast und Flittergold sind die Vokabeln, mit denen er die neuesten Errungenschaften der Medizin belegt. Unwillkürlich erinnere ihn das gegenwärtige Treiben an die Iatrochemie des 17. Jahrhunderts, wenn auch in sublimerer Gestalt. Die Chemie überschätze ihre Macht in ungebührlicher Weise, wenn sie sich anmaße, die Erscheinungen des organischen Lebens bis hin zu den eigentümlichsten Äußerungen der höheren Animalität erklären zu wollen. Erregt fährt der Redner – mit deutlicher Wendung gegen LIEBIG – fort: „... wenn ... die Chemie mit solchen Uebergriffen sich der gesammten ... Lebenslehre bemächtigen will, und nur noch etwa sucht, wie sie auch den Geist und das Gemüth aus ihrer Offizin hervorgehen lasse, ... dann ist es ... an der Zeit, ... sich mit ... Entschiedenheit ... dagegen zu erklären ... damit die Physiologie und auch die Pathologie nicht endlich in der Chemie untergehen, wenn zumal die Autorität eines an Kenntnis und Scharfsinn ausgezeichneten Meisters in der Scheidekunst imponierend gegenüber steht ...“[9].

Nicht sehr viel gnädiger kritisiert der Geheimrat die Anleihen der Medizin aus Physik, Mechanik und Optik; auch die „jetzt so modern gewordene Microscopie" bedürfe einer reiflichen Prüfung; bei allem „Grossen und Wunderbaren, was sie uns schauen lässt, und was die Physiologie und Pathologie ... mit größter Beflissenheit aufnimmt, dürfte sie doch von Täuschung nicht frei sein und zu manchem Fehlschluss führen“[10].

Offensichtlich befindet sich die Medizin in Deutschland zu Beginn der vierziger Jahre des 19. Jahrhunderts in einer methodologischen Krise, die nicht nur die Universitäten, sondern die gesamte Ärzteschaft erfaßt hat. So melden sich gerade jetzt die Praktiker mit methodischen Vorschlägen zu Wort. Auf der eben angeführten Mainzer Naturforscherversammlung von 1842 etwa wird der praktische Arzt LEONHARD VON GIRGENSOHN (1784-1851) mit seiner „Methode, die praktische Medizin zu befördern" zitiert, die im Amtlichen Bericht in voller Länge abgedruckt ist. Der 58 Jahre alte GIRGENSOHN empfiehlt darin eine pathobiographische Nosologie, bei der man „an einem und demselben Subjecte die verschiedenartigsten Krankheiten" studieren müsse, die es im Laufe seines Lebens durchmache. Der Autor glaubt, daß weniger die Beschreibung ontologischer Krankheitseinheiten als vielmehr die individuelle Ausprägung eines Leidens beim einzelnen Patienten zum Hauptthema einer künftigen Heilkunde werden sollte. GIRGENSOHN übt damit heftige Kritik an den Anhängern der Naturhistorischen Schule, die ihr Augenmerk stets auf die Klassifizierung des abstrakten Krankheitsorganismus richteten, während sie das individuelle Reaktionsmuster des Kranken als Störpotential aus ihren Betrachtungen zu eliminieren suchten. Andererseits hält er aber auch die Meinung der jüngeren Schule der „Physiologischen Heilkunde" um ROSER und WUNDERLICH für zu einseitig, nach deren Doktrin jede Krankheit nichts anderes als eine Funktionsstörung darstelle. Als Forschungsmethode empfiehlt der Praktiker GIRGENSOHN großangelegte Feldstudien in folgender Weise: „(Es) sollten Aerzte, welche schon längere Zeit in ihrem Wohnorte gewirkt haben, sich zu einem gemeinsamen Unternehmen verbinden und aus deren Praxis die lehrreichen Fälle zu pathologischen Lebensläufen auswählen, um sie in ein Archiv niederzulegen. Sind in diesem eine hinreichende Anzahl Beobachtungen gesammelt, so müsste eine Revision und Vergleichung derselben vorgenommen werden ... Alle Aufsätze würden an einen dazu zu erwählenden Sammler adressiert und endlich einem Commité übergeben werden, welches die gesammelten Erfahrungen ordnet, zweckmäßig umgestaltet und die für die Wissenschaft dienlichen Folgerungen daraus entnimmt"[11].

Die Hoffnung, durch bloße Zusammenstellung und Vergleichung eines angespeicherten Tatsachenmaterials zu fruchtbaren Theorien gelangen zu können, kennzeichnet den Weg der sogenannten „Analytischen Richtung" in der Medizin, die auf den Philosophen ETIENNE BONNOT DE CONDILLAC (1715-1780) zurückgeführt werden kann. Condillac hatte in seinem 1780 erschienenen Werk „Logique, ou les premiers développements de l'art de penser" der Analyse eine grundlegende Rolle für alle Wissenschaften zugesprochen. Seine Ideen wurden in Frankreich von namhaften Ärzten aufgegriffen, die in Fortführung der analytischen Methode den Ehrgeiz hatten, die Medizin zu reformieren. Am programmatischsten trat GEORGES CABANIS (1757-1808) für sie ein, die konsequenteste Anwendung fand die Methode bei PHILIPPE PINEL (1755-1826). Schon 1839 jedoch weist der 22jährige Mediziner und Philosoph HERMANN LOTZE (1817-1881) in einer Rezension der „Allgemeinen Pathologie" von KARL WILHELM STARK (1787-1845) auf den illusionären Ansatz der Analytischen Methode hin: Während für die Analytiker die Beobachtung Ausgangsbasis jeglicher Erkenntnis ist, hält LOTZE jene nicht für das primäre und wichtigste wissenschaftliche Instrument. Der theoretische Teil einer Wissenschaft, so meinte noch CABANIS, dürfe lediglich die Verkettung und Klassifikation sämtlicher Fakten eines Gebietes sein. Für LOTZE ist diese Art Abstraktion nur ein fragwürdiger Schritt aus der vorwissenschaftlichen Phase. Die Analytiker erkennen zwar den Kausalzusammenhang an, glauben jedoch, daß dieser durch die bloße Beobachtung zustande kommt. Die Ursächlichkeit ist nach CABANIS nichts anderes als die sukzessive Ordnung der Ereignisse, die man durch Beobachtung feststellen kann. Damit wäre die Ätiologie der Krankheiten die Verallgemeinerung aus vergleichenden Krankengeschichten. Für LOTZE ist hingegen eine wissenschaftliche Medizin ohne Ätiologie im Sinne der Erklärung der Krankheit nicht möglich, sie bedarf der Gesetze und Theorien. Die Analytiker konnten diese Form der kausalen Erklärung nicht akzeptieren, da sie Gesetze mit Fakten gleichsetzten und jegliche Hypothesenbildung ablehnten, wie es schon CONDILLAC in seiner „Logik" getan hatte[12].

IV. Von HENLE zu VIRCHOW

Als JAKOB HENLE (1809–1885) im Jahre 1844, damals noch Ordinarius für Anatomie und Physiologie in Zürich, den ersten Band seiner „Zeitschrift für Rationelle Medicin" herausgibt, versucht er in einem programmatischen Aufsatz mit dem Titel „Medizinische Wissenschaft und Empirie" deren Grundzüge darzulegen. Für HENLE steht außer Zweifel, daß reine Empirie allein nicht ausreicht, um die Heilkunde in den Stand einer Wissenschaft zu erheben, jene erscheint ihm aber als Vorbedingung für exakte Forschung: „Immer werden die klinischen Beobachtungen oder an deren Stelle die Krankheitsbilder der speciellen Pathologie die feste Grundlage, gleichsam den Umriss bilden, dessen einzelne Theile die wandelbare Theorie ... weiter ausführt. Welche Symptome aus einem Complex zusammengehören, welche miteinander steigen und fallen, oder alterniren, wird immer zuerst empirisch auszumitteln sein, ehe eine Erklärung ihres innern Zusammenhanges versucht werden kann. Indem man aber darüber Hypothesen aufstellt und ihre Haltbarkeit im gegebenen Falle prüft, wird man nicht umhin können, die Erscheinungen selbst genauer in's Auge zu fassen; ausgerüstet mit Vorurtheilen, die uns nur nicht ans Herz gewachsen sein müssen, werden wir mehr und Manches richtiger sehen. Leider bestätigt sich nur zu oft der alte Spruch, dass dem, der durch das gefärbte Glas einer Theorie schaut, die Gegenstände farbig erscheinen, aber es ist eben so gewöhnlich, dass sie dem unbewaffneten Auge des sogenannten nüchternen Beobachters ganz entgehen. Jenes ist doch der Anfang einer Erkenntniss"[13].

Mit diesen Worten rehabilitiert HENLE nicht nur den Wert der Theorie für den Erkenntnisprozeß, sondern er gibt auch dem Medium der Hypothese eine neue Funktion: Sie soll als bewußtes Vorurteil dienen, das jedoch dem Forscher „nicht ans Herz gewachsen" sein darf, sondern von ihm sehr nüchtern als etwas Vorläufiges, als Mittel zum Zweck betrachtet wird. Damit ist eine Neubewertung der Hypothese eingeleitet, die noch von den Vertretern der vorhin erwähnten älteren Physikergeneration weitgehend geringgeschätzt worden war, nämlich als schlechter Ersatz für fehlendes Wissen. Wenn Physiker wie etwa MUNCKE sie benutzt hatten, dann eher als nachträglichen Erklärungsversuch für ein Phänomen denn als präzise formulierten Satz, der durch ein erst folgendes Experiment zu überprüfen wäre. Auf diese Weise lassen sich Aufsatztitel verstehen wie jener, den MUNCKE 1819 im „Journal für Chemie und Physik" (Band 25, S. 17–28) nannte: „Hypothesen zur Erklärung einiger räthselhafter Naturphänomene". Jetzt, ein Vierteljahrhundert später, steht die Hypothese nicht mehr am Ende, sondern am Anfang des naturwissenschaftlichen Forschungsprozesses. Die Haltbarkeit der Hypothese müsse im gegebenen Falle geprüft werden, so sagt der Anatom HENLE, ohne jedoch über die Art und die näheren Bedingungen jener Prüfung genauere Auskunft zu geben. Seine Formulierung enthält in diesem Punkt noch eine spürbare Unschärfe, die der Konkretisierung bedarf.

Drei Jahre nach HENLE gründet 1847 der erst 26jährige Prosektor der Berliner Charité, Dr. RUDOLF VIRCHOW (1821–1902), ebenfalls eine neue medizinische Zeitschrift, das „Archiv für pathologische Anatomie und Physiologie und für klinische Medicin". Der Pathologe VIRCHOW, zwölf Jahre jünger als der Anatom HENLE, hält bereits auf der Jahressitzung der Gesellschaft für wissenschaftliche Medicin zu Berlin am 20. Dezember 1847 einen Vortrag, den er unter dem Titel „Die naturwissenschaftliche Methode und die Standpunkte in der Therapie" im zweiten Band seiner Archivs (1849) publiziert. Zu diesem Zeitpunkt hat er gerade einen Ruf auf den Lehrstuhl für Pathologische Anatomie an der Universität Würzburg, den ersten seiner Art in Deutschland, angenommen.

VIRCHOW glaubt einleitend feststellen zu können, „daß während der letzten drei Decennien der denkende Theil der deutschen Aerzte die alte Brücke zwischen der Medicin und den übrigen Naturwissenschaften wieder aufzubauen bestrebt gewesen ist, und daß alle tonangebenden Schulen in Deutschland darin … übereinstimmen, daß die Medicin im Range einer Naturwissenschaft, als Wissenschaft vom Menschen, als Anthropologie im weitesten Sinne, also ideal (prophetisch) als höchste Naturwissenschaft gefaßt werden müsse … Suchen wir daher vorweg festzustellen, wie überhaupt die Naturwissenschaft gemacht wird, um daran die Möglichkeit der Construction der medicinischen Naturwissenschaft … zu erkennen"[14]. Den Geist der Naturwissenschaften sieht VIRCHOW in der naturwissenschaftlichen Methode begründet; er fühlt sich dabei in der Tradition von Francis Bacon (1561–1626), der „zuerst mit Bewußtsein, nach einer langen Zeit des Träumens, die naturwissenschaftliche Methode gelehrt" habe[15]. Auf dieser Methode beruhen für ihn die Erfolge der großen Mediziner wie HARVEY, HALLER, BELL, MAGENDIE oder JOHANNES MÜLLER. Sie sei „der Geist der Naturwissenschaften"[16].

VIRCHOW beschreibt nun die naturwissenschaftliche Methode in einer klassischen Formulierung, die ich zunächst im ganzen zitieren möchte; sie lautet: „Die naturwissenschaftliche Methode, welche übrigens die einzige Methode ist, die überhaupt existiert, … befähigt uns zunächst zur naturwissenschaftlichen Fragestellung … Die naturwissenschaftliche Frage ist die logische Hypothese, welche von einem bekannten Gesetz durch Analogie und Induction weiterschreitet; die Antwort darauf giebt das Experiment, welches in der Frage selbst vorgeschrieben liegt. Jene Hypothese ist also das Facit einer Rechnung mit Thatsachen, und sie setzt daher eine umfassende Kenntniß der Thatsachen voraus; das Experiment ist das logisch nothwendige und vollkommen bewußte Handeln zu einem bestimmten Zweck. Jeder Mensch, der die Thatsachen kennt und richtig zu denken vermag, ist befähigt, die Natur durch das Experiment zur Beantwortung einer Frage zu zwingen, vorausgesetzt, daß er das Material besitzt, das Experiment einrichten zu können. Die Naturforschung setzt also Kenntniß der Thatsachen, logisches Denken und Material voraus; diese drei, in methodischer Verknüpfung, erzeugen die Naturwissenschaft. Alle Kenntniß der Thatsachen, ist eine historische, ... insofern man nur das genau weiß, was man historisch weiß. Die nackten Thatsachen sind zweifelhafte Waffen; es ist nothwendig, daß man weiß, wie sie erhärtet sind, um ihre Stärke zu kennen. Die Medicin aber bedarf einer historischen Kenntniß mehr, als jede andere Wissenschaft ...“[17].

Soweit VIRCHOWS Erläuterung der naturwissenschaftlichen Methode aus dem Jahre 1849. Hatte er schon die Medizin als die höchste Naturwissenschaft, als „Anthropologie im weitesten Sinne" beschrieben, so beansprucht er auch für ihre Methode universalen Charakter. Sie ist die einzige Methode überhaupt! Mit ihrer Hilfe gelingt es, von einem Naturgesetz zum nächsten voranzuschreiten und so den Bestand gesicherten Wissens kontinuierlich zu vermehren. Der Weg dorthin führt über die logisch entwickelte Hypothese, die man durch Analogie und Induktion gewinnt. Nur scheinbar ist mit dem Analogieschluß die romantische Naturforschung rehabilitiert, denn jener liefert für den Naturwissenschaftler nicht mehr die Lösung eines Problems, sondern nur noch die Fragestellung. Die Antwort kann erst das Experiment geben, das VIRCHOW als ein logisch notwendiges und rational durchkalkuliertes Handeln zu einem bestimmten Zweck definiert. Voraussetzung für das Experiment ist aber dreierlei: eine umfassende Kenntnis der Tatsachen, logisches Denkvermögen und geeignetes Material für die Durchführung des Versuchs. Sofern man diese Prämissen erfüllt, kann man die Natur zur Beantwortung jeder beliebigen Frage zwingen.

Die umfassende Kenntnis der Tatsachen muß auf historisch gesichertem Wissen beruhen; nur was man historisch weiß, weiß man genau! Alle Kenntnis stamme aus sinnlicher Beobachtung und müsse sich ständig an dieser bewähren. In diesem Punkt bekennt sich VIRCHOW zum Sensualismus JOHN LOCKES (1632-1704); denn der Naturwissenschaftler „kennt ... nur das, was der naturwissenschaftlichen (sinnlichen) Forschung zugänglich ist“[18].

Mit diesen Leitlinien ist das Programm der naturwissenschaftlichen Medizin umrissen, das in den folgenden Jahrzehnten Zug um Zug realisiert wird. Vor allem die theoretischen Grundlagenfächer wie Anatomie, Physiologie und Pathologie begründen die internationale Führungsrolle der deutschen Medizin in der zweiten Hälfte des 19. Jahrhunderts. Diese Entwicklung dokumentiert sich auch im institutionellen Rahmen: Zwischen 1849 und 1876 etabliert sich die Pathologische Anatomie mit Lehrstühlen an allen deutschen Universitäten, während sich im gleichen Zeitraum fast überall die Physiologie als autonomes Fach von der Anatomie abtrennt; als letzte Hochschule erhält 1891 die Universität Gießen ein eigenes Ordinariat für Physiologie.

V. Die Grenzen der naturwissenschaftlichen Methode

Die Ziele, die RUDOLF VIRCHOW mit der naturwissenschaftlichen Methode zu erreichen hofft, erschöpfen sich allerdings nicht in der Erweiterung des biologisch-medizinischen Wissens. Als eine soziale, eine umfassend anthropologische Wissenschaft soll die Heilkunde in allen Dimensionen auch des gesellschaftlichen und politischen Lebens wirksam werden. Dieser utopische Entwurf kulminiert in VIRCHOWs Rede auf der Rostocker Naturforscherversammlung im September 1871, wenige Monate nach der Reichsgründung BISMARCKs, zum Thema „Aufgaben der Naturwissenschaften in dem neuen nationalen Leben Deutschlands". Der heraufziehende Kulturkampf kündigt sich an, als der inzwischen weltberühmte Berliner Pathologe die katholische Kirche heftig attackiert: „Jeder Fortschritt, den eine Kirche in dem Aufbau ihrer Dogmen macht, führt zu einer ... Bändigung des freien Geistes; jedes neue Dogma ... verengt den Kreis des freien Denkens ... Die Naturwissenschaft umgekehrt befreit mit jedem Schritte ihrer Entwicklung, sie eröffnet dem Gedanken neue Bahnen ... und man kann wohl hoffen, dass es gelingen werde, in dem Fortschreiten des Wissens auch zugleich ein Motiv höheren sittlichen Eifers, eine Quelle immer grösseren Strebens nach Wahrheit, Ehrlichkeit und Treue im Handeln zu finden ... Wenn es gelingt, unsere Methode zu der Methode der ganzen Nation zu machen, sie nicht blos in immer grösserer Ausdehnung den materiellen Arbeitsleistungen zu Grunde zu legen, sondern sie ... zu erheben zu der eigentlichen Maxime des Denkens, des sittlichen Handelns, so wird die wahre Einheit der Nation gewonnen sein"[19]. Zwei Jahre später, auf der Wiesbadener Versammlung von 1873, setzt VIRCHOW diese Betrachtungen unter dem Titel „Die Naturwissenschaften in ihrer Bedeutung für die sittliche Erziehung der Menschheit" fort. In dieser Rede fordert er, daß „Jeder von seinem Standpunkt ... helfe, die Moral als eine empirische Wissenschaft nach den Regeln zu entwickeln, welche die allgemeine Naturwissenschaft constituirt hat"[20].

Am gleichen Ort, nämlich ebenfalls in Wiesbaden, jedoch 85 Jahre später, auf der 100. Naturforscherversammlung 1958, hat KARL JASPERS (1883–1969) zum Verhältnis von Wissenschaft und Philosophie Stellung genommen. Mit Blick auf die Entwicklung im 19. und 20. Jahrhundert meinte JASPERS, die Philosophie habe, ihrer selbst nicht mehr gewiß, versucht, sich als exakte Wissenschaft zu konstituieren. „Dabei ging ... sie sich selbst verloren in der Fiktion einer ‚wissenschaftlichen Philosophie', die bis heute fortdauert. Von der anderen Seite ließen viele Träger wissenschaftlicher Forschung – unwissenschaftlich – ihre Erkenntnis zum Weltbild, das Wissen von ihrer Methode zur Erkenntnistheorie überhaupt, ihre Gesamtanschauung zum Wechselbalg der sogenannten wissenschaftlichen Weltanschauung werden"[21].

Diese Kritik des Mediziners und Philosophen Jaspers verdeutlicht die Grenzen der naturwissenchaftlichen Methode, die viele Forscher im späten 19. Jahrhundert glaubten überwinden zu können oder die sie einfach nicht erkannten. Zwar sah schon RUDOLF VIRCHOW 1871, daß die deutschen Hochschulen und Universitäten einen Einfluß auf den Gang des Deutsch-Französischen Krieges gehabt hätten und daß die deutsche Wissenschaft, indem sie eine so große Zahl von Ingenieuren, Fabrikanten und Produzenten heranbildete, eine entscheidende Einwirkung auf die Kriegsführung ausgeübt habe[22], doch diesen Zusammenhang vermerkte der große Gelehrte noch voller Stolz auf die soeben erlangte deutsche Einheit. Und der Physiker QUINCKE schloß seine Eröffnungsansprache der Naturforscherversammlung von 1889 mit den Worten: „Die jetzt glücklich errungene Einheit der Nation erscheint uns um so wertvoller, je grössere Schwierigkeiten zu überwinden waren, ehe der Bau vollendet dastand, von den lebendigen Mauern der allgemeinen Wehrpflicht geschützt. Gemeinsam haben

Praxis und Wissenschaft, das deutsche Volk und seine Fürsten daran gearbeitet –
gemeinsam werden sie weiter für seine Erhaltung sorgen[23].

Nur 25 Jahre danach, am 1. August 1914, wurde offenkundig, daß die Gelehrten des 19. Jahrhunderts die Kraft der naturwissenschaftlichen Methode
überschätzt hatten. Sie, die sich als nützliches Hilfsmittel für den wissenschaftlichen Fortschritt bewährte und bis heute bewährt, mußte an der Aufgabe, ein
reformatorisches Medium auch für Politik und Gesellschaft zu werden, schei-
tern. Dieses Versagen war nicht die Schuld der Methode, es erweist sich vielmehr als eine Folge inadäquater Anwendung auf Gebieten, die sich der experimentellen Nachprüfung prinzipiell entziehen. RUDOLF VIRCHOWS Traum von
der Konstituierung der Gesellschaft auf physiologischer Grundlage blieb – so
mitreißend er auch konzipiert war – eine Utopie des 19. Jahrhunderts. Geblieben
ist uns – am Ende des 20. Jahrhunderts – die naturwissenschaftliche Methode
und ihr erfolgreicher Einsatz in der Medizin, der um so klarer hervortreten kann,
je mehr wir uns auch die Grenzen dieses Verfahrens vergegenwärtigen.

Anmerkungen

[1] Amtlicher Bericht 1829, S. 15
[2] ibid., S. 16
[3] ibid., S. 17
[4] ibid., S. 31
[5] Tageblatt 1889, S. 42
[6] ibid., S. 43
[7] Rothschuh 1968, S. 186 f.
[8] Caneva 1978, S. 64–71
[9] Amtlicher Bericht 1842, S. 88
[10] ibid., S. 289
[11] ibid., S. 297–298
[12] Vgl. Tsouyopoulos/Bleker 1976
[13] Henle 1844, S. 34–35
[14] Virchow 1849, S. 6
[15] ibid., S. 7
[16] loc.cit.
[17] ibid., S. 7–8
[18] ibid., S. 9
[19] Tageblatt 1871, S. 81
[20] Tageblatt 1873, S. 207
[21] Jaspers 1986, S. 55
[22] Tageblatt 1871, S. 76. Vgl. auch Bauer 1985, S. 77
[23] Tageblatt 1889, S. 45

Literatur

Amtlicher Bericht über die Versammlung deutscher Naturforscher und Ärzte in Heidelberg im
    September 1829 (1829) erstattet von den damaligen Geschäftsführern F. Tiedemann und L.
    Gmelin. Heidelberg
Amtlicher Bericht über die 20. Versammlung der Gesellschaft deutscher Naturforscher und
    Aerzte zu Mainz im September 1842 (1843) Hrsg. von den Geschäftsführern derselben, Grö-
    ser u. Bruch. Mainz

Bauer A (1985) Pathologie auf den Versammlungen Deutscher Naturforscher und Ärzte von 1822 bis 1872. Die Krankheitslehre auf dem Weg zur naturwissenschaftlichen Morphologie. Med. Habilitationsschrift, Heidelberg

Bleker J (1981) Die naturhistorische Schule 1825–1845. Ein Beitrag zur Geschichte der klinischen Medizin in Deutschland. Stuttgart

Caneva KL (1978) From galvanism to electrodynamics: The transformation of German physics and its social context. In: McCormmach R, Pyenson L (Eds) Historical studies in the Physical Sciences 9:63–159, Baltimore/London

Henle J (1844) Medizinische Wissenschaft und Empirie. Z Rationelle Med 1:1–35

Jaspers K (1986) Der Arzt im technischen Zeitalter. Vortrag, gehalten auf der 100. Tagung der Gesellschaft Deutscher Naturforscher und Ärzte 1958 in Wiesbaden. Wiederabgedr. in: Jaspers K, Der Arzt im technischen Zeitalter. München Zürich, S 39–58

Rothschuh KE (1968) Deutsche Biedermeiermedizin, Epoche zwischen Romantik und Naturalismus (1830–1850). Gesnerus 25:167–187

Rothschuh KE (1978) Konzepte der Medizin in Vergangenheit und Gegenwart. Stuttgart

Tageblatt der 44. Versammlung Deutscher Naturforscher und Ärzte in Rostock vom 18. bis 24. Sept. 1871 (1871). Unter Verantwortung des Redactions-Comités. Rostock.

Tageblatt der 46. Versammlung Deutscher Naturforscher und Aerzte in Wiesbaden vom 18. bis 24. Sept. 1873 (1873). Wiesbaden.

Tageblatt der 62. Versammlung Deutscher Naturforscher und Ärzte in Heidelberg vom 18. bis 23. Sept. 1889 (1890). Heidelberg.

Tsouyopoulos N, Bleker J (1976) Über analytische und synthetische Methode in der Medizin des 19. Jahrhunderts. In: Acta Congressus Internationalis XXIV Historiae Artis Medicinae, 25–31 Augusti 1974 Budapestini, tom. I. Budapest, S 49–55

Virchow R (1849) Die naturwissenschaftliche Methode und die Standpunkte in der Therapie. Arch Pathol Anat Physiol Klin Med 2:3–37

2 Analytische Untersuchungen

2.1 Thesen und Probleme zu den Begriffen von Ordnung, Information und Emergenz

Peter Hucklenbroich und Benedicto Chuaqui

Zu den Diskussionen, die im Rahmen der Grundlagenproblematik sowohl der Evolutionstheorie als auch der Informationstheorie immer wieder aufgeworfen werden und bis heute nicht als endgültig abgeschlossen betrachtet werden können, gehört die um die Fragen, ob und in welchem Sinne es innerhalb der Evolution zum Entstehen *neuer* Eigenschaften, Relationen oder Systemebenen von Gegenständen gekommen ist, ob sich der Informationsbegriff zur Beschreibung dieser Zusammenhänge eignet, und wie der Informationsbegriff der Informatik mit physikalischen und thermodynamischen Größen einerseits, mit Phänomenen wie Ordnung, Form, Gestalt, Muster und Ähnlichkeit andererseits zusammenhängt. Da die Diskussion um Fragen wie diese intrikat und fast uferlos ist und bis in tiefste philosophische Voraussetzungsproblematiken ontologischer, erkenntnistheoretischer und selbst geschichtsphilosophischer Provenienz hineinreicht, andererseits aber entscheidend von technisch-logischen Details der beteiligten Wissenschaftsdisziplinen abhängen kann, ist es außerordentlich schwierig, hier Lösungsvorschläge zu unterbreiten, die allen notwendigen Gesichtspunkten gleich gerecht werden. Andererseits ist das Bedürfnis nach einer befriedigenden Behandlung dieser Problematik sowohl wissenschaftlich wie praktisch begründet, da sowohl ein einheitliches, wissenschaftlich begründbares Weltbild wie eine einheitliche, wissenschaftlich abgesicherte Handlungsstrategie gegenüber der belebten Welt (und der künstlichen Welt) eine Stellungnahme in diesen Fragen implizieren. Daher gehören diese Fragen auch zur Grundlagenproblematik der *Medizin* und müssen im Rahmen einer Theorie der Medizin abgehandelt werden.

Es soll daher hier versucht werden, einige Kerngedanken einer zusammenhängenden theoretischen Antwort auf die genannten Fragen zu skizzieren, ohne daß dabei beansprucht wird, alle wesentlichen Aspekte und Implikationen bereits erschöpfend zu behandeln. Der Übersichtlichkeit halber sollen die Gedanken nach den Hauptbegriffen stichwortartig gegliedert dargestellt und erläutert werden.

1. Entropie und Information: Vergleichsweise unproblematisch ist die Angabe eines Zusammenhangs zwischen dem physikalisch-thermodynamischen Begriff der *Entropie* und dem quantitativen *Information*sbegriff der Nachrichtentechnik: Die Information wird üblicherweise definiert als proportional oder gleich dem negativen Betrag der Entropie, die ihrerseits proportional dem (dyadischen) Logarithmus der statistischen Wahrscheinlichkeit des jeweiligen Systemzustandes ist (SHANNON, BOLTZMANN). Als Formeln:

$$I = -S$$

$$S = k \, \mathrm{ld} \, W$$

(mit I für Informationsbetrag, S = Betrag der Entropie, W = Wahrscheinlichkeit; k ist ein Proportionalitätsfaktor, der die BOLTZMANNsche Konstante enthält).[1]

Insofern man „Unwahrscheinlichkeit" und „Ordnung" parallelisiert, werden dadurch auch „Ordnung" und „Information" parallel gesetzt. Allerdings ist hierbei zu beachten, daß Information in diesen Zusammenhängen nur quantitativ betrachtet, nicht qualitativ differenziert oder klassifiziert wird. Versteht man „Ordnung" dagegen schon im Sinne von „Form", so enthält dieser Begriff einen Bedeutungsüberschuß gegenüber einem rein quantitativen Begriff, dem noch Rechnung getragen werden muß. Man kann versuchen, zwischen „statischer" Ordnung, wie sie z. B. in Kristallen vorliege, und „dynamischer" Ordnung z. B. in lebenden Organismen zu unterscheiden (v. Weizsäcker 1974); jedoch ist nicht sicher, daß eine solche Unterscheidung physikalisch wirklich stichhaltig ist und nicht nur auf der relativ willkürlichen Abgrenzung von Betrachtungsebenen beruht, da ja z. B. Atome und Ionen in Kristallgittern auch als dynamische Systeme aus subatomaren Elementarteilchen und deren Wechselwirkungen betrachtet werden können. Wir werden daher eine solche Unterscheidung hier nicht vornehmen.

2. *Entropie und offene Systeme:* Die Fähigkeit, lokal Entropie zu vermindern oder trotz des Ablaufens chemischer Reaktionen lokal Entropie konstant zu halten, ist eine Eigenschaft bestimmter offener physikalischer Systeme, zu denen nach den Ergebnissen von I. PRIGOGINE offene thermodynamische Systeme in ausreichender Entfernung vom Gleichgewichtszustand gehören (dissipative Strukturen); diese Systeme können bei ausreichendem Materie- und Energiedurchsatz (Fluß) lokal stabile Zustände erreichen, obwohl sie, verglichen mit dem thermodynamischen Gleichgewicht, unwahrscheinlich und „höher geordnet" sind. In der „Synergetik" H. HAKENS wird dieses Verhalten generell im Rahmen einer Theorie der Nichtgleichgewichts-Phasenübergänge gedeutet und mathematisch beschrieben. Die *biotischen* Strukturen, von der subzellulären bis zur organismischen Ebene, lassen sich als spezielle Systeme dieser Art verstehen, wie vor allem durch die Arbeiten von M. EIGEN deutlich geworden ist. Zusammen mit der unter 1. angegebenen Rückführung von Information auf Entropie läßt sich daher die Aufrechterhaltung von Ordnung in lebendigen Strukturen in ihren quantitativen Aspekten physikalisch erklären.

3. *Ordnung und Form:* Betrachtet man „Form" als den qualitativen, durch den Grad der Unwahrscheinlichkeit nur unvollständig beschriebenen Aspekt von „Ordnung" oder Information, so erhebt sich sowohl die Frage nach der Erklärung der Genese dieses Aspekts als auch die Frage nach dem geeigneten Bezugssystem zu seiner Beschreibung. Diese Fragen bilden in gewisser Hinsicht das Schlüsselproblem der ganzen Diskussion. Hier ist nun zunächst zu erinnern, daß „Form" nicht erst auf der thermodynamisch-biochemischen Ebene auftritt, sondern auf allen physikalisch denkbaren Ebenen, z. B. als Form(en) des Raum-

Zeit-Kontinuums und seiner Wechselwirkungen und Kompartimentierungen, als Elementarteilchen-Struktur, als Atom- und Molekülform etc., aber auch auf höheren, nichtphysikalischen Ebenen (mathematische Struktur, logische Form, Programmstruktur, ökonomische Form, soziale Struktur, Anschauungsform usw.). Der Formbegriff selbst ist aspekthaft, oder leicht paradox ausgedrückt: Es gibt verschiedene Formen von Form.

Um die Beziehungen zwischen Ordnung und Form zu verdeutlichen, kann folgendes Beispiel aus der submikroskopischen Zellpathologie angeführt werden, das den engen Zusammenhang einer Ordnungsstörung mit einer Formveränderung erläutern soll: Unter verschiedenen pathologischen Bedingungen kann in den Mitochondrien eine derartige Schädigung auftreten, daß die zelligen Atmungsvorgänge zum Stillstand kommen, obgleich dabei die Enzyme der respiratorischen Kette, wenn sie einzeln untersucht werden, in den ersten Phasen unverändert sind. Die Enzyme sind zwar da, sie liegen jedoch nun unregelmäßig verteilt in der Matrix mitochondrialis, sie sind keine Bestandteile mehr der Cristae mitochondriales, wo sie normalerweise in einer bestimmten Ordnung, die gerade den Oxydationsprozeß ermöglicht, vorkommen. Es handelt sich hier also um eine *Ordnungsstörung,* die sich in einer *Formveränderung,* nämlich in der sogenannten Cristolyse äußert (CHUAQUI 1985).

4. Form und Nachricht: Die neuere Informatik geht über den quantitativen Informationsbegriff der klassischen Nachrichtentheorie hinaus durch Einbeziehung kybernetisch-systemtheoretischer Begriffe zur Beschreibung der informationsverarbeitenden Systeme oder *Prozessoren.* Dieser Begriff, der in engem Zusammenhang mit anderen Universalbegriffen wie dem des Input-Output-Systems, des Automaten, der Maschine, des Algorithmus und der berechenbaren Funktion steht, kann zur Explikation des Formbegriffs in folgender Weise dienen: Die Form eines Gegenstands wird expliziert als die (qualitative) Information, die er für einen bestimmten Prozessor *trägt* oder darstellt. Je nachdem, ob es sich z. B. bei dem Prozessor um einen Lautstärkemesser, einen Klanganalysator oder einen Logikprozessor mit Spracheingabe handelt, kann ein und dasselbe Ereignis („dasselbe" für einen Menschen bzw. in „objektiver" wissenschaftlicher Beschreibung) drei verschiedene Informationen darstellen, nämlich eine Lautstärke, eine Klangfolge oder eine logische Figur. Faßt man den Prozessor als das Bezugssystem auf, auf das die Form zu relativieren ist, so ist Form explizierbar als (prozessorspezifische) qualitative Information. Information und Träger können als Komponenten eines dualen Gebildes betrachtet werden, der *Nachricht;* wir werden im folgenden Nachrichten n_i als geordnete Paare aus einem Träger t_i und einer Information s_i explizieren. Wegen der Relativierung des Informationsbegriffs auf Prozessoren ist bei der Rede von Informationen und Nachrichten immer zu beachten, ob von der Perspektive des jeweiligen als Bezugssystem gewählten Prozessors aus oder von einem unterstellten „objektiven" wissenschaftlichen Standort aus gesprochen wird. Diese Unterscheidung muß selbst in einer informationstheoretischen Erkenntnis- und Wissenschaftstheorie reflektiert und in gewissem Sinn aufgehoben werden, um sinnvoll angewandt werden zu können. Das führt zu der Aufgabe, einen Begriff des logisch offenen Systems im Sinne eines Universalisierungsprogramms anzugeben, der als Explikation des wissenschaftlichen Objektivitäts- und Objektivierungsbegriffs dienen kann. Auf diese Aufgabe möchten wir hier nur hinweisen, ohne näher in die Details eines solchen Konzepts zu gehen.[2]

5. Systeme und Prozessoren: Einige wichtige Grundbegriffe der systemtheoretischen Informatik bzw. informationstheoretischen Systemtheorie sollen durch folgende Definitionen in exakter Weise angegeben werden. Der erste zu rekonstruierende Grundbegriff ist der des „Ein-/Ausgabesystems mit Gedächtnis" oder „Input-Output-Zustand-Systems", d.h. eines Systems, das sowohl „von außen" durch seine Beziehungen zu einer Umgebung (Ein- und Ausgabe), wie „von innen", durch seine „internen Zustände", gekennzeichnet wird. Diese Rekonstruktion geschieht in exakter Weise durch Angabe eines Prädikats, dessen Definition auf Mengen und darauf definierte Funktionen rekurriert, etwa in folgender Weise[3]:

(D1) x ist ein IOZ-System   gdw
es gibt I, O, Z, f, so daß
(1) $x = \langle I, O, Z, f \rangle$;
(2) I ist eine nichtleere Menge von Elementen $i_1, \ldots, i_l$;
(3) O ist eine nichtleere Menge von Elementen $o_1, \ldots, o_m$;
(4) Z ist eine nichtleere Menge von Elementen $z_1, \ldots, z_n$;
(5) f ist eine Funktion $I \times Z \rightarrow Z \times O$, d.h. es gilt:
$(i_i)(z_j)(Ez_k)(Eo_l): f(i_i, z_j) = (z_k, o_l)$.

Diese Definition hält lediglich fest, daß Ein-/Ausgabeverhalten und interne Zustände des Systems funktional aufeinander bezogen sind, ohne über die Art dieser Funktion nähere Angaben zu machen. Beispiele für dieses Prädikat aus dem technischen Bereich reichen von so simplen Dingen wie einem Getränkeautomaten mit variablem Münzeinwurf bis zu sophistizierten Konstruktionen in der Art einer TURING-Maschine oder eines Digitalcomputers. Für Beispiele aus der Natur ist jeweils zu zeigen, wie die in der Definition vorkommenden Mengen und die funktionelle Verknüpfung zwischen ihnen mit den Objekten und Relationen zu identifizieren sind, die in einer konkreten Anwendung naturwissenschaftlicher Theorien auf die untersuchten Systeme vorkommen.

Um die Anwendbarkeit solcher Systembegriffe auf das Problem der qualitativen Information zeigen zu können, müssen wir von diesem Begriff zum Begriff des *informationellen Systems* übergehen, der explizit den Nachrichtencharakter und die Systemrelativität der Elemente der Eingabe- und Ausgabemengen berücksichtigt. Dies geschieht dadurch, daß wir die Elemente dieser Mengen explizit als *geordnete Paare* auffassen, die aus einem Trägerelement und einem „Informationselement" bestehen. Das Trägerelement ist dabei als das Korrelat einer „objektiven" wissenschaftlichen Beschreibung der Nachricht zu verstehen, das Informationselement dagegen als das *System* (IOZ-System), das die Nachricht für das betrachtete informationelle System darstellt, d.h. als das sie verarbeitet wird. Implizit ist damit vorausgesetzt, daß Informationen Systeme bzw. Systeme Informationen sein können, und daß diese Systeme *abstrakt* betrachtet werden können, d.h. nicht notwendig mit ihrem Träger vollständig identifiziert werden müssen, sondern durch ihre *Funktion* beschrieben sind. Die Definitionen lauten:

(D2) x ist ein informationelles System   gdw
es gibt y, T, S, N, so daß
(1) y ist ein IOZ-System $\langle I, O, Z, f \rangle$;
(2) $x = \langle I, O, Z, f, T, S, N \rangle$;
(2) $T = \{t_1, \ldots, t_l\}$ ist eine nichtleere Trägermenge;
(3) $S = \{s_1, \ldots, s_m\}$ ist eine Menge von IOZ-Systemen $\langle I_i, O_i, Z_i, f_i \rangle$;
(4) $N = \{n_1, \ldots, n_n\} = \{\langle t_k, s_j \rangle\} \subseteq T \times S$;
(5) $N = I \cup O$;
(6) $(f_i)\colon (s_j)\colon (n_k)\colon (f_i \in s_j \& s_j \in n_k \& n_k \in N) \rightarrow f_i \subseteq f$.

(D3) y ist eine Nachricht für das System x gdw
(1) x ist ein informationelles System $\langle I, O, Z, f, T, S, N \rangle$;
(2) y ist ein Element $\langle t, s \rangle$ von $N (\subseteq T \times S)$.

(D4) y ist eine Information für das System x gdw
es gibt ein z, so daß
(1) z ist eine Nachricht für x;
(2) y ist Zweitelement von z.

Diese Definitionen halten also fest, daß die Elemente der Input- und Outputmenge eines informationellen Systems *Nachrichten* sind, die als geordnete Paare von einem Träger und einem IOZ-System aufgefaßt werden, und daß der Nachrichten- und der Informationsbegriff systemrelativ sind. Das *Programm* eines informationellen Systems wird durch seine interne Funktion f repräsentiert, die als Teilfunktionen (also Teilprogramme) die Informationen der Eingabe- und Ausgabemenge, genauer gesagt: die internen Funktionen dieser als IOZ-Systeme aufgefaßten Informationen, umfaßt. Wir haben damit gezeigt, wie Informationen einen nicht quantitativ, sondern qualitativ und systemspezifisch beschreibbaren Charakter gewinnen können.

6. Organismus als Prozessor: Bezieht man die Ansätze von Kybernetik und Informatik nicht nur auf technische, sondern auch auf natürliche, insbesondere belebte Systeme, so muß man die lebenden Organismen als spezifische *Prozessoren* auffassen, die innerhalb des großen *Netzwerks* „irdische Evolution" in Zusammenhang stehen. Dadurch ergibt sich ein doppelter Aspekt von der Informatik auf die Organismustheorie: Zum einen sind die Organismen, als thermodynamische Systeme mit einer bestimmten Ordnung oder Form, *Träger* von (qualitativer) Information und damit *Nachrichten*, zum anderen sind sie als Prozessoren selbst informationsverarbeitende Systeme bzw. Bezugssysteme für den Informationsbegriff. Es kann sich dadurch eine positive Rückkopplung zwischen Form und Verarbeitungskapazität innerhalb der Evolution ergeben, die sowohl zu Differenzierung als auch zu Integration von Informationen und Prozessoren im Sinne einer Selbstverstärkung des evolutiven Prozesses führen kann[4].

7. Selbstprogrammierung: Das für – als Prozessoren aufgefaßte – Lebewesen entscheidende Merkmal ist ihre Fähigkeit der *Selbstprogrammierung*[5], die sie zu

„Selbstprozessoren" macht. Dieser Begriff läßt sich exakt definieren, wenn man einen lebenden Organismus als ein Netzwerk aus (Sub-)Prozessoren auffaßt: Ein solches Netzwerk ist *selbstprogrammierend,* wenn jeder (Sub-)Prozessor selbst das Produkt (der „Output") anderer (Sub-)Prozessoren des Netzwerks ist. Abgesehen von einem „Anfangsprozessor", der durch Fortpflanzung aus anderen Organismen zustandekommt (z. B. die Zygote), entstehen alle späteren Subprozessoren eines organismischen Netzwerks unter Mitwirkung früherer oder gleichzeitig existierender Subprozessoren desselben Netzwerks.

Der Begriff des selbstprogrammierenden Systems kann im Anschluß an die obigen Definitionen ebenfalls präzise definiert werden als ein System, dessen „Schaltung", d.h. dessen Zustandsmenge Z sein eigener Input und Output ist. Das bedeutet, daß die Trägerkomponente der Zustandsmenge Z eine Teilmenge des Durchschnitts der Input- und der Outputmenge ist. Dies ist eine nichttriviale Annahme, die in einer Spezialisierung des Prädikats „ist ein informationelles System" zu „ist ein selbstprogrammierendes System" festgehalten wird:

(D5) x ist ein selbstprogrammierendes System   gdw
       (1) x ist ein informationelles System $\langle I, O, Z, f, T, S, N \rangle$;
       (2) $Z \subseteq T \times S$;
       (3) $(t_i)\colon (t_i \in T \& t_i \in Z) \rightarrow t_i \in (I \cap O)$.

Weniger technisch ausgedrückt, ist ein selbstprogrammierendes System ein solches, dessen Funktion die Bereitstellung der raumzeitlichen und materiell-energetischen Grundlage (des „Trägers") seiner selbst einschließt. In dieser Hinsicht stellt sich das System also selbst her, es „erzeugt" sich selbst fortlaufend, sofern es als zeitliches System aufgefaßt wird. Eine ähnliche, aber nicht informationstheoretisch präzisierte Vorstellung wurde unter der Bezeichnung „Autopoiesis" und „autopoietisches System" von Autoren wie H. MATURA und F. VARELA entwickelt (MATURANA 1982); allerdings unterliegt die Konzeption dieser Autoren aus wissenschaftstheoretischer Sicht verschiedenen Einwänden (HUCKLENBROICH 1986), so daß wir hier nicht weiter darauf eingehen.

Dieser allgemeine Begriff des selbstprogrammierenden Systems kann nun zunächst erweitert werden zu dem des partiell selbstprogrammierenden Systems, bei dem nur eine Teilmenge der Trägerkomponente von Z in $I \cap O$ enthalten ist; dies deswegen, weil z. B. Keim und Leiche eines Organismus nicht zu ihm als selbstprogrammierendem System gehörig betrachtet werden könnten. Diese Erweiterung würden wir dann zweitens spezialisieren zu dem Begriff des partiell selbstprogrammierenden *Netzwerks,* da die Organismen der uns bekannten Lebenswelt gerade als Netzwerke von parallel und sequentiell miteinander kommunizierenden und sich wechselseitig erzeugenden „Prozessoren" (informationellen Systemen) aufgefaßt werden können. Keim und Leiche sind die beiden „Randzustände" oder „Randprozessoren", die nicht mehr zu dem selbstprogrammierenden Teil des Netzwerks gehören. Die exakten Definitionen lauten, mit dem Hilfsbegriff des Netzwerks:

(D6) x ist ein Netzwerk   gdw
es gibt $S_1, \ldots, S_n$, so daß
(1) $x = \{S_1, \ldots, S_n\}$;
(2) $S_1, \ldots, S_n$ sind informationelle Systeme;
(3) $(S_i)(ES_j)(E_k)\colon I(S_i) \cap O(S_j) \neq \emptyset \vee O(S_i) \cap I(S_k) \neq \emptyset$.

(D7) x ist ein partiell selbstprogrammierendes System   gdw
(1) x ist ein informationelles System $\langle I, O, Z, f \rangle$;
(2) es gibt eine (echte oder unechte) Teilmenge Z' von Z, so daß gilt:
$x' = \langle I, O, Z', f \rangle$ ist selbstprogrammierend.

(D8) x ist ein partiell selbstprogrammierendes Netzwerk   gdw
(1) x ist ein partiell selbstprogrammierendes System;
(2) x ist ein Netzwerk.

8. Mehrstufige Selbstprogrammierung: Die in 6. genannte Rückkopplung zwischen Form und informationeller Struktur in der Evolution führt zur Entstehung immer neuer „Ebenen" der Selbstprogrammierung, d.h. durch Zusammentreten von Subprozessoren einer bestimmten Stufe werden Einheiten gebildet, die Prozessoren der nächst höheren Stufe darstellen (Integration). Wenn sich die Selbstprogrammierung auch auf der höheren Stufe fortsetzt, entstehen „höher organisierte" Lebensformen. Wichtige Stufenbildungen in der biologischen Evolution sind folgende:

- Netzwerk autokatalytisch sich reproduzierender Moleküle, amorph („Hyperzyklen")
- zellförmige Netzwerke, bei denen zwischen einem internen Stoffwechsel und einer äußeren Replikation (Zellteilung) unterschieden werden kann (Einzeller)
- vielzellige Netzwerke, bei denen Zellreplikation und Zellstoffwechsel zu einer höheren selbstprogrammierenden Organisation verbunden sind und die Fortpflanzung als spezielle Funktion ausdifferenziert wird
- innerhalb der Vielzeller: Organismen mit spezialisierten Subsystemen, die eine starke Ausweitung der Selbstprogrammierungsfähigkeit durch Erhöhung der Kommunikationsgeschwindigkeit und durch rekursive Programmbildung ermöglichen (programmierbare Nervensysteme).

9. Organismus als hierarchisches System: Die Vorstellung, daß sich der Organismus als ein hierarchisches System verschiedener Ebenen oder Organisationsstufen auffassen lasse, entstammt eigentlich der Gestalttheorie, die zuerst in der Psychologie formuliert wurde (EHRENFELS 1890) und später in anderen Gebieten, besonders in der Biologie, Anwendung gefunden hat. Diese Vorstellung ist von der organizistischen Schule weiter verfeinert worden (v. BERTALANFFY 1949). Der Hauptbegriff, der dieser Konzeption wie auch der Gestalttheorie selbst zugrunde liegt, ist in dem bekannten Ausspruch geprägt: „Das Ganze ist mehr als die Summe der Teile". Dieses ‚mehr' darf als neue, aus den Beziehungen der Teile zueinander entstehende Eigenschaften interpretiert werden. In dem Ganzen sollen sich die bei den isolierten Teilen auftretenden Eigenschaften in dem Sinne ändern, daß nun das Gesamtsystem die Eigenschaften der Bestandteile mitbestimmt (DRIESCH 1909). Mit anderen Worten, durch die Beziehungen der Teile zueinander werden auch deren Eigenschaften aufeinander im Rahmen einer höheren Organisationstufe abgestimmt. Diese Beziehungen haben also zweierlei zur Folge: einmal die Entstehung neuer Eigenschaften, durch die sich die betreffende Organisationsstufe charakterisieren läßt, zum anderen die Abstimmung derer, die bei den isolierten Teilen vorhanden waren. Das erste kann man als Emergenz von Eigenschaften oder Relationen, das zweite als Emergenz von Relationen zweiter Stufe oder (System-) Strukturen bezeichnen (s. u.).

Um die hier vorliegenden Verhältnisse zu klären, betrachten wir zunächst ein anschauliches Modell und kehren dann zur Frage der Bedeutung von „Emergenz" und „Ganzheit" zurück. Man stelle sich eine Menge gleichartiger homogener, kugelförmiger Körper vor (dabei kann man z. B. an freie Ionen, Atome oder Moleküle denken). Betrachtet man die einzelnen Kugeln isoliert, so kann man nur die für die Kugelform und Größe maßgebenden geometrischen Merkmale an ihnen feststellen. Nun kann man sich aber vorstellen, daß die einzelnen Kugelkörper miteinander in Beziehung treten und komplexe Aggregate bilden, z.B. Kristallgitter. Dies ist in vielen verschiedenen Weisen möglich, je nach Art und Dichte der „Packung". Für den Fall der *Ebene* mit aneinandergelagerten *Kreisen* sind drei solcher Möglichkeiten in den Abbildungen 1–3 angedeutet, die man leicht auf den dreidimensionalen Fall übertragen kann. Hier scheinen nun neue Merkmale entstanden zu sein, die z. B. die Anzahl und Verteilung der „Kontaktpunkte" auf den Kugeloberflächen, die Berührungsrelationen zwischen den Kugeln und die z. B. geometrischen Eigenschaften des entstandenen Raumgitters (Oktaeder, Würfel, Pyramide etc.) beinhalten. Diese Eigenschaften und Relationen sind es, die hier als „emergent" bezeichnet werden.

Das Phänomen der Emergenz kann jedoch sehr leicht mißdeutet werden und führt dann zu inakzeptablen begrifflich-theoretischen Konsequenzen. Deshalb muß hier ganz deutlich gesagt werden: Nicht erst durch das Zusammentreten einer Menge von Kugeln zu einem bestimmten Raumgitter „entsteht" die *Ebene* der emergenten Merkmale; diese besteht vielmehr zu jeder Zeit, da jede real existierende (nicht nur mathematisch betrachtete) Menge von Kugelkörpern als *Kollektiv* betrachtet und beschrieben werden kann, im Gegensatz zur Betrach-

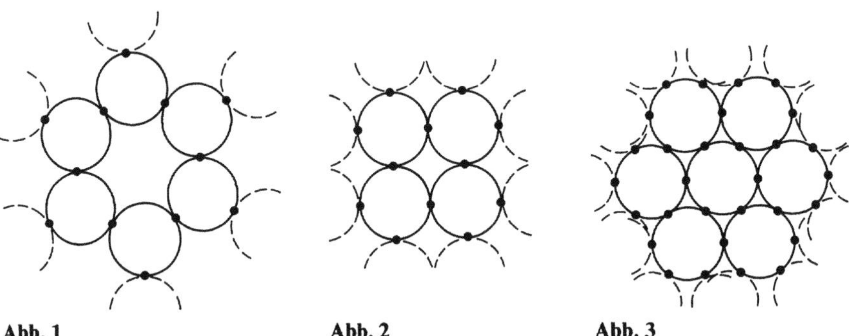

Abb. 1   Abb. 2   Abb. 3

tung „isolierter" Einzelelemente der Menge. Auch völlig „ungeordnet" durchein-
anderfliegende Gasmoleküle lassen sich im Rahmen der statistischen Mechanik
und Thermodynamik als Kollektive behandeln und folgen bestimmten Gesetzmäßigkeiten, die letzlich auf ihrer Wechselwirkung beruhen. Unabhängig vom
Stand unseres physikalischen Wissens gilt, daß wir jederzeit von der Betrachtung
einer Menge isolierter Einzelobjekte zur Betrachtung des von ihnen gebildeten
Kollektivs oder *Systems* übergehen können, was ja nichts anderes bedeutet, als
daß wir dann die Relationen zwischen den Objekten und die Eigenschaften des
Relationssystems (die *Struktur* der Menge) berücksichtigen. Dieser Übergang ist
natürlich iterierbar, d.h. man kann Systeme von Systemen von Systemen ... betrachten. Die Systemebene „entsteht" also nicht durch Zusammenlagerung der
Elemente, sondern durch Erweiterung der vom Betrachtenden berücksichtigten
Information um Relationen und Strukturen. Was dagegen tatsächlich bei der Zusammenlagerung von Ionen oder Molekülen geschieht, ist die *Veränderung* der
Struktur oder *Form* des Systems, z.B. von einem Gas mit hoher kinetischer Energie zu einem Kristall mit geringerer Energie. Eine zumindest im weiteren Sinne
geometrische Form kommt dagegen beiden zu, auch wenn man berücksichtigt,
daß ein Gas im freien Raum zu unbegrenzter Ausdehnung tendiert.

Was also neu entsteht in der kosmischen und biologischen Evolution, sind
dieser Argumentation zufolge besondere Systemstrukturen und Formen, die zugleich als mögliche Informationen aufzufassen sind. Die Aufgabe für die Wissenschaft besteht darin, diese Strukturen systematisch zu rekonstruieren und zu
zeigen, daß sich die empirischen Sachverhalte und Gesetzmäßigkeiten in diesem
Rahmen erklären lassen. Auf der Basis dieser Auffassung läßt sich beispielsweise die Tatsache verstehen, daß nach dem Tode eines Organismus seine
Teile während einiger Zeit noch am Leben bleiben: Das ‚Ganze' bzw. System hat
dabei eine bestimmte Eigenschaft, nämlich die des Lebens bzw. der Selbstprogrammierung, verloren, die isolierten Organe jedoch (noch) nicht. Gerade dieses
Sachverhaltes bedient sich die Transplantationschirurgie. Innerhalb des Ganzen
lassen sich Subsysteme als jeweils verschiedene Organisationsstufen konzipie-
ren, deren Bestandteile in dem unmittelbar niedrigeren Niveau liegen. Hierzu
läßt sich auch ein Beispiel aus der Pathologie nennen: In Hinsicht auf die Zell-
autolyse scheinen sich die Neurone nach dem Zustand eines Subsystems und
nicht nach dem des Gesamtorganismus zu richten. Beim Hirntod, das heißt nach
dem Tode eines Subsystems, erfahren die Neurone nach einer gewissen Zeit, in
ähnlicher Form wie die Organe in der Leiche, eine Autolyse und keine Nekrose
wie sonst am lebenden Gehirn. Diese Zellveränderung ist der üblichen postmor-
talen Autolyse gleich, obwohl beim Hirntod der Organismus zumindest vegetativ
am Leben bleibt.

Die traditionelle Einordnung nach Zellen, Geweben, Organen und dem Organismus beantwortet weitgehend die Frage nach den in der Morphopathologie
abzugrenzenden Organisationsstufen. Die in der klassischen allgemeinen Pathologie geltenden Grunderscheinungen lassen sich nämlich auf verschiedene Organisationsstufen beziehen, und zwar als mit bestimmten Niveaus verbundene Eigenschaften betrachten (s. Einteilung bei COTTIER 1980 und HOLLE 1967). So
gehören bekanntlich die Nekrose und die Paratrophien zum Zellniveau, die Entzündung zur Gewebsstufe, der Infarkt zum Organniveau und schließlich Pro-

zesse wie eine Sepsis zum Niveau des Gesamtorganismus. Andere Begriffe wie der der Mißbildung sind dagegen für verschiedene Niveaus anwendbar. Daß sich aber die gesamten morphopathologischen Phänomene nicht direkt auf das Zellniveau beziehen lassen, scheint heute nicht umstritten zu sein. Mit anderen Worten, nicht jede morphologisch erfaßbare Krankheitserscheinung läßt sich als Funktion von Zellstörungen erklären. Von diesem Standpunkt aus gesehen, stellt also das klassische Einteilungssystem keine konventionelle Klassifikation dar, es erweist sich eher als ein wesentliches Ordnungsprinzip zur Abgrenzung der natürlichen Stufen, in denen sich die pathologischen Grunderscheinungen manifestieren. Aufgrund dieser Einstufung läßt sich beispielsweise das Regenerationsvermögen vergleichend-anatomisch beurteilen; dabei kann man feststellen, daß ausgehend von einigen Reptilien, bei denen die Regeneration eines ganzen Körpersegmentes, also in einer höheren Organisationsstufe, möglich ist, sich das Regenerationsvermögen in der zoologischen Skala hinauf progressiv verringert, bis es beim Menschen auf die niedrigeren Niveaus beschränkt bleibt. Beim Menschen sind nämlich folgende Organisationsstufen an der Regeneration beteiligt: am häufigsten vereinzelte Zellen oder isolierte Zellverbände; seltener Gebilde, die wie im Falle einer Schleimhaut (z. B. das Endometrium) aus mehreren Zellverbänden (s. unten) bestehen; und ausnahmsweise das Organniveau, wie die Leberregenerate.

Die traditionelle Einstufung ist jedoch nicht fein genug, daher haben einige Pathologen (z. B. LETTERER 1959) eine weitere, zwischen dem Niveau des Gewebes und dem des Organs liegende Stufe, nämlich die des Histions abgegrenzt und ferner den Zellverband von dem Gewebe unterschieden. Unter dem Zellverband versteht man ein Gefüge gleichartiger Zellen, die nebeneinander als ein Epithel, oder aber mit Fortsätzen, Fibrillen oder einer Grundsubstanz als ein Mesenchym zusammenhängen können. Dieses Organisationsniveau stellt eine höhere Stufe als die der isolierten Zellen dar. Auf diesem Niveau spielen sich zum Beispiel die Hyperplasie und die Metaplasie ab. Als eine unmittelbar höhere Organisationsstufe sind nun Gebilde denkbar, die aus mehreren Zellverbänden zusammengesetzt sind. Solche Gebilde zeichnen sich jedoch durch das Vorliegen eines Gefäßapparates aus, der seinerseits auch aus mehreren Zellverbänden besteht. Das Gefüge eines mesenchymalen Zellverbandes mit einem Gefäßapparat zählt in der histologischen Taxonomie zum Bindegewebe, es wird nämlich vaskularisiertes Bindegewebe genannt; dieses Gefüge wird von einigen Pathologen (s. LETTERER 1959) einfach als Gewebe bezeichnet, vom Standpunkt der Organisationsniveaus aus stellt es eine noch höhere Stufe dar, mit der pathoanatomisch eine neue Eigenschaft, und zwar die Fähigkeit zur entzündlichen Reaktion verbunden ist. Bei gefäßlosen Tieren ist also der Entzündungsprozeß wenigstens in der Form, wie er traditionell verstanden wird, undenkbar (s. DOERR 1981). Für diese Organisationsstufe hat man die Bezeichnung Histion vorgeschlagen. Das einfache Histion besteht also aus einem mesenchymalen Zellverband und einem Gefäßapparat. An verschiedenen Organen lassen sich ferner spezifische Histionen abgrenzen, an denen ein weiterer Zellverband als die spezifische Komponente vorliegt: Im Hepaton ist es das Leberepithel, im Nephron das Epithel der Tubuli und Glomeruli; im Pneumonon das Alveolarepithel. An Drüsen und Schleimhäuten läßt sich jeweils eine spezifische epitheliale Komponente unterscheiden, am Myokard ist sie dagegen nicht epithelialer Natur: die Myokardfasern. An einigen dieser zusammengesetzten Histionen ist die spezifische Komponente spärlich vorhanden wie zum Beispiel im Pneumonon, bei anderen, wie in der Leber, dagegen reichlich vertreten. Gerade an den letzteren kann der entzündliche Prozeß vorwiegend mit einem Befall der spezifischen Komponente verlaufen: Das sind die klassisch parenchymatösen Entzündungen. Die entzündliche Reaktion ist jedoch an einem isolierten Zellverband undenkbar: an einem Epithel kann keine Entzündung vorkommen. Der Ausdruck „Epithelitis" ist also sinnlos.

10. Evolution und Emergenz: Lebewesen können, wie dargestellt, als Systeme und Netzwerke von Systemen betrachtet werden. Der allgemeine Systembegriff kann dabei im Sinne der mathematischen Mengentheorie expliziert werden, z. B. System als *Relativ* von Mengen $M_1,...,M_n$:

(D9)   x ist ein System gdw
            es gibt Mengen $M_1, ..., M_n$, so daß
            $x \subseteq (M_1 \times M_2 \times ... \times M_n)$.

Dieser allgemeinste Systembegriff liegt den Spezialisierungen zum IOZ-System, zum informationellen System und zum selbstprogrammierenden System oder Netzwerk zugrunde. Es gibt in der theoretischen Physik und der theoretischen Informatik Ansätze, äquivalente Begriffe wie z. B. den Begriff des Netzautomaten zu verwenden, um die „ultimate Struktur der physikalischen Realität" zu erfassen, d. h. um eine allesumfassende natur- und informationswissenschaftliche Theorie zu entwerfen, die von den physikalischen Urbausteinen des Universums bis hin zu Bewußtseinsphänomenen alles in eine einheitliche Erklärungs- und Systematisierungsstruktur integriert. Dabei handelt es sich allerdings um programmatische Ansätze in einer frühen heuristischen Phase und nicht um durchartikulierte Theorien.[6] Nimmt man jedoch diese Systematisierungsstrategien ernst, so stellt sich die Frage, ob auf einer solchen Basis *grundsätzlich* alle spezifischen Entwicklungen und Systembildungen, insbesondere alle möglichen Lebewesen mit ihren Strukturen und Formen, in einer systematischen Weise rekonstruiert und damit auch *als mögliche vorhergesagt* werden könnten. Dies würde bedeuten, daß es relativ zu einer solchen Rekonstruktions- und Systematisierungsstrategie nichts wirklich *Neues* geben könnte. Emergenz wäre dann ein rein epistemischer Sachverhalt, d. h., daß eine Eigenschaft oder Information emergent ist, würde nur bedeuten, daß wir sie noch nicht systemtheoretisch rekonstruiert *haben,* was wir aber grundsätzlich hätten tun können, auch schon bevor sie überhaupt auftrat.

Von der Frage, ob dies möglich ist, ist die Frage zu unterscheiden, ob wir die tatsächliche Entwicklung des Universums und der Evolution hätten vorhersagen können, wenn wir nur die Anfangsbedingungen gekannt hätten. Diese zweite Frage wird heute meist verneint, denn in der tatsächlichen Evolution hängt es auch von den realen und physikalischen Voraussetzungen und Umgebungsbedingungen ab, welche Systeme wirklich realisiert werden (können). Schon aufgrund der physikalischen Unbestimmtheitsrelation (HEISENBERG) müssen diese

Bedingungen als nicht vollständig vorhersagbar und determiniert gelten. Diese Unbestimmtheit potenziert sich noch durch die ständige Rückkoppelung zwischen bereits entstandenen Systemen und den Entwicklungschancen für Neues. Die evolutionäre Entwicklung als Ganze trägt daher unvorhersagbaren und in diesem Sinne nicht-deterministischen Charakter; es kommt zum Auftreten epistemisch „emergenter", nicht-vorhersagbarer Phänomene.

Die andere Frage, ob nämlich alles, was möglich ist, im Rahmen einer Universaltheorie grundsätzlich (re-) konstruiert werden könnte, ist damit noch nicht beantwortet. Der Versuch, sie zu beantworten, führt in eine eigentümlich paradoxe Situation: Wäre die Antwort eine *neue* Erkenntnis oder nicht? Wäre sie neu, so dürfte sie nur verneinend sein, da sie sonst in Widerspruch zu ihrem eigenen Inhalt träte. Wäre sie aber bejahend, so könnte sie dementsprechend keine neue Erkenntnis sein (das folgt durch Kontraposition); sie müßte sich selbst aus der Universaltheorie ergeben. Wer diese Frage also überhaupt als Frage stellt, gibt damit zu erkennen, daß er nicht über die in der Frage unterstellte Universaltheorie verfügt. Aus der Nichtexistenz folgt aber andererseits nicht ihre Unmöglichkeit. Das Problem des *ontologischen* Status von Emergenz, im Gegensatz zum *epistemologischen* Status, bleibt daher so lange unentschieden, wie es systematische Forschung mit offenen Problemen gibt; es drückt gewissermaßen die der Forschung selbst innewohnende Spannung aus, die in einem beständigen Oszillieren zwischen der Entdeckung neuer Sachverhalte und Probleme und ihrer Integration und Auflösung in immer universaleren Erklärungsstrukturen besteht.[7]

Anmerkungen

[1] Diese Zusammenhänge zwischen Wahrscheinlichkeit, Entropie und Information werden heute von den meisten Autoren akzeptiert und rechnen zum Standardwissen, wie es z. B. in Lexika dargestellt wird (vgl. die Stichworte „Entropie" und „Informationstheorie" in der Enzyklopädie Philosophie und Wissenschaftstheorie, hrsg. v. J. Mittelstraß). Die Verwendung dieser Sicht in physikalischen, biologischen und allgemeinsystemtheoretischen Zusammenhängen demonstrieren z. B. die Arbeiten von Prigogine/Stengers 1981, Schoffeniels 1984, E. v. Weizsäcker 1974, C. F. v. Weizsäcker 1971; sie zeigen zugleich, daß die Bedeutung der Formeln noch nicht in allen Hinsichten geklärt ist. Zur historischen Entstehung dieser Auffassung im Anschluß an LUDWIG BOLTZMANN vgl. S. G. Brush 1970.

[2] Zu den erkenntnis- und wissenschaftstheoretischen Aspekten vgl. vorläufig Hucklenbroich 1978 und 1986, zum systemtheoretischen Ansatz in der Theoretischen Pathologie auch Hucklenbroich 1984.

[3] Wir verwenden folgende Symbole für die mengentheoretischen und logischen Relationen und Operatoren:

∩	für den Durchschnitt von Mengen;
∪	für die Vereinigung von Mengen;
⊆	für „Teilmenge von";
∅	für die leere Menge;
(x)	für den Allquantor;
(Ex)	für den Existenzquantor;
&	für die Konjunktion;
v	für die Disjunktion;
→	für die Implikation.

[4] Man kann diese Art von Rückkopplung wohl am adäquatesten im Rahmen einer Theorie autokatalytischer Systeme höherer Grade quantitativ behandeln, wie es auch durch die Begriffe des Hyperzyklus (Eigen 1979) und des Ultrazyklus (Ballmer/v. Weizsäcker 1974) intendiert wird.

[5] Der Begriff der Selbstprogrammierung und die im folgenden skizzierten Anwendungen auf die Organismustheorie und Theoretische Pathologie sind ausführlicher dargestellt in Hucklenbroich 1986.

[6] Man vergleiche dazu die Ansätze bei C. F. v. Weizsäcker 1971 und 1985, K. Zuse 1979 und F. R. Krueger 1984.

[7] Diese der Forschung unvermeidlich innewohnende Spannung wird typischerweise von Denkern verkannt oder mißverstanden, die der naturwissenschaftlich-systemtheoretischen Denkweise fernstehen. Lehrreich ist hier z. B. der Versuch des Philosophen Reinhard Löw, den Emergenzbegriff als inkonsistent zu erweisen, indem der gerade die Erklärbarkeit emergenter Phänomene gegen ihre Neuheit auszuspielen versucht (Löw 1984, besonders S. 65-67). Daß Löw die wissenschaftstheoretische Reichweite moderner system- und informationstheoretischer Ansätze nicht erkennt oder zur Kenntnis nehmen will, geht auch aus seinen anderen Arbeiten hervor, z. B. aus dem zusammen mit R. Spaemann verfaßten Buch „Die Frage Wozu" (Spaemann/Löw 1981) und der Dissertation „Philosophie des Lebendigen" (Löw 1980; vgl. dazu die Besprechung in Hucklenbroich 1981).

Literatur

Ballmer T, Weizsäcker E von (1974) Biogenese und Selbstorganisation. In: Weizsäcker E von (Hrsg) Offene Systeme I. Klett-Cotta, Stuttgart, S 229-264

Bertalanffy L von (1949) Das biologische Weltbild. Francke, Bern

Brush SG (1970) Kinetische Theorie II. Akademie-Verlag Pergamon Press Vieweg, Berlin Oxford Braunschweig

Chuaqui B (1985) Eine Bemerkung zur Entropie in deren Beziehung zur Morphologie. In: Schipperges H (Hrsg) Pathogenese. Springer, Berlin Heidelberg New York Tokyo, S 159

Cottier H (1980) Pathogenese. Springer, Berlin Heidelberg New York

Doerr W (1981) Umrisse einer Krankheitslehre, anthropologische Aspekte. In: Doerr W (Hrsg) Neue Beiträge zur Theoretischen Pathologie. Springer, Berlin Heidelberg New York, S 56-69

Doerr W (1981) Neue Beiträge zur Theoretischen Pathologie. Springer, Berlin Heidelberg New York

Driesch H (1909) Philosophie des Organischen. Leipzig

Ehrenfels C von (1890) Über „Gestaltqualitäten". Vierteljahresschr Wiss Philos 14:249

Eigen M, Schuster P (1979) The hypercycle. Springer, Berlin Heidelberg New York

Haken H (1983) Synergetik. Springer, Berlin Heidelberg New York

Holle G (1967) Lehrbuch der allgemeinen Pathologie. VEB Fischer, Jena

Hucklenbroich P (1978) Theorie des Erkenntnisfortschritts. Hain, Meisenheim

Hucklenbroich P (1981) Is modern biology inconsistent? Metamedicine 2:245-254

Hucklenbroich P (1984) System und Krankheit. In: Rothschuh KE, Toellner R (Hrsg) Konzepte der Krankheitsentstehung. Burgverlag, Tecklenburg, S 23-46

Hucklenbroich P (1986) Organismus und Programm. Medizintheoretische Untersuchungen zur Theorie des Organismus und Theoretischen Pathologie. Med. Dissertationsschrift, Münster

Koslowski P, Kreuzer P, Löw R (1984) Evolution und Freiheit. Hirzel, Stuttgart

Krueger FR (1984) Physik und Evolution. Parey, Berlin Hamburg

Letterer E (1959) Allgemeine Pathologie. Thieme, Stuttgart

Löw R (1980) Philosophie des Lebendigen. Suhrkamp, Frankfurt

Löw R (1984) Die Entstehung des Neuen in der Natur. Berechtigung und Grenzen gegenwärtiger Erklärungsmodelle. In: Koslowski P, Kreuzer P, Löw R (Hrsg) Evolution und Freiheit. Hirzel, Stuttgart, S 54-74

Maturana HR (1982) Erkennen: Die Organisation und Verkörperung von Wirklichkeit. Vieweg, Braunschweig

Mittelstraß J (1980-1984) Enzyklopädie Philosophie und Wissenschaftstheorie 1, 2. Bibliographisches Institut, Mannheim Wien Zürich
Prigogine I (1979) Vom Sein zum Werden. Piper, München Zürich
Prigogine I, Stengers I (1981) Dialog mit der Natur. Piper, München Zürich
Rothschuh KE, Toellner R (1984) Konzepte der Krankheitsentstehung. Burgverlag, Tecklenburg
Schipperges H (1985) Pathogenese. Springer, Berlin Heidelberg New York
Schoffeniels E (1984) Anti-Zufall. Die Gesetzmäßigkeit der Evolution biologischer Systeme. Hirzel, Stuttgart
Spaemann R, Löw R (1981) Die Frage Wozu. Piper, München Zürich
Weizsäcker CF von (1971) Die Einheit der Natur. Hanser, München
Weizsäcker CF von (1985) Aufbau der Physik. Hanser, München
Weizsäcker E von (1974) Offene Systeme I. Klett-Cotta, Stuttgart
Zuse K (1975) Ansätze einer Theorie des Netzautomaten. Nova Acta Leopoldina 43:220. Halle Saale

2.2 Mathematische Modelle in der Medizin

Petre Tautu und Gustav Wagner

1. Mathematische Modellierung als Wissenschaft

In den letzten zwei oder drei Jahrzehnten hat sich die mathematische Modellierung als wissenschaftliche Tätigkeit mit konkreten Implikationen als "an industry of great proportions" [2] erwiesen. Sie erfüllt die drei Vorbedingungen für die Existenz einer eigenständigen Fachwissenschaft [34], indem sie erstens von einer Gemeinschaft aktiver, sich gegenseitig unterstützender Wissenschaftler konzipiert wurde und angewandt wird, zweitens eine endliche relationale Struktur von Behauptungen umfaßt, die den exemplarischen Hypothesen etablierte Erkenntnisse zuordnet, und drittens eine Menge von Publikationen ausgelöst hat, die durch wechselseitige Zitierung enger miteinander verknüpft sind als mit anderen Veröffentlichungen [35].

Es gibt in der Tat heute bereits zahlreiche Bücher (z. B. [1, 5, 12, 69, 74, 76, 77]), ganze Konferenzen (z. B. die „International Conference on Mathematical Modelling in Science and Technology", Zürich 1983) und auch Universitätslehrgänge und Vorlesungen, die sich dieser wissenschaftlichen Methodik widmen (z. B. [5, 44, 51]). In der Einführung der mathematischen Modellierung als festem Bestandteil des Studienplans ist uns England weit voraus. Das Hauptziel derartiger Lehrveranstaltungen ist es, den jungen Mathematiker an die Formulierung mathematischer Problemstellungen zu gewöhnen, die sich aus realen praktischen Situationen ergeben. Mathematik ist eine Wissenschaft, die man aktiv *tun* anstatt passiv *erlernen* sollte; sie ist eine menschliche Tätigkeit, komplexer und bedeutungsvoller als die kalte „äußere Schale" von Sätzen und Techniken vermuten läßt. Nach M. W. HAN

"many students think that mathematics is something to *know* rather than something to *do;* they must be shown why it attracts people and is of such absorbing interest to them. To hide this aspect of mathematics, either deliberately or inadvertently, is to present a distorted and essentially false picture of mathematics" [30].

Das Ziel der mathematischen Modellierung ist es, Naturvorgänge in abstrakter Weise und logisch in sich geschlossener Form darzustellen.

Die Wurzeln der mathematischen Modellierung liegen in der Lösung von Problemen, wobei mit „Problem" eine Situation gemeint ist, die einer *Untersuchung* und/oder einer *Erklärung* bedarf. Weil die Wissenschaft fortschreitet, wenn neuere Theorien mehr Probleme lösen als ihre Vorgänger [39], ist die mathematische Modellierung als ein wichtiges modernes Instrument für den Fortschritt der Wissenschaft anzusehen. Heutzutage erwartet man von einer Theorie nicht nur, daß sie die Ergebnisse eines Versuchs bestimmt, sondern daß sie auch zum Verständnis der Phänomene beiträgt, von denen angenommen wird, daß sie dem beobachteten Ergebnis zugrunde liegen [18, 62]. Daher hat ein mathematisches Modell eine doppelte Funktion: es kann einerseits ein bestimmtes empirisches Problem lösen, kann uns andererseits aber auch Aufklärung über sein Zustandekommen bieten. Je nachdem, ob das Gewicht auf der ersten oder der zweiten Funktion liegt, werden solche Modelle entweder *data-generated* oder *theory-oriented* genannt [67].

Einer der Gründe für das Vordringen der mathematischen Modellierung in vielen Bereichen der Wissenschaft ist das hohe Ansehen, welches die Mathematik in der akademischen Gemeinschaft genießt. Über ihre erfolgreiche Anwendung in der Physik hinaus hat ihr Ansehen seine Wurzeln in der Tatsache, daß mathematisches Wissen im Unterschied zu anderen Wissenschaften auf einer strengen axiomatischen Grundlage beruht. Für die meisten Menschen ist der Mathematiker ein harmloser Geselle, der gern merkwürdige Symbole benutzt, die kein anderer versteht. Wie MARTIN GARDNER formuliert hat, ist das Komische dabei, daß diese Symbole – in einer bestimmten Anordnung – fähig sind, unsere Welt zu erklären:

"Consider e = mc² ... Yet this simple equation is the product of a theory as beautiful as a Mozart concerto, more useful to humanity in the long run than the stock market, more revolutionary than the communist party" ([23], S. 299).

2. Mathematische Modelle: Analyse und Glaubhaftigkeit

Wenn wir die Frage betrachten, wie ein in der empirischen Wissenschaft auftretendes Problem mathematisch zu lösen ist, müssen wir zuerst den Charakter des Problems erkennen. Zunächst muß das Problem identifiziert werden. Damit wird anerkannt, daß wirkliche Situationen nur selten wohldefiniert erscheinen und häufig durch weitschweifige Äußerungen und nichtssagende Tatsachen verdeckt sind. Die Identifizierung eines Problems, das der mathematischen Behandlung zugänglich ist, nimmt oft lange Zeit in Anspruch und erfordert Fähigkeiten, die primär nichts mit Mathematik zu tun haben. Tatsächlich ist nicht alles, was „Problem" genannt wird, auch wirklich ein Problem.

Zweitens sind auch im Fall exakt definierter Probleme deren wissenschaftlicher Wert wie auch die Zwecke der Modellierung unterschiedlich. Viele Modelle in Operations Research oder Technik sind lediglich auf die Unterstützung der Geschäftsführung bei der Entscheidungsfindung ausgerichtet; dagegen sind Probleme der biologischen Evolution von hohem wissenschaftlichem Interesse, aber vielfach ohne kurzfristig praktische Nützlichkeit.

Drittens sind auch die Ziele, deretwegen eine mathematische Untersuchung und „Lösung" eines Problems angestrebt wird, unterschiedlich. Unter der gedanklichen Voraussetzung, daß ein mathematisches Modell eine besondere Form der „vereinfachten Darstellung" einer „wirklichen" Situation darstellt, können wir die Frage stellen, welche Arten von Vereinfachung zur Erlangung einer erwünschten (angemessenen) „Antwort" möglich sind. Eine rasch erhältliche approximative Antwort kann unter Umständen nützlicher sein als eine exakte Lösung, die lange Zeit in Anspruch nimmt. Die Anwendung der Mathematik besteht eben nicht einfach im Nachschlagen bequemer Formeln oder im Einsetzen von Zahlen und Computergraphiken. Mathematische Modelle unterscheiden sich im Hinblick auf die Abweichungen von der Realität und ihren manipulativen Möglichkeiten. Sie können daher verschiedene Ergebnisse erbringen. Der Prozeß der „Vereinfachung" hat tiefgreifende Folgen. Nach R. Levins schafft ein Modell eine Komplikation:

"We replace the universal but trivial statement 'things are different, interconnected, and changing' with a structure that specifies which things differ in what way, interact how, change in what directions" ([41], S. 75).

In der Tat beabsichtigen wir nicht, die Dinge durch Anwendung der Mathematik einfacher zu gestalten; vielmehr ist es das Ziel der angewandten Mathematik, die Wirklichkeit mathematisch zu verstehen [29]. Es ist erwünscht und wird erwartet, daß ein „angewandter Mathematiker" zur Entwicklung sowohl der Mathematik als auch der Naturwissenschaften in einer interdisziplinären Forschung beiträgt [51].

"The proper role of the applied mathematician is that of a bridge between the worlds of abstractness and practicality. For what distinguishes the applied mathematician from the scientist or engineer is the training in the beautiful world of pure mathematics – the breadth of knowledge, the sense of mathematical elegance, and especially the depth of understanding and skill that comes from working rigorously from first principles" [11].

Bei dem Versuch, eine möglichst optimale Entsprechung zwischen biologischem System und mathematischem Modell zu finden, geht man von einigen wichtigen empirischen Tatsachen aus, wobei weniger wichtig erscheinende Details zunächst außer Betracht gelassen werden. Die daraus abgeleiteten Grundannahmen werden in einem Formalismus ausgedrückt, der das Grundgerüst für alle folgenden Deduktionen darstellt. Im Wechselspiel zwischen Experiment bzw. Beobachtung und Modellanalyse kann das Modell dann schrittweise erweitert bzw. verfeinert werden. Jede Aufstellung eines mathematischen Modells ist notwendigerweise umso schwieriger, je komplexer die empirischen Phänomene sind. Ohne bestimmte A-priori-Vorstellungen über einen empirischen Sachverhalt ist die Konstruktion eines Modells gar nicht möglich. Einen Beweis für die Richtigkeit eines mathematischen Modells gibt es nicht, denn ein Modell ist immer nur eine mehr oder weniger zutreffende Beschreibung eines Systems oder Phänomens in Symbolform, die die Wirklichkeit niemals hunderprozentig erreichen kann [73].

Neben der Begeisterung, mit der einige mittels mathematischer Modellierungen erzielte Fortschritte begrüßt wurden, gibt es auch die notwendige und befruchtende Kritik an der Verläßlichkeit der Modellierung. Diese Skepsis richtet sich nicht gegen die mathematischen Instrumente, sondern gegen nicht eingehaltene Versprechen und den falschen Gebrauch der Mathematik. So wurde zum Beispiel betont, daß es bei der Modellierung der Umweltverschmutzungskontrolle spektakuläre Fehlschläge und in Ökologie, Ökonomie und Demographie falsche Prognosen gegeben hat [6]. Die Grenzen eines mathematischen Modells, das zugegebenermaßen eine abstrakte Darstellung eines natürlichen Phänomens oder Prozesses ist, liegen sowohl im tatsächlichen Wissensstand über das betrachtete Phänomen bzw. den Prozeß als auch in der Fähigkeit der vorliegenden angemessenen Theorien und Methoden, die gegebenen Situationen zu verstehen. Mögliche Fehlschläge der mathematischen Modellierung können durch Faktoren wie

- vage Konzepte, unlogische Theorien, unvollständige (oder falsche) Beschreibung (Beobachtungen und Versuche) des in Frage stehenden Prozesses,
- die Unmöglichkeit, aufgrund der Komplexität und Variabilität der natürlichen Systeme wichtige Beobachtungs- oder experimentelle Daten zu sammeln,
- allzu grobe Vereinfachung komplexer Situationen,
- Schwierigkeiten bei der Identifizierung von Modellparametern etc.

verursacht werden. Jeder erfahrene Biomathematiker kann konkrete Beispiele dieser Art finden. Derartige Schwierigkeiten und Diskrepanzen werden in dem Band „Mathematisierung der Einzelwissenschaften" [7] systematisch untersucht. Hier müssen wir an den anfangs gemachten Unterschied zwischen aus Daten hervorgegangenen und theoriebezogenen mathematischen Modellen erinnern. Ein imaginärer Dialog von R. THOM [70] zeigt, daß die Unterschiede tiefgreifender sind, als auf den ersten Blick zu erwarten ist:

„*Der Experimentator:* Wenn Ihre Modelle zu etwas taugen, müssen sie neue Tatsachen vorhersehen, und nichts wäre mir lieber, als Ihnen die entsprechenden Experimente zu machen.

Der Theoretiker: Vor dem Schauen nach neuen Tatsachen habe ich, um sie zu verstehen, das Bedürfnis, die Masse des schon Bekannten zu systematisieren. Es nützt nichts, dem ohnehin schon ungeheuren experimentellen Ergebnis noch etwas hinzuzufügen, wenn man nicht zuvor eine Theorie hat, die das Bekannte erklärt – und vor allem das ganz Klassische darunter, was sich in jedem elementaren Lehrbuch findet.

Der Experimentator: Kann denn Ihre theoretische Konstruktion einen Nutzen haben, irgendeine Beziehung zum Konkreten?

Der Theoretiker: Sie dient dazu zu verstehen, was geschieht.

Der Experimentator: Verstehen interessiert mich nicht, wenn ich keine Idee für das Experiment daraus ziehen kann.

Der Theoretiker: Sie müssen sich überzeugen lassen, daß die biologischen Fortschritte weniger von einer Vermehrung experimenteller Daten abhängen als vielmehr von einer Erweiterung der Fähigkeit, die biologischen Tatsachen geistig nachzuahmen, von der Schöpfung einer neuen „Intelligenz" der Biologen." ([70], S. 133).

Letztlich ist das mathematische Modell einer realen Situation eine *mathematische Struktur,* deren Komponenten als (idealisierte) wirkliche „Dinge" (oder Begriffe) behandelt werden und deren abstrakte Relationen zwischen diesen Komponenten als konkrete Beziehungen zwischen wirklichen Elementen betrachtet werden; ein solches Modell ermöglicht es uns, eine dichte und leicht überschaubare Zusammenfassung der bekannten Eigenschaften des von uns untersuchten wirklichen Phänomens der Prozesse zu erstellen mit der Möglichkeit, sie erschöpfend zu analysieren und sogar zukünftige Verhaltensweisen vorauszusagen (s. auch J. M. YAGLOM [75], S. 185).

Der außermathematische Status eines mathematischen Modells ist durch eine Art empirischer Kontrolle – seine Validierung – gegeben, d.h. durch die Verifizierung von Parametern und Vorhersagen durch experimentelle Daten. Jedoch sind verifizierbare Daten möglicherweise nicht verfügbar oder, was noch schlimmer ist, sie sind selbst Gegenstand experimenteller Fehler und fehlender Folgerichtigkeit. So kann z. B. zur Bestimmung von Parametern oder Meßdaten eine bestimmte Präparation des zu untersuchenden biologischen Systems erforderlich sein, wodurch das System zwangsläufig verändert wird und weitere Meßdaten nicht mehr mit den ersten Werten vergleichbar sind. Auch läßt sich dann im Nachhinein eine Wechselwirkung der Parameter nicht mehr exakt erfassen. Das trifft insbesondere auf biochemische und biophysikalische Parameter zu [48]. Überdies gibt es ungenaue Beobachtungen sowie komplizierte Versuche, bei denen es schwierig ist, zu unterscheiden, welche Art der „Wirklichkeit" sie darstellen.

Über den internen mathematischen Status eines mathematischen Modells ist bisher nur wenig gesagt worden. Dies ist jedoch ein wichtiger Punkt. Die logische Beschaffenheit eines Modells, seine Fähigkeit, die eingeführten empirischen Hypothesen zu prüfen sowie neue Aussagen zu erbringen, die Angemessenheit der mathematischen Analyse, – alles dies sind allgemeine Eigenschaften, die nicht nur erörtert, sondern auch realisiert werden müssen. In der Tat muß sich eine ideale vollständige Modellierungstätigkeit auch mit der statistischen Analyse der Modellparameter und mit den angestrebten numerischen Versuchen befassen. Ersteres ist der wissenschaftlich richtige Schritt zur Wertung, letzteres eine Frage nach einigen unbekannten funktionellen Relationen und noch unbeobachtbaren Variablen. Wir können dann den „experimentellen" Teil eines wirklichen mathematischen Modells von der einfachen Computersimulation einer empirischen Situation unterscheiden, die lediglich Versuchsergebnisse reproduziert.

3. Mathematische Modelle in der Medizin

Die erste bedeutende Anwendung der Wahrscheinlichkeitstheorie in der Medizin geht auf DANIEL BERNOULLI zurück. In seinem „Essai d'une nouvelle analyse de la mortalité causée par la petite vérole et des avantages de l'inoculation pour la prévenir" (1760) versuchte er, die durch die Pocken in verschiedenen Altersstufen verursachte Sterblichkeit und die Wirkung der Impfung zu bestimmen. Zwar waren Sterblichkeitstabellen bereits errechnet worden, jedoch gaben diese nur die Gesamtzahl der Todesfälle in verschiedenen Altersstufen an, ohne nach Todesursachen zu differenzieren. Es war daher BERNOULLIS erste Aufgabe, herauszufinden, welcher Anteil der zu einem gegebenen Zeitpunkt lebenden Bevölkerung nicht an Pocken erkrankt gewesen war. Er schätzte diesen Anteil auf zwei Dreizehntel und stellte weiterhin interessante Untersuchungen an, um die Anzahl der Überlebenden einer bestimmten Altersstufe aus einer gegebenen Population herauszufinden unter der Voraussetzung, daß die Pocken gänzlich ausgerottet wären. Heute würde man etwa formulieren: Wie würde sich das Sterblichkeitsmuster verändern, wenn eine bestimmte Todesursache „eliminiert" würde? BERNOULLI kam zu der Schlußfolgerung, daß die allgemeine Einführung einer Pockenimpfung die durchschnittliche Lebensdauer einer Bevölkerung um etwa drei Jahre verlängern würde (siehe auch [68]).

Das Wachstum und Absterben einer Bevölkerung wurde auch von L. EULER in seinem kurzen Bericht „Recherches générales sur la mortalité et la multiplication du genre humain" (1767) untersucht; aber es war D'ALEMBERT, der BERNOULLIS Ergebnis kritisch analysierte und die Mortalitätskurve einführte: Das ist die erste Vorstellung von dem, was wir heute die Wahrscheinlichkeitsverteilung der Überlebensfunktion nennen.

Diese Beispiele zeigen deutlich, daß die „angewandte Wahrscheinlichkeit" – als breite wissenschaftliche Disziplin – eine ihrer Wurzeln in der fruchtbaren mathematischen Forschung hat, die sich mit Wahrscheinlichkeitsmodellen in der Biologie und der Medizin beschäftigt [65]. Man muß sie als eine Brücke zwischen abstrakten und theoretischen Aspekten der Wahrscheinlichkeitstheorie und konkreter Modellierung sehen. Mit anderen Worten: im wesentlichen besteht die angewandte Wahrscheinlichkeit aus

1. der Konstruktion mathematischer Modelle von realen, existierenden, zufallsstochastischen Phänomenen,
2. der Analyse solcher Modelle und
3. der Abstraktion solcher Modelle zu neuen Modellen, die in der Theorie stochastischer Prozesse oder für die Modellierung verwandter Phänomene von Interesse sein können.

Die angewandte Wahrscheinlichkeit ist das mathematische Werkzeug, welches in der Gegenüberstellung von „Zufälligkeit" und „Determinismus" sowie von mathematischer Theorie und komplexer Realität benutzt wird. Die Problematik wird von E. ÇINLAR so beschrieben:

"... Suppose we divide all mathematical problems into four boxes according as to whether they are simple or complex and deterministic or random. We would then find that most of mathematics belongs in this small box labelled deterministic and simple; whereas most of the world's problems are in this large box labelled random and complex" ([17], S. 236).

Stochastische Prozesse können als Systeme definiert werden, die sich in Übereinstimmung mit den Wahrscheinlichkeitsgesetzen verändern; mit anderen Worten: sie sind Wege der Quantifizierung dynamischer Relationen von Sequenzen und Zufallsereignissen [69]. Die Bedeutung derartiger Prozesse zur Modellierung der Populationsdynamik ist unbestritten, obwohl sie im allgemeinen größere technische Schwierigkeiten bereiten als deterministische Modelle. Das liegt einfach daran, daß deterministische Modelle nur ein einziges Ergebnis für eine ge-

gebene Gruppe von Umständen voraussagen, während stochastische Modelle eine Gruppe von möglichen Ergebnissen, gewichtet durch ihre jeweiligen Wahrscheinlichkeiten, voraussagen. Von einem deterministischen System kann man eine exakte, leicht zu errechnende numerische Lösung erwarten. Solche Lösungen sind für stochastische Modelle fast nie verfügbar (siehe [42], S. 368).

Zufälligkeit in Populationsmodellen entsteht durch die Annahme, daß es in den einfachsten Fällen Schwankungen aufgrund von Stichprobenmechanismen, Zufallsbewegung und Umwelt gibt. Jeder Biologe wird zugeben, daß ein Populationsmodell Dynamik und Unsicherheit beinhaltet und daher stochastisch sein muß. In diesem Sinne hat er keine Wahl zwischen probabilistischen und deterministischen Gesetzen, sondern nur zwischen Realismus und Machbarkeit. Wir haben diese Wahl zwischen Komplexität und Praktizierbarkeit einmal „das große Dilemma in der angewandten Mathematik" genannt [68]. Ein Modell kann niemals gleichzeitig Realität, Allgemeingültigkeit und Genauigkeit optimal widerspiegeln.

Vom technischen Gesichtspunkt her kann die Lücke zwischen stochastischen und deterministischen Modellen überbrückt werden: zum Beispiel durch die Behauptung, daß (a) wenn die Population sehr groß ist, die internen Schwankungen unbeachtlich sind, und (b) wenn die Schwankungen in der Umwelt schneller ablaufen als die Populationsdynamik, beides sich ausgleicht [36]. Dann funktionieren die deterministischen Modelle als „abgrenzende Fälle" stochastischer Modelle.

4. Stochastische Modelle für Stammzellensysteme

In diesem Abschnitt sollen einige stochastische Modelle für Stammzellensysteme erörtert werden, die größtenteils in der Abteilung „Mathematische Modelle" des Deutschen Krebsforschungszentrums konstruiert wurden.

Wenn wir allgemein von Zellsystemen sprechen, betrachten wir sie als eine Ansammlung von homogenen oder heterogenen Zellen; im letzteren Fall gehört jede Zelle zu einer endlichen Anzahl von „Typen". Zusätzlich können Zellen eines gegebenen Typs andere Attribute haben, wie z.B. Alter, Plazierung im Raum, Stellung im Zellzyklus, Besitz einer besonderen genetischen Struktur etc. Die Struktur eines hämatopoetischen Stammzellensystems (HSZ) kann als eine Reihe von vier „Kompartimenten"* wie folgt beschrieben werden [52, 9]:

K I: Das Kompartment primitiver *multipotenter Stammzellen* (MS) stellt einen „sich selbst erhaltenden Pool" dar, weil im Gleichgewichtszustand eine Hälfte der Nachkommenschaft der sich teilenden Stammzellen als MS-Zellen verbleibt (Selbsterneuerungsprozeß), während die andere Hälfte als zur Differenzierung vorprogrammiert das Kompartment verlassen muß. MS-Zellen haben die Fähigkeit, alle Blutelemente einschließlich myeloider Zellen, Erythrozyten, Megakaryozyten und Lymphozyten zu bilden. Kompartment K I liefert die differenzieren-

---

* Im einschlägigen Schrifttum wird im Singular fast ausschließlich die an das Englische "compartment" angelehnte Bezeichnung „Kompartment" verwendet.

den und reifenden Kompartimente K II und K III. Die Größe von K I wird beim Menschen auf $1,4 \times 10^9$ Zellen geschätzt [16].

K II: Das Kompartment *determinierter Stammzellen* (DS) und *differenzierter Vorläuferzellen* (DV). Um die Größe dieses Kompartmentes, die auf etwa $1,4 \times 10^{11}$ Zellen geschätzt wird, verstehen zu können, muß man einen „Amplifikationsprozeß" postulieren, der in einer täglichen „Einwanderung" von etwa $2,8 \times 10^8$ neugebildeter DS-Zellen aus K I und deren weiterer Teilung besteht.

K III: Das Kompartment *morphologisch unterscheidbarer, reifender Zellen* (DR), welches z.B. Erythroblasten und Myeloblasten enthält (etwa $1,5 \times 10^{12}$ Zellen). Beide Kompartimente – K II und K III – dienen der Amplifikation und sind Durchgangspools ohne dauernd ansässige Population. Die Regeln, die das Gleichgewicht von Selbsterneuerung und Reifung hämatopoetischer Vorläuferzellen lenken, erscheinen flexibel und unterliegen Umweltanforderungen. Folglich kann hämatopoetische Regenerierung Leukämie nachahmen, indem sie vorübergehend eine Zellerneuerung begünstigt und die Anzahl von Zellen in den Durchgangskompartimenten K II und K III erhöht.

K IV: Das Kompartment von *pheripheren (zirkulierenden) Blutzellen* (PB), das etwa $3,7 \times 10^{13}$ Zellen enthält. Es wird angenommen, daß zwischen 10 und 11 Zellgenerationen in K II und K III erforderlich sind, um die $3,7 \times 10^{11}$ peripheren Blutzellen zu liefern, die täglich ersetzt werden müssen.

Das erste stochastische Modell für die vollständige Poikilopoese im hämatogenen Knochenmark wurde 1965 veröffentlicht [20]: Es berücksichtigt die Dynamik von hämatogenen Zellpopulationen, die in den Kompartimenten K II und K III, d.h. in den Durchgangspools, enthalten sind. Die fortlaufende Dynamik wird aufrecht erhalten durch die Eingabe („Einwanderung") von neugebildeten DS-Zellen aus K I und K II und durch die Ausgabe („Auswanderung") der reifen Zellen in das Blut, das heißt

$$K\ I \rightarrow [K\ II + K\ III] \rightarrow K\ IV.$$

Die Durchgangskompartimente werden unterteilt in hierarchisch angeordnete Teilkompartimente, von denen jedes einen bestimmten morphologischen Zelltyp enthält (z.B. die Linie roter Zellen: Pronormoblasten (Proerythroblasten) $\rightarrow$ basophile Normoblasten $\rightarrow$ polychromatische Normoblasten $\rightarrow$ orthochromatische Normoblasten $\rightarrow$ Retikulozyten $\rightarrow$ Erythrozyten). Somit berücksichtigt das Modell (i) die Existenz von $n > 1$ Zellinien (z.B. Myeloide, Erythroide) und (ii) die Anwesenheit von $k > 1$ Zelltypen für jede Zellinie.

Um die Komplexität des realen Prozesses weiter zu vermindern, werden noch zwei Vereinfachungen vorgenommen:

1. Die Anzahl $|k|$ von Teilkomponenten für jede hämatopoetische Zellinie ist die gleiche;
2. mögliche Übergänge von einer Linie zur anderen werden nicht zugelassen.

Schließlich wird das Auftreten einer Zelle in einem bestimmten Teilkompartment als eine „Geburt" interpretiert; in ähnlicher Weise wird ihr Verschwinden aus dem Teilkompartment als „Tod" angesehen. Somit stellt dieses Modell einen „Geburts- und Todesprozeß" dar.

In der Theorie stochastischer Prozesse gehören solche Prozesse zu der großen Familie von MARKOV-Prozessen. Nach W. FELLER ([19], S. 420) ist ein MARKOV-Prozeß begrifflich das probabilistische Analogon zu den Prozessen der klassischen Mechanik, wo die zukünftige Entwicklung voll und ganz durch den gegenwärtigen Zustand bestimmt wird, unabhängig von der Art und Weise wie sich der gegenwärtige Zustand entwickelt hat. Diese Prozesse unterscheiden sich wesentlich von Prozessen mit Nachwirkung, bei denen die gesamte Vergangenheitsgeschichte des Systems seine Zukunft beeinflußt. Geburts- und Todesprozesse sind MARKOV-Prozesse mit kontinuierlicher Zeit; in dem oben genannten Buch von W. FELLER ([19], S. 456) werden sie als Beispiele für lineares Wachstum angeführt. Modelle wie das obige nennt man multidimensionale Geburts- und Todesprozesse mit Ein- und Auswanderung. Daß solche Geburts- und Todesprozesse mit Immigration auch als „KENDALL-Prozesse" bezeichnet werden (z. B. [32], S. 45), kann man das obige Modell auch als einen multidimensionalen KENDALL-Prozeß mit Emigration ansehen. Es muß erwähnt werden, daß in der Literatur die Geburts- und Todesprozesse auch als Beispiele für MARKOV-Verzweigungsprozesse angesehen werden.

Zwei andere Modelle seien an dieser Stelle noch kurz erwähnt:

(i) Das 1965 von G. FUCHS [21] konstruierte Einzellinienmodell (Granulopoese): FUCHS vereinigte in seiner Übersicht [22] die in [20] und [21] behandelten Modelle.

(II) Das analoge Verzweigungsmodell – einschließlich der Leukämogenese und unter besonderer Berücksichtigung des Zellzyklus [59] – welches 1980 von W. RITTGEN [54] konstruiert wurde.

Die diskrete Zufallsvariable, die die Gesamtzahl von Zellen in dem obigen Stammzellsystem [20] zu einem bestimmten Zeitpunkt ausdrückt, ist offensichtlich eine vektorgewertete Variable. Sie gibt die Anzahl der Zellen an, die zum Zeitpunkt t in jedem Teilkompartment des Systems enthalten sind. Ihr Erwartungswert hat einen komplizierten Ausdruck. Es ist aber interessant festzustellen, daß die Immigration neugebildeter DS-Zellen nicht nur die Größe und die Dynamik des gesamten Systems, sondern auch seine Varianz sowie die anderen höheren statistischen Momente beeinflußt. Die Kovarianzmatrix ist jedoch von der Immigrationsrate abhängig.

Die Rolle der Stammzellenimmigration als stabilisierender Faktor ist offensichtlich: Wenn keine Immigration stattfindet oder wenn die Geburtsrate im hierarchischen System kleiner ist als die Summe von Todes- und Emigrationsrate, stirbt das HSZ-System aus (siehe auch [32]). Das veranschaulicht die Rolle des Kompartments K I: Jedes Modell der Haematopoese muß mit einem sich selbst erhaltenden anfänglichen Stammzell-Pool beginnen [9]. Es ist experimentell bewiesen, daß eine einzige MS-Zelle das Knochenmark einer mit einer letalen Dosis bestrahlten Maus wiederbeleben und ihr Überleben während mindestens 16 Monaten sicherstellen kann. Wie E. P. CRONKITE kommentierte [15]

"there are certainly enough stem cells in the human marrow to maintain Methuselah over his 900 biblical years and have cells to spare under any imaginable scheme of hemopoiesis".

Die Prämisse, daß die meisten menschlichen Neoplasmen im Stammzellengewebe oder in Vorläuferpopulationen entstehen und viele ihrer Eigenschaften teilen, ist wohlbekannt. Ein Vergleich bösartiger Zellen mit den entsprechenden normalen Zellen zeigt, daß erstere nur minimal vom normalen Differenzierungsprogramm abweichen, wie es sich im zellulären Phänotyp widerspiegelt. Das ließ daran denken, daß die Entkopplung von Differenzierung und Proliferation sowohl wesentlich als auch ausreichend für die Leukämogenese sein könnte, während sie die Erhaltung relativ unveränderter Phänotypen zuläßt [25]. Einige Versuchsergebnisse deuten an, daß der leukämische Klon in einer der normalen Myelopoese ähnlichen Art und Weise angeordnet sein kann, mit einer Hierarchie von Vorläuferzellen, die eine große Anzahl von „differenzierten" nichtproliferativen leukämischen Zellen hervorbringen [27].

Die Ergebnisse dieser mathematischen Modellierungen induzierten weitere Studien über:

(A)   die Position des Stammzellenkompartments K I;
(B)   den Charakter des Immigrationsprozesses, d. h. die Wege zur Determinierung;
(C)   die demographische Struktur der Transitkompartimente K II und K III;
(D)   das Vorhandensein von Übergängen zwischen verschiedenen Zellinien.

In gewissem Sinne war *Problem A* nicht neu. Im Jahre 1964 konstruierten J. E. TILL und Mitarbeiter [71] ein stochastisches Modell (einen einfachen Geburts- und Todesprozeß) der Stammzellenproliferation in Kompartment K I unter der Hypothese, daß das Kompartment homogen ist (siehe auch [13]). Verschiedene andere Modelle wurden für den Mechanismus der Selbsterneuerung und Determinierung von MS-Zellen vorgeschlagen (z. B. [47]); aber ungeachtet der Wahl der Modelle erscheint der Hauptmechanismus der Stammzellendifferenzierung ein stochastischer Prozeß zu sein [72, 46, 10].

Vor kurzem wurde angeregt, Stammzellen als eine besondere phylogenetisch entwickelte Zellpopulation darzustellen [4, 5]; zwei deskriptive Modelle heben ihre funktionelle Autonomie (ganz oder teilweise) hervor. Es wurde angedeutet, daß die Stammzellenpopulation als eine besondere Zellpopulation betrachtet werden kann, deren primäre Funktion es ist, eine kontinuierliche und ziemlich konstante Lieferung von Zellen sicherzustellen, welche dann zur Produktion reifer, funktioneller PB-Zellen benutzt werden können. Die Anzahl der produzierten funktionellen Zellen hängt von den Amplifikationsstadien ab, und diese wiederum stehen unter Rückkoppelungskontrolle aus der Peripherie. Diese Auffassung - zumindest die periphere Steuerung - führte im Jahre 1969 zu folgendem Modell (siehe [32], S. 167): Kompartment K I wird als ein Damm interpretiert, dem Signale von der Peripherie (d. h. vom Kompartment IV) zugespielt werden, welche das Dammniveau regeln. Es wird angenommen, daß die Eingaben (Selbsterneuerung der Stammzellen auf Anforderung aus der Peripherie) unabhängig voneinander sind; die Ausgaben (Produktion von DS-Zellen) sind offensichtlich von der Intensität der Anforderung abhängig. In einem bestimmten zeitlichen Abstand (z. B. einem Tag) hat diese Anforderung in normalen Situationen einen konstanten Wert; jedoch hängt die Ausgabe auf extreme hohe Anforderungen hin auch von der Kapazität des Dammes ab. In diesem Zusammenhang bedeutet „Kapazität" die Menge der zyklisch aktiven und der im Ruhestadium befindlichen Stammzellen. Gewöhnlich sind lediglich ein paar Stammzellen aktiv; im normalen Gleichgewichtszustand der menschlichen Hämatopoese befindet sich die große Mehrheit der Stammzellen im Ruhestand [52]. Der Dammprozeß kann auch als eine Irrfahrt zwischen zwei Schranken angesehen werden: eine an Punkt Null und die andere am höchstmöglichen Niveau des Damms. Dieses stochastische Modell wurde auf der Grundlage einiger Experimente über das Überleben vom MS-Zellen nach Bestrahlung konstruiert (z. B. [50]).

Es gibt viele Anhaltspunkte dafür, daß Kompartment I eine heterogene Zellpopulation enthält. Eigentlich widerspricht das der Definition von „Kompartment" als einem bestimmten Volumen oder einer Gruppe homogener Zellen mit möglichst gleichförmigem Zellzyklus. Nach A. ISLAM [33] gibt es mindestens drei verschiedene normale Stammzellenpopulationen; nach unserer eigenen Beschreibung der Kompartimente gehören jedoch eigentlich nur zwei Stammzellenpopulationen zu K I, nämlich die „pluripotenten" Stammzellen, die alle Zelllinien bilden können, und die „primitiven" Stammzellen, die entweder in myeloide oder lymphoide Zellinien differenzieren können. Die dritte Stammzellenpopulation ist die Teilmenge bereits determinierter Stammzellen, oben als DS-Zellen bezeichnet, die in Kompartment II emigrieren. Andere Autoren gehen davon aus, daß ein Stammzellenkompartment aus einer Menge diskreter Typen „von A bis Z" oder aus einem „Kontinuum" von Typen besteht [8], angefangen von der „primitivsten" Stammzelle bis zur am stärksten „zur Differenzierung determinierten" Stammzelle.

Die Hypothese von der Altersstruktur [60] beruht auf der Beobachtung, daß die MS-Zellen eine begrenzte Fähigkeit zur Produktion von DS-Zellen haben (siehe auch [61, 79]). W. RITTGEN [57] hat 1983 die Zellkinetik in Kompartment K I als einen eindimensionalen, altersabhängigen Verzweigungsprozeß (mit einer bestimmten Generationszeitverteilung) beschrieben.

Die Heterogenität der Stammzellenkompartimente hat auch Auswirkungen auf das obengenannte *Problem B*. Im Jahre 1976 berichten J. GUSELLA et al. [28], daß geklonte erythroleukämische Friend-Zellen dazu neigen, Kolonien von entweder wenigen differenzierten Zellen oder von vielen undifferenzierten Zellen zu bilden. Die Autoren schlossen daraus, daß die kleinen Kolonien aus bereits determinierten Stammzellen hervorgehen (siehe auch [40]). Es könnten zwei Differenzierungsprogramme existieren: 1.) ein Determinierungsprogramm, das die Anwesenheit eines „Veranlassers" (Induktors) erfordert; es umfaßt sowohl eine Periode, während der irreversible Determinierungsvorgänge nicht stattfinden, als auch eine darauffolgende Periode, während der einzelne Stammzellen auf stochastische Weise irreversibel determiniert werden; 2.) ein Expressionsprogramm, bestimmt durch genauere zellkinetische Parameter.

Die von D. C. BENNETT [3] vorgetragene „An – aus"-Hypothese zur Differenzierung beim Melanom der Maus brachte uns auf den Gedanken, daß der Weg einer Stammzelle zur Determinierung einfach als ein Zwei-Zustand-MARKOV-Prozeß interpretiert werden kann. Dies führte zu der Konstruktion eines stochastischen Modells [49], welches die räumliche Position der Stammzellen und ihre Wechselwirkung mit den determinierten Tochterzellen berücksichtigt. Die Hypothese von einer räumlichen Struktur [66], d. h. dem Vorhandensein einer „Stammzellnische", wurde bereits angedeutet [63]. Jede Stammzelle kann sich entweder im Zustand „0" (dem Zustand vor der Determinierung) oder im Zustand „1" (dem Zustand vor der Entscheidung zur Selbsterneuerung) befinden. So wird die Modellierung einer Programmentscheidung durch Übergänge von einem Zustand zum anderen realisiert. Der Übergang von Zustand 1 zu Zustand 0 (d. h. Selbsterneuerung → Determinierung) hat eine exponentielle Rate, die nur von der räumlichen Position abhängt. Der Übergang von Zustand 0 zu Zustand 1 (d. h. Determinierung → Selbsterneuerung) wird durch die Zustände der Nachbarzellen beeinflußt. Diese abstrakte Darstellung kann durch das experimentelle Postulat erhärtet werden, daß die Wahrscheinlichkeit der Differenzierung entlang dem hämatopoetischen Pfad mit zunehmender Entfernung von der Stammzellnische zunimmt [4]. Die in diesem stochastischen System [49] beschriebenen Instabilitäten können das Fortdauern von Heterogenität erklären, die zur Selbsterneuerung neuer Typen von Stammzellen führen kann, z. B. maligner Stammzellen. Solche „kritischen Phänomene" kommen in Systemen vor, in denen irgendein Parameter plötzlich seinen Wert verändert.

Dies ist unseres Wissens die erste stochastische Theorie über das Auftreten leukämischer Stammzellen. Sie stimmt überein mit der von Beobachtungen herrührenden Aussage, daß die Leukämie im allgemeinen ein regulatorisches Ungleichgewicht zwischen Stammzellen und diversen Faktoren, welche die Hämatopoese steuern, widerspiegelt. Das Modell betont die Rolle örtlicher zellulärer Wechselwirkungen und räumlicher Beziehungen. Es ist bereits bekannt, daß nach der Transplantation die Proliferationsrate hämatopoetischer Stammzellen und die Richtung ihrer Differenzierung teilweise durch Faktoren determiniert werden, welche aus dem Herkunftsorgan abgeleitet sind (Milz, Knochenmarkshöhle) und mit dem Sammelbegriff „hämatopoetische induktive Mikroumgebung" (oder „Stroma") bezeichnet werden [14]. Man hat daran gedacht, daß die akute myeloische Leukämie u. a. von einem Defekt in der induktiven Mikroumgebung und den sie steuernden Faktoren herrühren könnte.

Das *Problem C*, die „demographische" Struktur der Transitkompartimente K II und K III, kann nur durch die Schaffung neuer geeigneter mathematischer Modelle untersucht werden. Zum Beispiel benötigt die Generationsstruktur eines HSZ-Systems eine stochastische Darstellung des durch pluripotente Stammzellen geschaffenen „Stammbaumes". Eine solche Darstellung kann durch die Annahme erzielt werden, daß der die Evolution des Systems beschreibende Verzweigungsprozeß generationsabhängig ist. Weil das Verzweigungsschema für Zellen in K II und K III Gültigkeit hat, ist der die „Generation 0" repräsentierende „Vorfahre" die neue DS-Zelle, welche von K I nach K II einwandert. Daher ist das entsprechende Modell ein generationsabhängiger Verzweigungsprozeß mit Immigration [24].

Ein anderer demographischer Parameter ist offensichtlich die Größe der Gesamtpopulation: Man hat es mit populationsabhängigen Verzweigungsprozessen zu tun. Die Abhängigkeit kann drei Formen haben, vorausgesetzt, daß die Nachkommensverteilung

– unverändert bleibt, aber die Anzahl derjenigen Zellen, die zur Reproduktion
  zugelassen werden, durch eine Funktion φ bestimmt wird (s. z. B. [78]);
– von der tatsächlichen Populationsgröße abhängt (s. z. B. [31, 38]);
– sowohl von der Populationsgröße als auch von der Sterberate abhängt (s. z. B.
  [55, 37]).

„Kontrollierte" MARKOV-Verzweigungsmodelle wurden von W. RITTGEN für
Zellsysteme mit [54, 57] und ohne [55, 58] Stammzellen untersucht. In [58] sind
auch das Verhalten und die Eigenschaften von Zellsystemen mit mehreren Typen untersucht worden. Numerische Experimente wurden in mehreren Publikationen [53, 54, 56, 57] vorgestellt. In mathematisch anspruchsvoller Form
versuchen diese Modelle, ein bestimmtes Verhalten hämatopoetischer Zellpopulationen zu erklären und einige Wachstumsregeln und -muster zu analysieren.

Problem D., d. h. das Vorhandensein von Übergängen zwischen verschiedenen Zellinien, ist sehr kompliziert. Ursprünglich [20] wurde die Transformierung
eines Myoblasten in einen unreifen Lymphozyten in Erwägung gezogen. In den
letzten Jahren wurde das Phänomen „lineage infidelity" genannt (z. B. [64]), und
kürzlich wurde auch der Begriff „lineage promiscuity" gebraucht [26]. Der Begriff der „lineage infidelity" wird als eine Fehlprogrammierung der Differenzierung bei Leukämie definiert mit der Folge, daß es eine Ko-Expression einzelner
Marker gibt, die üblicherweise nur auf Zellen zu finden ist, die zu verschiedenen,
aber verwandten „lineages" gehören (z. B. myeloid + lymphoid, erythroid +
granulozytisch) [43]. Es hat den Anschein, als ob in der Regel die „lineage fide-
lity" für nach der Determinierung liegende Geschehnisse eingehalten wird; es
besteht jedoch beträchtliche Ungewissheit, was frühere Geschehnisse angeht.
Ein dieses Problem behandelndes Modell muß zusätzlich einen Marker-Übertra-
gungsprozeß in Betracht ziehen. Da der Vorherbestimmungscharakter normaler
hämatopoetischer Zellen ungewiß bleibt, führt die Beobachtung doppelt mar-
kierter Blastzellen dazu, an eine Erweiterung eines normalen hämatopoetischen
Prozesses zu denken.

Schlußbemerkung

Das Ziel mathematischer Modellierung ist es, erkannte oder vermutete Naturvorgänge in abstrakter Weise und logisch geschlossener Form darzustellen. For-
malisiertes Wissen bietet für unser Denken eine größere Variations- und Mani-
pulationsbreite [48]. Falls die Mathematik eine rationale Strukturierung von Na-
turphänomenen bereitstellen sollte, so muß der Biologe bei seinen Forschungen
mathematische Modelle benutzen, um die Komplexität der biologischen Welt zu
strukturieren. Diese Strukturierung hängt eng mit dem zusammen, was wir wissenschaftliche Erklärung nennen. Es ist unsere Hoffnung, daß die Erforschung
und Neuentwicklung mathematischer Modelle die Grundsprache für die wissenschaftliche Erklärung solcher zellbiologischer Prozesse bereitstellen wird, bei denen Normalität und Malignität nahe beieinander liegen.

Literatur

1. Andrews JG, McLone RR (1979) Mathematical modelling. London, Butterworths
2. Aubert KE (1984) Spurious mathematical modelling. Math Intelligencer 6:54–60
3. Bennett DC (1983) Differentiation in mouse melanoma cells: Initial reversibility and an on-off stochastic model. Cell 34:445–453
4. Bentley SA (1981) Close range cell: Cell interaction required for stem cell maintenance in continuous bone marrow culture. Exp Hematol 9:308–312
5. Berry JS, Burghes DN (1984) Teaching and applying mathematical modelling. Wiley, London
6. Bohle-Carbonel M, Booss B, Jensen JH (1984) Inner mathematical vs. extramathematical obstructions to model credibility. In: Avula XJR et al. (eds) Mathematical Modelling in Science and Technology. Pergamon Press, New York, pp. 62–65
7. Booss B, Krickeberg K (1976) Mathematisierung der Einzelwissenschaften. Birkhäuser, Basel Stuttgart
8. Botnick LE, Hannon EC, Hellman S (1979) Nature of hemopoietic stem cell compartment and its proliferative potential. Blood Cells 5:195–210
9. Brecher G, Beal SL, Schneiderman M (1986) Renewal and release of hemopoietic stem cells: Does clonal succession exist? Blood Cells 12:103–112
10. Brown G, Bunce CM, Guy GR (1985) Sequential determination of lineage potentials during haemopoiesis. Br J Cancer 52:681–686
11. Burkhardt RH (1984) Who applies the mathematician? Math Intelligencer 6:20
12. Cellier F (1982) Progress in modelling and simulation. Academic Press, New York
13. Ciampi A, Kates L, Buick R, Kriukov Y, Till JE (1986) Multi-type Galton-Watson process as a model for proliferating human tumour cell populations derived from stem cells: Estimation of stem cell self-renewal probabilities in human ovarian carcinoma. Cell Tissue Kinet 19:129–140
14. Cline MJ, Golde DW (1979) Cellular interactions in haematopoiesis. Nature 277:177–181
15. Cronkite EP (1986) Kommentar zu [9]. Blood Cells 12:110–111
16. Cronkite EP, Feinendegen LE (1976) Notions about human stem cells. Blood Cells 2:269–284
17. Çinlar E (1975) In: Prabhu NU (ed.) Applied probability: Its nature and scope. Stoch Proc Appl 3:223–257
18. D'Espagnat B (1979) The quantum theory and reality. Sci Am 241:158–181
19. Feller W (1968) An introduction to probability theory and its applications, vol. I, 3rd edn. Wiley, New York
20. Firescu D, Tautu P (1965) On a stochastic model of haematopoiesis (in Rumänisch). Stud Cercet Mat 17:1345–1359
21. Fuchs G (1965) Mathematische Theorie der Entwicklung einer in vitro isolierten Knochenmark-Population und deren Anwendungsmöglichkeiten. Blut 11:1–17
22. Fuchs G (1966) Theorie und Praxis stochastischer Modelle für die Entwicklung von in vitro isolierten Knochenmarkpopulationen. Meth Inform Med 5:86–93
23. Gardner M (1984) Order and surprise. Oxford University Press, Oxford
24. Götz T (1985) Generationsabhängige Verzweigungsprozesse mit Einwanderung. Dissertation, Universität Heidelberg
25. Greaves MF (1986) Differentiation-linked leukemogenesis in lymphocytes. Science 234:697–704
26. Greaves MF, Chan LC, Furley AJW, Watt SM, Molgaard HV (1986) Lineage promiscuity in hemopoietic differentiation and leukemia. Blood 67:1–11
27. Griffin JD, Löwenberg B (1986) Clonogenic cells in acute myeloblastic leukemia. Blood 68:1185–1195
28. Gusella J, Geller R, Clarke B, Weeks V, Housman D (1976) Commitment to erythroid differentiation by Friend erythroleukemia cells: A stochastic analysis. Cell 9:221–229
29. Hall GG (1963) The application of mathematical thinking. University of Nottingham Press, Nottingham

30. Han MW (1977) The lecture method in mathematics. A student's view. Am Math Monthly 80:195-201
31. Höpfner R (1985) On some classes of population-size dependent Galton-Watson processes. J Appl Probab 22:25-36
32. Iosifescu M, Tautu P (1973) Stochastic processes and applications in biology and medicine, vol II: Models. Springer, Berlin Heidelberg New York
33. Islam A (1985) Haemopoietic stem cells: A new concept. Leukemia Res 9:1415-1432
34. Kochen M (1974) Principles of information retrieval. Melville, Los Angeles
35. Kochen M, Blaivas A (1981) A model for the growth of mathematical specialities. Scientometrics 3:265-273
36. Kurtz TG (1980) Relationships between stochastic and deterministic population models. In: Jäger W, Rost H, Tautu P (eds) Biological growth and spread. Mathematical theories and applications. Springer, Berlin Heidelberg New York, pp 449-467
37. Küster P (1983) Generalized Markov branching processes with state-dependent offspring distributions. Z Wahrscheinlichkeitstheorie Verw Geb 64:475-503
38. Küster P (1985) Asymptotic growth of controlled Galton-Watson processes. Ann Probab 13:1157-1178
39. Laudan L (1981) A problem-solving approach to scientific progress. In: Hacking I (ed) Scientific revolutions. Oxford Univ Press, Oxford, pp 144-155
40. Levenson R, Housman D (1981) Commitment: How do cells make the decision to differentiate? Cell 25:5-6
41. Levins R (1970) Complex systems. In: Waddington CH (ed) Towards a theoretical biology, vol 3. University Press, Edinburgh, pp 73-88
42. Ludwig D (1978) Comparison of some deterministic and stochastic population theories. In: Levin SA (ed) Studies in mathematical biology, part II. Mathematical Association of America, pp 367-388
43. McCulloch EA (1983) Stem cells in normal and leukemic hemopoiesis. Blood 62:1-13
44. Moscardini AO, Cross M (1984) Issues involved in the design of a mathematical modelling course. In: Avula XJR et al. (eds) Mathematical modelling in science and technology. Pergamon Press, New York, pp 945-963
45. Necas E (1985) Stem cells: An autonomous cell producing system. Leukemia Res 9:1209-1212
46. Ogawa M, Mosmann TR (1985) Two stochastic models for cell stem differentiation. In: Gale RP, Golda DW (eds) Leukemia: Recent advances in biology and treatment. Liss, New York, pp 391-397
47. Ogawa M, Porter PN, Nakahata T (1983) Renewal and commitment to differentiation of hemopoietic stem cells (An interpretive review). Blood 61:823-829
48. Pilz L, Tautu P (1983) Mathematische Modelle und ihre in numero Experimente in der Biologie. In: Köhler CO, Böhm K, Thome R (Hrsg) Aktuelle Methoden der Information in der Medizin, Bd 2. Ecomed, Landsberg, S 83-109
49. Pilz L, Tautu P (1984) Instabilities in cell systems. In: Avula XJR et al. (eds) Mathematical modelling in science and technology. Pergamon Press, New York, pp 739-744
50. Porteous DD, Lajtha LG (1966) On stem-cell recovery after irradiation. Br J Haematol 12:177-186
51. Ray AK (1984) Curriculum development in mathematical modelling. In: Avula XJR et al. (eds) Mathematical modelling in science and technology. Pergamon Press, New York, pp 948-953
52. Reincke U, Burlington H, Cronkite EP, Laissue J (1975) Hayflick's hypothesis: An approach to in vivo testing. Fed Proc 34:71-75
53. Rittgen W (1978) Zellerneuerungssysteme. In: Schneider B, Ranft U (Hrsg) Simulationsmethoden in der Medizin und Biologie. Springer, Berlin Heidelberg New York, S 310-333
54. Rittgen W (1980) Leukopoese: Ein stochastisches Modell für Wachstum, Erkrankung und Behandlung. In: Jesdinsky HJ, Weidtman V (Hrsg) Modelle in der Medizin. Theorie und Praxis. Springer, Berlin Heidelberg New York, S 316-325
55. Rittgen W (1980) Positive recurrence of multi-dimensional population-dependent branching processes. In: Jäger W, Rost H, Tautu P (eds) Biological growth and spread. Mathematical theories and applications. Springer, Berlin Heidelberg New York, pp 98-108

56. Rittgen W (1981) Cell renewal systems. Proc. 1981 UKSC Conference on Computer Simulation. IPC Business Press, pp 162–172
57. Rittgen W (1983) Controlled branching processes and their applications to normal and malignant haematopoiesis. Bull Math Biol 45:617–626
58. Rittgen W (1986) Über das qualitative Verhalten populationsabhängiger Markoffscher Verzweigungsprozesse. Dissertation, Universität Mainz
59. Rittgen W, Tautu P (1976) Branching models for the cell cycle. In: Berger J et al. (eds) Mathematical models in medicine. Springer, Berlin Heidelberg New York, pp 109–126
60. Rosendaal M, Hodgson GS, Bradley TR (1976) Haemopoietic stem cells are organised for use on the basis of their generation-age. Nature 264:68–69
61. Ross EAM, Anderson N, Micklem HS (1982) Serial depletion and regeneration of the murine hematopoietic system. Implications for hematopoietic organization and the study of cellular aging. J Exp Med 155:432–444
62. Salmon WC (1984) Scientific explanation and the causal structure of the world. Princeton University Press
63. Schofield R (1978) The relationship between the spleen colony-forming and the haematopoietic stem cell. Blood Cells 4:7–25
64. Smith LJ, Curtis JE, Messner HA, Senn JS, Furthmayr H, McCulloch EA (1983) Lineage infidelity in acute leukemia. Blood 61:1138–1145
65. Tautu P (1976) Medizin und Mathematik. In: Booss B, Krickeberg K (Hrsg) Mathematisierung der Einzelwissenschaften. Birkhäuser, Basel Stuttgart, S 83–96
66. Tautu P (1978) Mathematical models in oncology: A bird's-eye view. Z Krebsforsch 91:223–235
67. Tautu P (1986) The dehydrated elephants and the brickyard. Meth Inform Med 25:1–3
68. Tautu P, Wagner G (1981) Mathematical models in oncology: State of the art. In: Cardus D, Vallbona C (eds) Computers and mathematical models in medicine. Springer, Berlin Heidelberg New York, pp 98–120
69. Taylor HM, Karlin S (1984) An introduction to stochastic modelling. Academic Press, Orlando
70. Thom R (1974) Die Katastrophen-Theorie: Gegenwärtiger Stand und Aussichten. In: Otte M (Hrsg) Mathematiker über die Mathematik. Springer, Berlin Heidelberg New York, S 125–137
71. Till JE, McCulloch EA, Siminovitch L (1964) A stochastic model of stem cell proliferation, based on the growth of spleen colony-forming cells. Proc Natl Acad Sci USA 51:29–36
72. Vogel H, Niewisch H, Matioli G (1969) Stochastic development of stem cells. J Theor Biol 22:249–264
73. Wagner G, Bühler WJ (1968) Über Modelle zur Carcinogenese. In: Lettré H, Wagner G (Hrsg) Aktuelle Probleme aus dem Gebiet der Cancerologie II. Springer, Berlin Heidelberg New York, S 106–117
74. Wedde H (1983) Adequate modeling of systems. Springer, Berlin Heidelberg New York Tokyo
75. Yaglom IM (1986) Mathematical structures and mathematical modelling. Gordon & Breach, New York
76. Zeigler BP (1976) Theory of modelling and simulation. Wiley, New York
77. Zeigler BP (1979) Methodology in systems modelling and simulation. North-Holland, Amsterdam
78. Zubkov AM (1974) Analogies between Galton-Watson processes and φ-branching processes. Theor Probab Appl 19:309–331
79. Zucali JR (1982) Self-renewal and differentiation capacity of bone marrow and fetal liver stem cells. Br J Haematol 52:295–306

3 Empirische Untersuchungen

3.1 Simulationsmodelle von Perturbationen des granulozytären Zellerneuerungssystems

Theodor M. Fliedner und Karl-Heinz Steinbach

1. Einleitung

Wenn wir von neutrophilen Granulozyten im menschlichen Blut sprechen, so denken wir an ihre Konzentration pro mm³. In den Lehrbüchern der Hämatologie sind sog. Normalwerte von 2–7 × 10³ angegeben [1, 2]. Beim Hund – dem von uns vorzugsweise benutzten Versuchstier – liegen die Normalwerte im gleichen Bereich. Für unsere Erörterungen ist es wichtig, darauf hinzuweisen, daß ein solcher jederzeit nachprüfbarer Normwert nur einen Teil der Blutgranulozyten erfaßt. Mit Hilfe von Autotransfusionen von radioaktiv markierten Granulozyten gelang es zu zeigen, daß neben den zirkulierenden Granulozyten noch ein etwa gleichgroßes Kompartment an Granulozyten vorhanden ist [3, 4]. Man spricht dabei von dem „marginalen Speicher". Bei einem raschen Granulozytenanstieg, wie er bei bestimmten „Stress"-Situationen vorkommt, kommt es zunächst zu einer Verschiebung aus dem „marginalen" in den „zirkulierenden" Speicher und erst dann zu einer Mobilisation von Granulozyten aus dem Knochenmarkorgan in das Blut [1]. Diese wenigen Sätze sollen deutlich machen, daß hinter dem Normwert der Blutgranulozyten eine ungeheure Dynamik steht. Diese wird verständlich, wenn man bedenkt, daß die Lebensdauer von Granulozyten im menschlichen Blut maximal 24–30 Stunden beträgt – wie wir 1964 erstmals aufgrund von Zellmarkierungen mit ³H-Thymidin zeigen konnten [5, 6]. Man kann unschwer berechnen, daß täglich ca. 120 × 10⁹ Granulozyten das Blut verlassen, um ihre extravasalen Aufgaben wahrzunehmen oder aus Alterungsgründen eleminiert werden. Eine gleichgroße Anzahl muß also aus den weit über 100 einzelnen Knochenmarkabschnitten kontinuierlich nachgeliefert werden. Wir sprechen von einem Fließgleichgewicht zwischen Abfluß von Granulozyten aus der Blutbahn und ihrem Einstrom in die Blutbahn ($K_{ein} = K_{aus}$).

2. Erste Modelle der Granulozytopoese

In den 60iger und 70iger Jahren hatten wir ein *qualitatives Modell* vor Augen, wenn wir uns vorstellen wollten, wie wohl das System strukturiert ist, das dafür sorgt, daß der Strom der Granulozyten von ihrer Bildung bis zu ihrem Verbrauch ein Leben lang nicht versiegt [7]. Diese frühen Modelle der Granulozytopoese wurden entwickelt auf der Grundlage von Einzelbeobachtungen und Experimentalreihen unter Verwendung zahlreicher Methoden der sog. „Zellsystemphysiologie", die letztlich eine gedankliche Weiterentwicklung der VIRCHOW'schen

Zellularpathologie darstellt und darauf hinweisen will, daß die sog. „Wechsel-Gewebe" nicht einem Zellstaat zu vergleichen sind. Vielmehr will die Zellsystemphysiologie zeigen, daß die Homöostase von Geweben und Organen darauf beruht, daß es „Zellsysteme" gibt, die dadurch charakterisiert sind, daß jeder Zellverlust im System durch Zellneubildung quantitativ ersetzt wird [8]. Im konkreten Beispiel der Granulozyten ist der ständige Zellverlust ein Wesenselement des „granulozytären Zellerneuerungssystems". Der Verlust eines Granulozyten durch Alterung oder Emigration aus der Blutbahn wird durch die Netto-Neubildung einer Vorläuferzelle im System quantitativ ersetzt. Dadurch wird ein Gleichgewicht zwischen Zellbildung und Zellverlust gewährleistet.

Unser erstes „qualitatives Modell des Granulozytensystems" enthielt folgende Zellspeicher (Abb. 1). Da ist zunächst der „Funktionsspeicher" der Zellen im blut mit dem „zirkulierenden" und „marginalen" Anteil. Dieser wird ständig gespeist von einem Reifungs- und Reservespeicher, der extrasinusoidal im Knochenmark lokalisiert ist. Diesem vorgeschaltet ist der Proliferations- und Reifungsspeicher, in dem die Zellen mehrere Teilungsschritte durchlaufen und dabei zu Funktionszellen heranreifen. Dieser Speicher ist aber seinerseits auf einen ständigen Zustrom aus einem „Stammzellenspeicher" angewiesen. Mit dem Begriff „Stammzellen" sollen Zellen charakterisiert werden, die über eine unbegrenzte Selbsterneuerungspotenz verfügen [9]. Im statistischen Mittel treten bei einer „Stammzellteilung" 50% der Zellen in den Proliferations- und Reifungsspeicher ein; 50% verbleiben im Speicher und halten so die Speichergröße konstant. Wenn man fragt, wie die Zellen der einzelnen Speicher aussehen, so hat BLOOM schon im Jahre 1927 in seinem Handbuch die Sequenz der zytomorphologischen Entwicklungsschritte dargestellt [10].

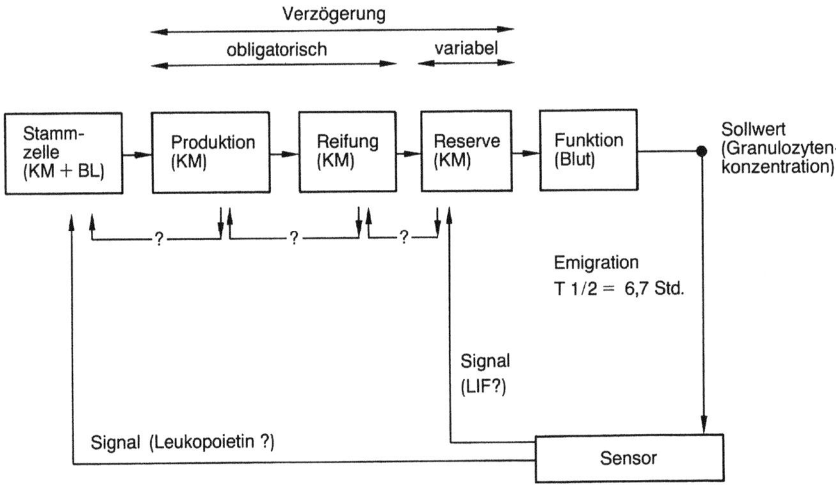

Abb. 1. Qualitatives Modell der Granulozytopoese aus den 60er Jahren als Ausgangspunkt der granulozytären Zellsystemphysiologie (siehe Ref. 7)

Man kann bereits in seinem frühen Schema den reifen Granulozyten bis zum Stammzellenspeicher zurückverfolgen. Allerdings sind wir heute der Auffassung, daß die „Stammzelle" im mikroskopischen Präparat anders aussieht, als er sie darstellt. Wir müssen insoweit MAXIMOW Recht geben, der intuitiv 1909 [11] darauf hinwies, daß der „Lymphozyt" die „gemeinsame Stammzelle aller Blutelemente" darstellt. Wir sind heute eher der Auffassung, daß eine pluripotente Stammzelle von einer Zelle, die wie ein „Lymphozyt" klassifiziert werden würde, nicht zu unterscheiden ist [12]. Wir selbst konnten in jüngster Zeit im Rahmen von Versuchen zur Stammzelltransplantation und mit Hilfe des sog. „Albumin-Dichte-Gradienten" zeigen, daß die Zellfraktion mit dem höchsten Stammzellengehalt (im Schnitt war jede 20ste Zelle eine granulozytäre Progenitorzelle) ausschließlich aus „mononuklearen Zellen" zusammengesetzt ist, die von „Lymphozyten" morphologisch nicht zu unterscheiden sind, aber über die Fähigkeit verfügen, das gesamte hämopoetische System dauerhaft zu restaurieren [13, 14].

In den letzten Jahren haben wir uns erneut mit Struktur und Funktion des Granulozytensystems befaßt, um neue Erkenntnisse über Physiologie und Pathophysiologie dieses Systems zu gewinnen [15].

3. Experimentalstudien als Grundlage für die Entwicklung von Modellen der Granulozytopoese

Um zu prüfen, ob es möglich sei, ein biomathematisches Simulationsmodell der Granulozytopoese zu entwickeln, das ganz unterschiedliche Versuchsanordnungen angemessen nachvollziehen kann, wurden 4 Studien durchgeführt und ausgewertet.

In der *ersten Studie* wurden Hunde einer 4,5-stündigen „*Leukozytapherese*" unterzogen. Mit Hilfe einer kontinuierlich arbeitenden Zellseparationszentrifuge werden (praktisch ausschließlich) Granulozyten aus der Blutbahn abgetrennt. Es kommt also – zellkinetisch gesprochen – zu einer drastischen Erhöhung der Abflußrate der Granulozyten aus der Blutbahn, die zu einer Stimulation des Granulozytensystems führen. Es sollte die Aufgabe des Simulationsmodelles sein zu fragen, welche Eigenschaften des Modells erforderlich sind, um die Granulozytenbewegungen im Blut nachzuvollziehen [16].

In der *zweiten Studie* wurde das Granulozytensystem von Hunden durch die *einmalige Gabe von Cyclophosphamid* gestört. Es kommt zu einer vorübergehenden Beeinträchtigung der Granulozytenproduktion mit charakteristischen Blutgranulozytenveränderungen. Es war die Frage, ob und wenn ja unter welchen Bedingungen das Simulationsmodell der Granulozytopoese in der Lage ist, die cytotoxisch induzierten Granulozytenveränderungen des Blutes nachvollziehen [17].

In einer *dritten Studie* wurde mit Hilfe von *täglichen Injektionen von Cyclophosphamid* (über 23 Tage hinweg) eine Dauerschädigung der Granulozytopoese gesetzt. Es kommt zu einer Granulozytendepression, die aber reversibel ist sobald das Zytostatikum abgesetzt wird. Auch in diesem Fall sollte geprüft werden, welche Modelleigenschaften erforderlich sind, um die Veränderungen der Zellzahlen im Blut simulieren zu können [18].

Schließlich wurden in einer *vierten Studienanordnung* beim ganzkörperbestrahlten Hund Transfusionen von Knochenmark- und Blutstammzellen sowie von fötalen Leberzellen durchgeführt. Dabei wird also der körpereigene Stammzellenspeicher zerstört, und es werden hämatogene (autologe oder allogene) Stammzellen in den Organismus eingebracht, die dann im Knochenmark eine Hämopoese (ab ovo) aufbauen, die schließlich zu einer Normalisierung der Granulozytenkonzentration im Blut führt. Es war die Frage, ob das gleiche biomathematische Modell, das die drei ersten Versuchsanordnungen zu simulieren vermag, auch die granulozytäre Regeneration nachvollziehen kann und welche zellsystem-physiologischen Annahmen zu machen sind [19].

Die Ergebnisse der „Leukapherese-Studien" sind in Abbildung 2 dargestellt. Sie beruhen darauf, daß beim Hund ein arteriovenöser „Shunt" angelegt wurde. Danach wurde der „Shunt" mit einer kontinuierlich arbeitenden Zellseparationszentrifuge verbunden, die es erlaubt, dem strömenden Blut in einer 4–5stündigen Sitzung praktisch ausschließlich neutrophile Granulozyten zu entnehmen. Man erkennt an den hier dargestellten Werten (Kreise), daß die Zahl der Granulozyten absinkt und nach Beendigung der Zellseparation, also nach 4–5 Stunden wieder rasch ansteigen, ja überschießen.

Wa nun die durchgezogenen bzw. gestrichelten Linien betrifft, so handelt es sich um Kurven, die von dem Computer auf der Grundlage des biomathematischen Modells gezeichnet wurden, das im nachfolgenden Abschnitt dargestellt werden soll. Es sei vorweg festgestellt, daß dieses Zellsystemmodell die Perturbation dieser Vesuchsanordnung wie auch der weiteren Experimentalansätze zu simulieren vermag, so verschieden sie auch gewesen sind. Die drei verschiede-

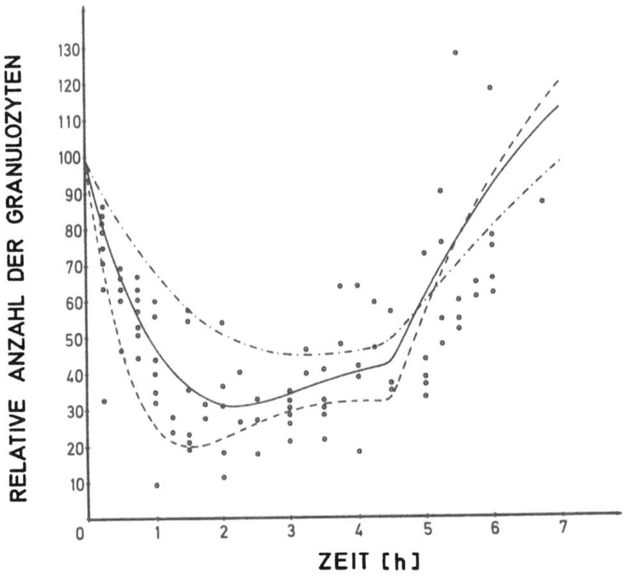

Abb. 2. Veränderung der Blutgranulozyten als Funktion der Zeit nach Beginn einer 4.5-stündigen Leukozytapherese beim Hund. Die Kreise (∘) sind Versuchswerte, die Linien stammen aus der Computersimulation unter Verwendung unterschiedlicher Abflußraten (siehe Text)

nen Kurven sagen aus, daß die Rate der Absaugung der Granulozyten bei 0.4, 0.8 oder 1.6 pro Stunde lag.

In der zweiten Versuchsansordnung verabfolgten wir den Versuchstieren Cyclophosphamid. Dieses schädigt die Zellen vor allem in der Proliferationsphase. Es wird in der Klinik im Rahmen der Chemotherapie von Tumorpatienten verwendet. Die Gabe von 15 mg/kg Körpergewicht führt zu einem Absinken der Granulozytenzahlen um den 6. und 7. Tag (Abb. 3a). Danach kommt es zu einer teilweise überschießenden Regeneration bevor sich die Zahlen auf den Normalpegel wieder einstellen. Wie die durchgezogenen Linien zeigen, ist das Simula-

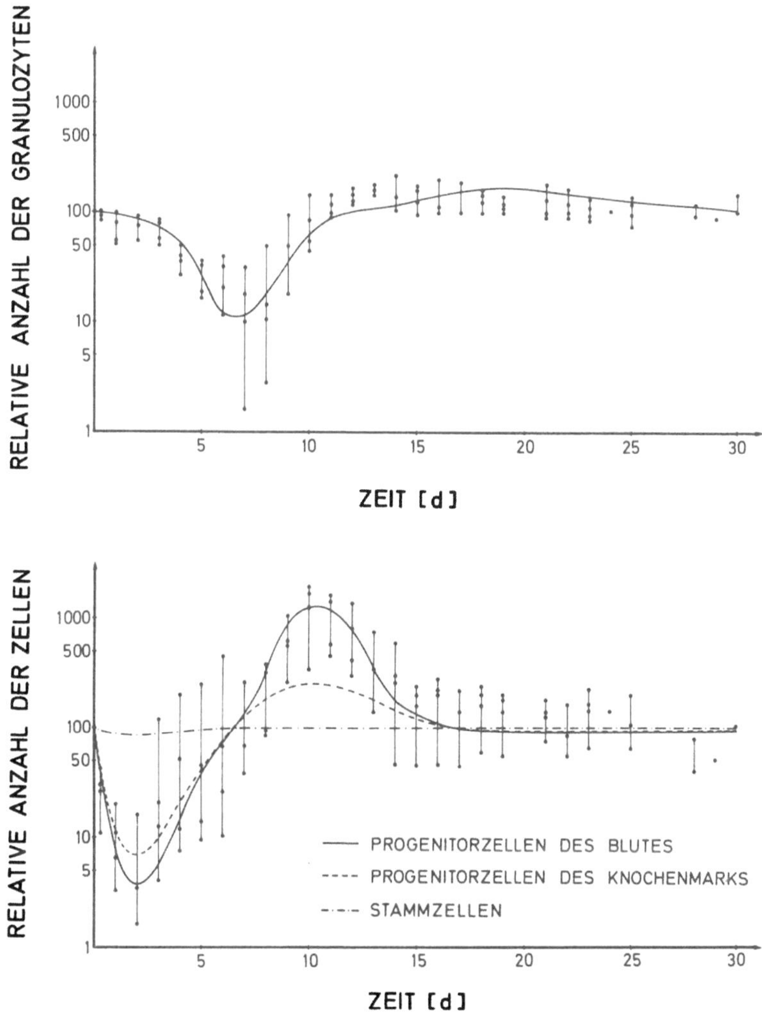

Abb. 3a, b. Veränderungen der Granulozyten (3a) und der Progenitorzellen des Blutes (3b) nach einmaliger Applikation von 15 mg/kg Körpergewicht Cyclophosphamid. Die Punkte gegen die experimentell erhobenen Zellwerte wieder, die Linien stammen aus der Computersimulation unter Verwendung des beschriebenen biomathematischen Modells

tionsmodell in der Lage, diese granulozytären Konsequenzen der Zytostatikatherapie hinreichend genau zu simulieren. Im Blut können wir mit Hilfe von Zellkulturverfahren die Konzentrationsänderungen der Progenitorzellen verfolgen [20]. Es zeigt sich (Abb. 3b), daß die Zahl der Progenitorzellen des Blutes um den 10. bis 12. Tag um eine 10er Potenz ansteigt. Das Simulationsmodell ist in der

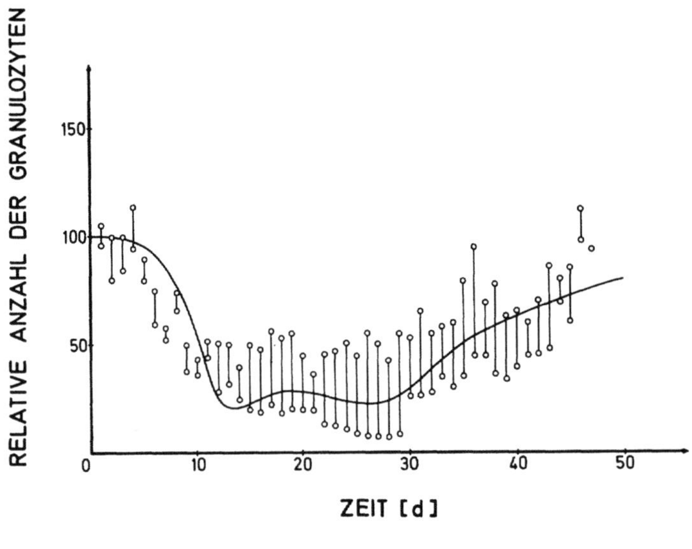

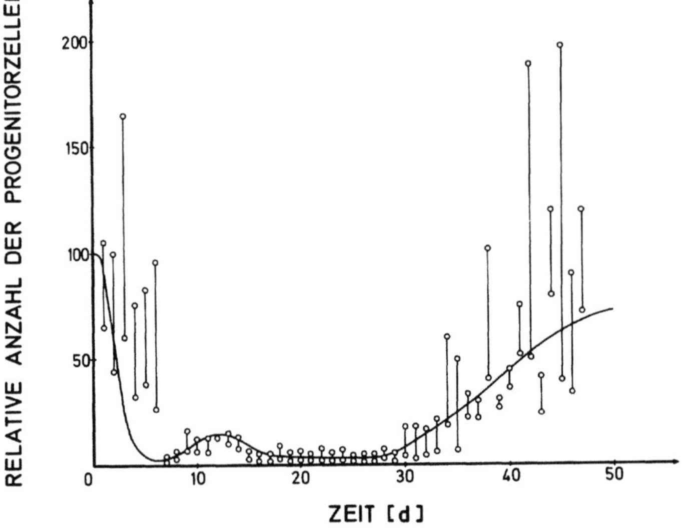

Abb. 4a, b. Veränderungen der Granulozyten (4a) und der Progenitorzellen des Blutes (4b) als Funktion der Zeit nach Beginn der 23-tägigen Applikation von 3 mg/kg pro Tag Cyclophosphamid. Die Kreise geben die Experimentalwerte bei den zwei Versuchstieren wieder, die Linien sind aus der Computersimulation unter Verwendung des im Text beschriebenen Modells der Granulozytopoese hervorgegangen

Lage, diese Stammzellveränderungen nachzuvollziehen. Es wird deutlich, daß der gesetzte Zytostatikaschaden den pluripotenten Stammzellenspeicher kaum berührt.

Die dritte Versuchsanordnung benutzte ebenfalls das Zytostatikum Cyclophosphamid. Es wurde aber in einer niedrigen Dosis von 3 mg/kg täglich über 23 Tage hinweg appliziert, um einen Dauerstress auf die Granulozytopoese auszuüben. Es zeigt sich (Abb. 4a), daß die Blutgranulozyten absinken, daß sie nach ca. 10 Tagen einen neuen Pegel von ca. 20–30% der Norm erreichen und dann, ca. 6–8 Tage nach Beendigung der Applikation wieder ansteigen. Die Progenitorzellen des Blutes sind schwer betroffen (Abb. 4b); sie erreichen in ca. 8 Tagen ein Minimum. Erst ca. 7–8 Tage nach Beendigung der Applikation beginnen sie erneut anzusteigen und zeigen dann z.T. überschießende Reaktionen. Auch hier ist das Computermodell in der Lage, die gesetzte Schädigung zu simulieren, wie die ausgezogenen Linien erkennen lassen.

In der *vierten* und letzten *Versuchsanordnung* ging es uns um die Frage, ob das vewendete Simulationsmodell der Granulozytopoese auch in der Lage ist, die Regeneration dieses Systems nach völliger Zerstörung und nach Transplantation von Stammzellen, die aus Blut, Knochenmark und fötaler Leber gewonnen wurden, zu simulieren. Man verabfolgt in dieser Situation den Versuchstieren eine supraletale Ganzkörperbestrahlung (Röntgenstrahlen), setzt damit eine irreversible Störung des Stammzellspeichers und transfundiert frische oder kryopräservierte Stammzellen und zwar mit einer konstanten Menge an CFU-C [13,

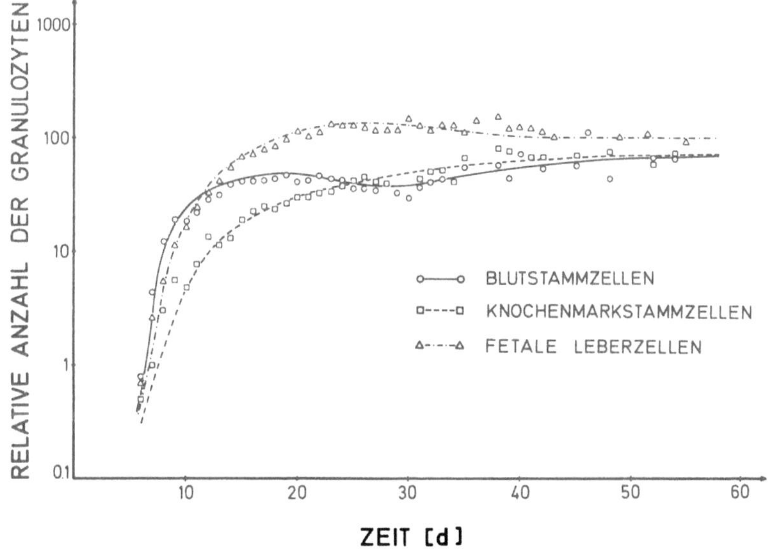

Abb. 5. Regeneration der Granulozyten bei Hunden nach Ganzkörperbestrahlung mit 10–18 Gy (je nach Versuchsanordnung) und Transfusion von hämatopoetischen Stammzellen aus dem strömenden Blut, dem Knochenmark und aus fötaler Leber [siehe 14, 19 und 21]. Die Linien ergeben sich aus der Computersimulation unter Verwendung des beschriebenen Granulopoese-Modells

14, 21]. Die Wertpunkte (Abb. 5) lassen erkennen, daß die Stammzellen, die aus dem Blut gewonnen wurden, zunächst die steilste Granulozytenregenerationskurve zeigten, daß aber nach ca. 25–30 Tagen sich die Werte nach Blut- und Knochenmarkstammzelltransfusion einander angleichen, daß aber zunächst die Blutgranulozytenkonzentration bei ca. 60% der Norm bleibt. Nimmt man Stammzellen aus fötaler Leber, so ist der Initialanstieg zwischen den Raten, die bei Blut- und Markstammzellen liegen, aber die 100% Regenerationsgrenze wird schon nach ca. 20 Tagen erreicht – also eine anscheinende „restitutio ad integrum". In allen Fällen ist das zugrunde gelegte Simulationsmodell in der Lage, den Regenerationsverlauf zu rekonstruieren.

4. Simulationsmodell der Granulozytopoese als Grundlage des Verständnisses der granulozytären Homöostase

Welche Struktur hat das biomathematische Simulationsmodell, das ganz unterschiedliche Experimentalanordnungen zu simulieren vermag, und das in seiner Grundstruktur erstmals 1980 von uns veröffentlicht wurde [15]?

Das Modell besteht aus sieben Zell- und zwei Hormonkompartments. Das Blockdiagramm in Abb. 6 veranschaulicht die Struktur des Modells. In Tabelle 1 sind die Populationsgrößen der Zellkompartments unter steady state-Bedingungen zusammengestellt.

Über den Stammzellspeicher des Hundes (aber auch anderer Tierarten sowie des Menschen) ist nur wenig bekannt. Eine Methode die Anzahl der Stammzellen zu messen, wie es mit der Milzkolonietechnik bei der Maus möglich erscheint, steht beim Hund bis jetzt noch nicht zur Verfügung. Die Existenz der Stammzellen kann jedoch aus den Befunden nach der Transplantation von Knochenmarkzellen oder (von mit Hilfe der Leukapherese erhaltenen) mononuklearen Blutzellen in letal bestrahlte autologe oder allogene Empfängertiere gefolgert werden (13, 14). Aus den Transplantationsexperimenten muß auch die Selbst-

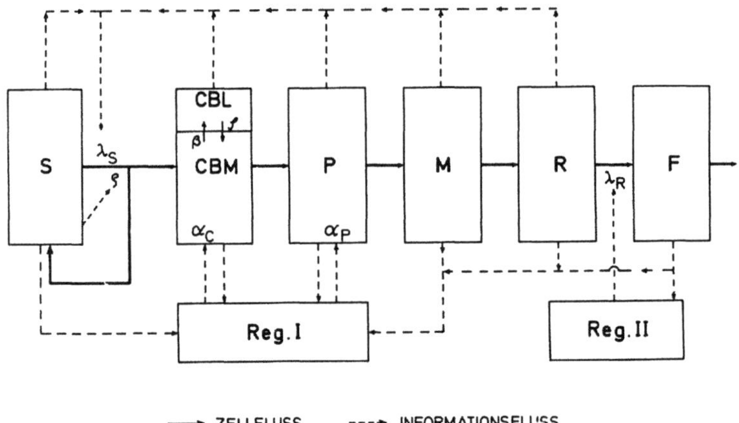

Abb. 6. Biomathematisches Modell der Granulozytopoese (Beschreibung: siehe Text)

replikation und die Fähigkeit der Weiterdifferenzierung von Stammzellen abgeleitet werden (9).

Tabelle 1. *Kompartments des Modells*

Kompartment	Abkürzung	Steady state-Inhalt
Stammzellspeicher	S	3.125×18^8 Zellen
Progenitorzellspeicher im Knochenmark	CBM	3.208×10^9 Zellen
im Blut	CBL	3.007×10^6 Zellen
Precursorzellspeicher	P	3.469×10^{10} Zellen
Reifungsspeicher	M	6.400×10^{10} Zellen
Reservespeicher	R	6.400×10^{10} Zellen
Funktionsspeicher	F	1.600×10^{10} Zellen
CSA-Speicher	CSA	10 willk. Einh.
GRF-Speicher	GRF	10 willk. Einh.

Im folgenden soll nun der Anteil der Stammzellen berücksichtigt werden, der erforderlich ist, die Funktionstüchtigkeit der Granulozytopoese zu gewährleisten. Nachdem die Stammzellen ihr Kompartment zur Teilung verlassen haben, kehrt der Anteil ρ des durch Mitose verdoppelten Zellflusses wieder in den Stammzellspeicher zurück, während der Anteil $(1-\rho)$ weiterdifferenziert. Bezeichnet man die Anzahl der Zellen im Stammzellspeicher mit S und den Anteil der Stammzellen, die pro Zeiteinheit in den Zellzyklus treten mit λ_s, so läßt sich für S folgende Differentialgleichung ableiten:

$$(1) \qquad \frac{\mathrm{d}S}{\mathrm{d}t} = -\lambda_2 \cdot S + 2 \cdot \rho \cdot \lambda^s \cdot S$$

Im ungestörten System durchlaufen meist weniger als 10% der Stammzellen den Zellzyklus, während sich der weitaus größere Rest in einer Ruhepause befindet. Obwohl diese Daten aus Experimenten an Mäusen erhalten wurden (22, 23) können sie vernünftigerweise hier zugrundegelegt werden, da entsprechende Befunde für den Hund nicht vorliegen. Wird eine Zellzykluszeit von 10 h angenommen, so kann der steady state-Wert von λ_s zu $0.01\,\mathrm{h}^{-1}$ errechnet werden. Im allgemeinen wird λ_s keine Konstante sein. Wieder aus Mäuseexperimenten ist bekannt, daß nach einem Zellverlust im granulozytären System vermehrt Stammzellen ihre Ruhephase beenden und in den Zellzyklus eintreten (23). Wir nehmen deshalb an, daß λ_s von der Zellzahl aller Kompartments des Systems im Knochenmark abhängt und folgender Funktion gehorcht:

$$(2) \qquad \lambda_s = \gamma_1 \cdot \exp(-v_1 \cdot S) + \gamma_2 \cdot \exp(-v_2 \cdot ZK) + \gamma_3$$

S wurde bereits oben definiert. ZK ist die Anzahl der Zellen in allen Knochenmarkskompartments, die auf den Stammzellspeicher folgen. Die Parameter γ_1, γ_2, γ_3, v_1 und v_2 werden so gewählt, daß der steady state-Wert von $\lambda_s = 0.01\,\mathrm{h}^{-1}$

erhalten wird und daß die Anpassung der Modellberechnung an experimentelle Befunde möglichst gut wird. Der Parameter in Gleichung (1) wird als Funktion der Anzahl der Stammzellen S angenommen. Unter steady state-Bedingungen gilt $\rho = 0.5$. Nach einer störungsbedingten Abnahme der Stammzellzahl muß ρ größer als 0.5 werden, um den Zellverlust wieder auszugleichen. Es gibt Hinweise, daß bei erwachsenen Tieren ρ einen Wertebereich von 0.5 bis maximal 0.63 überdeckt (24).

In den nun folgenden Populationen der Progenitor- und Precursorzellen findet die Produktion von neuen Zellen durch Mitose und die Reifung nebeneinander statt. Diese sogenannten Transitpopulationen haben die Fähigkeit der unbeschränkten Selbstreplikation verloren und sind auf den Einstrom von weniger reifen Zellen angewiesen.

Die Transitpopulationen werden im Modell durch hintereinandergeschaltete Subkompartments dargestellt. Jedes Subkompartment wird durch eine lineare Differentialgleichung erster Ordnung beschrieben. Sind die Transitzeiten der einzelnen Subkompartments negativ exponential verteilt, so folgt die gesamte Kompartmenttransitzeit einer Verteilung, deren Variabilität von der Anzahl des Subkompartments abhängt (25). Da die Unterteilung eines Kompartments in Subkompartments nur ein mathematisches Hilfsmittel darstellt, sollte den Subkompartments keine weitere biologische Bedeutung beigemessen werden, man könnte sie bestenfalls als einen Reifungsschritt interpretieren. Für die Kompartmenttransitzeit T und ihre Variabilität S^2 erhält man:

$$(3) \qquad T = \frac{n}{\lambda}$$

$$(4) \qquad S^2 = \frac{T^2}{n}$$

wenn n die Anzahl der Subkompartments und λ die relative Zellflußrate aus einem Subkompartment darstellt. Da neben der Reifung auch noch die Produktion von neuen Zellen durch Zellteilung in den n Subkompartments stattfindet, kann gezeigt werden, daß der Verstärkungsfaktor A einer Transitpopulation zu:

$$(5) \qquad A = \left(\frac{\lambda}{\lambda - \alpha} \right)^n$$

erhalten wird. α bedeutet hier die relative Produktionsrate eines Subkompartments.

Bezeichnet man die Anzahl der Zellen im i. Subkompartment mit N_i und die Einstromrate aus der Vorläuferpopulation mit F, so können die Modellgleichungen einer Transitpopulation folgendermaßen formuliert werden:

$$(6) \qquad \frac{dN}{dt} = F + \alpha \cdot N_1 - \lambda \cdot N_1$$

$$(7) \qquad \frac{dN_i}{dt} = \lambda \cdot N_{i-1} + \alpha \cdot N_i - \lambda \cdot N_i$$

$$i = 2, \ldots, n$$

Für die Progenitorzellen der Granulozytopoese (GM-CFC) wird eine Kompartmenttransitzeit oder Reifungsdauer von 100 h zugrundegelegt. Bei einem Variationskoeffizienten der Reifungsdauer von etwa 30% beträgt nach Gleichung (4) die Anzahl der Subkompartments $n = 10$. Aus Gleichung (3) errechnet sich hiermit die relative Zellflußrate aus einem Subkompartment zu $\lambda_c = 0.1\ \mathrm{h}^{-1}$. Untjer steady state-Bedingungen führen die Progenitorzellen im Mittel 5 Zellteilungen aus, die einen Verstärkungsfaktor von $A = 32$ zur Folge haben. Mit Gleichung (5) ergibt sich ein steady state-Wert der relativen Produktionsrate α_c von 0.0293 h^{-1}. Die relative Produktionsrate der Progenitorzellen wird, wie aus Kultivierungsversuchen gefolgert werden kann, von humoralen Regulationsfaktoren (Reg. I) gesteuert, wobei die „colony stimulating activity" bisher am besten definiert ist (26).

Wie mit der GM-CFC-Kulturtechnik gezeigt werden konnte, unterteilt sich der Progentiorzellspeicher in ein Knochenmark- und ein Blutkompartment. Der Transfer von Progenitorzellen aus dem Knochenmark in das Blut wird durch die relative Turn-overrate β beschrieben, die in komplizierter Weise von der Anzahl der Progenitorzellen im Knochenmark abhängt. Nach einer Verweildauer im Blut von etwa einer Stunde kehren die Zellen mit der relativen Flußrate $\mathscr{S}$ in das Knochenmark zurück. Im Blutkompartment der Progenitorzellen finden keine Mitosen statt. Der kurzfristige Aufenthalt dieser Zellart im Blut dient offensichtlich nur Transport- und Überwachungsfunktionen (Aufrechterhaltung einer hinreichenden Stammzellkonzentration in allen hämopoetisch aktiven Markabschnitten) (27).

Bezeichnet man die Anzahl der Progenitorzellen im i. Subkompartment des Knochenmarks mit CBM_i und im i. Subkompartment des Blutes mit CBL_i, so können jetzt folgende Modellgleichungen für die Progenitorzellen aufgestellt werden.

$$(8) \qquad \frac{dCBM_1}{dt} = 2 \cdot (1 - \rho) \cdot \lambda_s \cdot S + (\alpha_c - \lambda_c) \cdot CBM_1 - \beta \cdot CBM_1 + \mathscr{S} CBL_1$$

$$(9) \qquad \frac{dCBM_1}{dt} = \lambda_c \cdot CBM_{i-1} + (\alpha_c - \lambda_c) \cdot CBM_i - \beta \cdot CBM_i + \mathscr{S} CBL_i$$

$$i = 2, \ldots, 10$$

$$(10) \qquad \frac{dCBL_i}{dt} = \beta \cdot CBM_i - \mathscr{S} CBL_i \qquad i = 1, \ldots, 10$$

$$(11) \qquad c = v_4 - v_5 \cdot \exp(-v_3 \cdot \mathrm{Reg.\ I})$$

$$(12) \qquad CBM = \Sigma \, CBM_i \quad i = 1, \ldots, 10$$

$$(13) \qquad \beta = f(CBM)$$

Dabei bedeuten CBM die Gesamtzahl der Progenitorzellen im Knochenmark und Reg. I den Spiegel des Stimulatorhormons (z. B. CSA) im System. Die Parameter γ_4, γ_5 und v_3 werden durch den steady state-Wert von α_c und von Reg. I sowie durch eine maximale und eine minimale relative Produktionsrate festgelegt. Die relative Turn-overrate β wird als Funktion der Anzahl der Progenitorzellen im Knochenmark angenommen und während der Modellsimulation durch einen Funktionsgenerator zur Verfügung gestellt.

Die Precursorzellen des nun folgenden Proliferationsspeichers können morphologisch als Myeloblasten, Promyelozyten und Myelozyten erkannt werden. Im steady state durchlaufen die Precursorzellen im Mittel vier Zellzyklen mit einer Zykluszeit von etwa 14 h (28). Dies ergibt einen Verstärkungsfaktor von 16 und eine Reifungsdauer von 56 h. Auch der Proliferationsspeicher wird in 10 Subkompartments unterteilt. Mit Gleichung (3) errechnet sich die relative Zellflußrate aus den Subkompartments λ_p zu $0.1786 \, \text{h}^{-1}$. Die relative Produktionsrate α_p wird auch hier als Funktion des CSA-Gehaltes im System angenommen. Wird die Anzahl der Precursorzellen im i. Subkompartment mit P_i bezeichnet, so können für den Proliferationsspeicher folgende Modellgleichungen formuliert werden.

$$(14) \qquad \frac{dP_1}{dt} = \lambda_c \cdot CBM_{10} + \alpha_p \cdot \lambda_p \cdot P_1$$

$$(15) \qquad \frac{dP_i}{dt} = \lambda_p \cdot P_{i-1} + \alpha_p \cdot P_i - \lambda_p \cdot P_i \quad i = 2, \ldots, 10$$

$$(16) \qquad \alpha_p = \gamma_6 - \gamma_7 \cdot \exp(-v_4 \cdot \text{Reg. I})$$

Die Parameter γ_6, γ_7 und v_4 werden auch hier durch den steady state-Wert des Reg. I-Gehaltes und von α_p, sowie durch den maximalen und minimalen Wert der relativen Produktionsrate festgelegt.

Nachdem die Zellen den Proliferationsspeicher verlassen haben, verlieren sie ihre Teilungsfähigkeit. Sie verweilen im ungestörten System noch für etwa 80 h im Knochenmark (29). Etwa die Hälfte dieser Zeit benötigen die Zellen, um zu funktiontüchtigen Granulozyten auszureifen. In den verbleibenden 40 h werden die reifen Zellen im Reservespeicher zurückgehalten. Wird die Anzahl der Zellen im Reifungsspeicher mit M und im Reservespeicher mit R bezeichnet, so lauten die Differentialgleichungen für diese beiden Speicher:

$$(17) \qquad \frac{dM}{dt} = \lambda_p \cdot P_{10} - \lambda_M \cdot M$$

$$(18) \qquad \frac{dR}{dt} = \lambda_M \cdot M - \lambda_R \cdot R$$

mit $\lambda_M = 0.025\ \mathrm{h}^{-1}$. λ_R hängt vom Gehalt eines weiteren humoralen Regulationssystem „Reg. II" ab, von dem vor allem seine „granulocyte releasing" Funktion bekannt ist (30).

$$(19) \qquad \lambda_R = \gamma_8 - \gamma_9 \cdot \exp(-v_5 \cdot \text{Reg. II})$$

Die Parameter γ_8, γ_9 und v_5 werden so gewählt, daß während des dynamischen Gleichgewichts $\lambda_R = \lambda_M$ gilt und daß λ_R einen maximalen Wert von $2.0\ \mathrm{h}^{-1}$ und einen minimalen von $0.0125\ \mathrm{h}^{-1}$ erreichen kann.

Der Funktionsspeicher enthält die Granulozyten des Blutes und ist von allen Systemkompartments einer Messung am leichtesten zugänglich. Es kann als Tatsache angesehen werden, daß die Bluttransitzeit exponentiell verteilt ist. Der Mittelwert der Transitzeit wurde zu etwa 10 h gemessen (28). Bezeichnet F die Anzahl der Granulozyten im Funktionsspeicher und λ_F die relative Zellflußrate – sie ist das Reziproke der mittleren Transitzeit – so lautet die Modellgleichung:

$$(20) \qquad \frac{dF}{dt} = \lambda_R \cdot R - \lambda_F \cdot F$$

Obwohl Retransfusionsexperimente zeigen, daß der Funktionsspeicher in einen marginalen und einen zirkulierenden Pool unterteilt werden kann, wurde diese Unterteilung in der Modellgleichung nicht berücksichtigt, da über die Kinetik der beiden Pools sehr wenig bekannt ist und die Äquilibrierung sehr schnell erfolgt.

Wesentlichen Anteil an der Regulation des granulozytären Zellerneuerungssystems haben die beiden Hormonkompartments Reg. I und Reg. II. Während das Kompartment „Reg. I" die relativen Produktionsraten α_c und α_p der Progenitor- und der Precursorzellen kontrolliert, wird von dem Kompartment „Reg. II" der bedarfsgerechte Übertritt von reifen Granulozyten aus dem Reservespeicher des Knochenmarks in das Blut gewährleistet. Die Syntheserate der humoralen Faktoren Reg. I hängt im Modell von den Inhalten aller Zellspeicher des Systems ab, während die Synthese der Faktoren des Kompartments Reg. II ausschließlich vom Inhalt des Funktionsspeichers gesteuert wird. Für den Abbau der beiden hormonalen Systeme wird eine Halbwertszeit von sieben Stunden angenommen. Wird der Inhalt des einen Kompartments mit Reg. I und derjenigen des anderen Kompartments mit Reg. II bezeichnet, so haben folgende Modellgleichungen Gültigkeit:

$$(21) \qquad \frac{\text{Reg. I}}{dt} = \gamma_{10} \cdot \exp(-v_6 \cdot Z^{0.25}) - \lambda_{\text{Reg. I}} \cdot \text{Reg. I}$$

$$(22) \qquad Z = g_1 \cdot S + g_2 \cdot CBM + g_3 \cdot (P + M + R + F)$$

$$(23) \qquad \frac{\text{Reg. II}}{dt} = \gamma_{11} \cdot \exp(-v_7 \cdot F) - \lambda_{\text{Reg. II}} \cdot \text{Reg. II}$$

In der gewichteten Summe der Zellzahlen Z in Gleichung (22) werden die Gewichte g_i $(i = 1$ bis 3) so gewählt, daß die drei Summanden im steady state von gleicher Größe sind. Die Parameter $\varkappa_{10}$ und v_6 gestatten eine Reg. I-Syntheserate zwischen dem 0- und 10fachen des steady state-Wertes von $1\,h^{-1}$. Die relative Abbaurate $\lambda_{\text{Reg. I}}$ wurde entsprechend der Halbwertzeit von 7 h auf $0.1\,h^{-1}$ festgelegt.

Die Parameter $\varkappa_{11}$ und v_7 in Gleichung (23) gewährleisten eine Reg. II-Syntheserate im Bereich des 0- bis 200fachen des steady state-Wertesd von $1\,h^{-1}$. Die relative Abbaurate $\lambda_{\text{Reg. II}}$ gehorcht der gleichen Gesetzmäßigkeit wie $\lambda_{\text{Reg. I}}$. Beide hormonale Systeme werden in willkürlichen Einheiten gemessen.

Zur Analyse der Einwirkung verschiedener Störfaktoren auf das System der Granulopoese wurden die Modellgleichungen mit Hilfe der Simulationssprache CSMP auf einer Großrechenanlage (VAX 8600) gelöst.

5. Zur Validität des Modells als Element der physiologischen Forschung

Die quantitative Übereinstimmung von Ergebnissen der Modellsimulation mit experimentellen Befunden ist ein wesentliches Kriterium für die Qualität eines Modells. Weiterhin soll ein Modell die nach gezielten Störungen des Systems gefundenen Daten nur durch Änderung der von der Versuchsdurchführung betroffenen Modellparameter reproduzieren können. So konnten beispielsweise die Daten der Leukapherese durch die Einführung eines Verlusttermes in die Differentialgleichung für den Funktionsspeicher der Granulozyten wiedergegeben werden. Die versuchsrelevanten Parameter bei den Transplantationsexperimenten waren die Ausgangswerte der Zellzahlen in den verschiedenen Kompartments.

Wegen der einfachen Struktur des Modells war es überraschend, daß die experimentellen Ergebnisse so unterschiedlicher Systemstörungen wie Leukapherese, Zytostatikumbehandlung und Transplantation von Stammzellen unterschiedlicher Herkunft auf mit Röntgenstrahlen konditionierte Empfänger qualitativ und auch quantitativ so gut nachvollzogen werden konnten. Voraussagen des Modells wie z. B. die größere Selbstreplikationsfähigkeit der in der fetalen Leber residierenden Stammzellen oder die völlige Entleerung des Reservespeichers nach der Dauerbehandlung mit Cyclophosphamid sollten deshalb immer experimentell bestätigt werden. Nur eine enge Verknüpfung von Experiment und modelltechnischer Analyse kann zu neuen wissenschaftlichen Erkenntnissen führen.

Was waren nun in den einzelnen Versuchsanordnungen die „kritischen" Elemente, deren Berücksichtigung unabdingbar ist? Im „Leukaphereseexperiment" ist von Interesse, daß die leichte Zunahme der Granulozyten nach etwa zweistündiger Leukapherese wohl auf einen verstärkten Einstrom von Granulozyten aus dem Reservespeicher zurückgeführt werden kann. Durch den erhöhten Reg.II-Gehalt infolge der Zellreduktion im Funktionsspeicher nimmt die nach Gleichung [19] regulierte relative Turnoverrate λ_R zu.

Neben dem Funktionsspeicher wird noch der Reservepool durch die Leukapherese erheblich beeinflußt. Sein Inhalt durchläuft bei einer relativen Leukapherese von $0.8\,h^{-1}$ etwa 20 Stunden nach Versuchsbeginn ein Minimum bei 50% des steady state-Wertes. Die vollständige Erholung des Reservespeichers wird erst nach 6 bis 7 Tagen erreicht.

Die Wirkung der Leukapherese auf die proliferationsfähigen Zellen ist relativ gering. Die Erhöhung der relativen Produktionsraten infolge des Zellverlustes bleibt unter 5% des steady state-Wertes.

Was nun die Cyclophosphamid-Versuche betrifft, so mußte für die Simulation angenommen werden, daß nur aktiv proliferierende Zellen nach der Cyclophosphamidgabe zerstört werden. Die relative Verlustrate nimmt nach Verabreichung des Zytostatikums exponentiell ab. Die Halbwertzeit beträgt entsprechend dem Abbau des Medikaments 20 Stunden. Es wird vorausgesetzt, daß Progenitor- und Precursorzellen in gleicher Weise vom Cyclophosphamid zerstört werden. Für beide Zellarten wurde eine relative Verlustrate von $0.13\ h^{-1}$ unmittelbar nach der Medikamentenverabreichung gewählt. Da von den Stammzellen nur ein geringer Anteil aktiv proliferiert, betrug bei dieser Zellart die relative Verlustrate am Anfang nur $0.01\ h^{-1}$. Nachdem die entsprechenden Zellverlustraten in den Gleichungen [1], [8], [9], [14] und [15] berücksichtigt wurden, ergaben sich die in den Abbildungen dargestellten Kurven als Simulationsergebnis. Sie stehen in guter Übereinstimmung mit den experimentellen Befunden.

In der Abb. 3b sind außerdem noch die mit Hilfe der Simulation berechneten Verläufe der Progenitorzellen des Knochenmarks und der Stammzellen eingezeichnet. Da die Zytostatikumgabe die Stammzellen sehr viel weniger beeinflußt als die Progenitorzellen, zeigt der Inhalt des Stammzellspeichers nur eine sehr flache Depression. Berücksichtigt man die bei der Modellbeschreibung skizzierte Abhängigkeit der relativen Turoverrate β vom Inhalt des Progenitorzellpools im Knochenmark, so kann der weniger dramatische Verlauf der Progenitorzellen des Knochenmarks im Vergleich zu den entsprechenden Zellen des Blutes verstanden werden.

Was nun die Dauerbehandlung von Hunden mit Cyclophosphamid betrifft, so brachte für die Modellsimulation wie bei der Einmalbehandlung nur eine Schädigung der aktiv proliferierenden Zellen der Granulozytopoese angenommen werden. Die relativen Verlustraten des Stammzell-, des Progenitorzell- und des Precursorzellspeichers, wie sie in die entsprechenden Modellgleichungen einge-

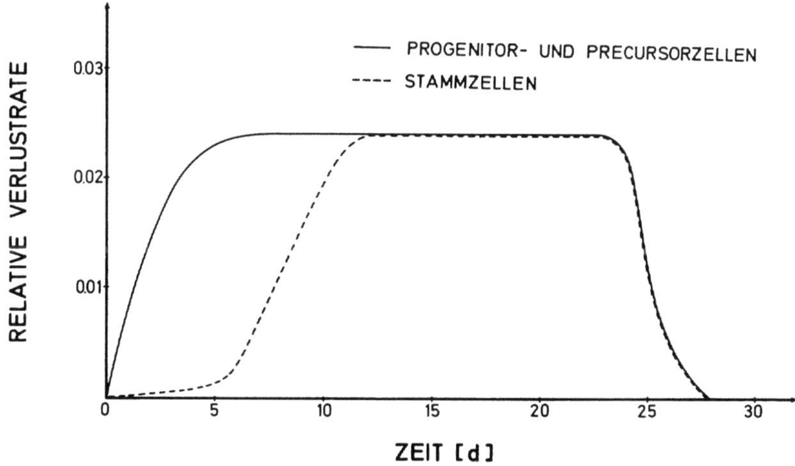

Abb. 7. Computersimulation der Veränderungen von Progenitor- und Precursorzellen sowie von Stammzellen als Funktion der Zeit nach 23-tägiger Cyclophosphamidbehandlung (siehe Text)

geben werden, sind in Abb. 7 in Abhängigkeit von der Versuchsdauer dargestellt. Für die Stammzellen mußte die relative Verlustrate wegen des hohen Anteils an Ruhezellen anfänglich deutlich niedriger angesetzt werden. aber schon kurz nach Beginn der Cyclophosphamidbehandlung wurden wegen des großen Zellverlustes im System durch den nach Gleichung [2] regulierten Parameter λ_s die Ruhezellen in den Zellzyklus getriggert und die relative Verlustrate nahm entsprechend zu. Nach Absetzen der Zytostatikumbehandlung nahm die Wirkung des Pharmakons wieder mit einer Halbwertzeit von 20 h ab.

Die Simulationsergebnisse für die peripheren Granulozyten und für die Progenitorzellen des Blutes wurden in die Abbildungen 4a und 4b eingezeichnet. Die Übereinstimmung zwischen Experiment und Simulation ist zufriedenstellend. Ein bemerkenswerter Befund sowohl im Experiment als auch bei der Simulation ist der kurzfristige Anstieg der Progenitorzellen des Blutes nach dem 7. Behandlungstag. Zur gleichen Zeit ergab die Modellsimulation auch einen vorübergehenden Anstieg der Progenitorzellen des Knochenmarks, der auf die im Modell eingebauten Regulationsmechanismen zurückzuführen ist. Die experimentellen Ergebnisse unterstützen somit die Brauchbarkeit der in den Modellgleichungen verwendeten Regulationsfunktionen.

Ein weiterer auffallender Simulationsbefund war die praktisch völlige Entleerung des Reservespeichers. Die lang anhaltende Herabsetzung der Anzahl der peripheren Granulozyten führt über die stark erhöhte GRF-Synthese zu einer völligen Ausschwemmung des Reservespeichers.

Was nun die Stammzell-Transplantationsversuche betrifft, so werden die experimentellen Befunde vom Simulationsmodell sachgerecht nachvollzogen, wenn angenommen wird, daß das Knochenmarkstransplantat deutlich weniger Stammzellen enthielt als das Blutstammzelltransplantat. Die Modellkurven in Abb. 5 wurden mit Anfangswerten des Stammzellspeichers von 2.5×10^4 Zellen bei der Transfusion von Knochenmarkstammzellen und von 4×10^5 Zellen nach Infusion von Blutstammzellen erhalten. Außerdem konnte die Plateauphase bzw. der geringfügige Einbruch der Granulozytenzahl nach der Blutstammzelltransfusion durch die Modellsimulation auf Regulationsmechanismen zurückgeführt werden. Wegen der höheren Stammzellkonzentration im Blutstammzelltransplantat erreichte der Inhalt des Stammzellspeichers 7 bis 8 Tage p.tr. Werte, deren Rückwirkung auf die kontrollierte Parameter ϱ, λ_s und α_c (über die Synthese im Hormonkompartment Reg.I) zur Folge hat, daß im Progenitorzellspeicher Einstromrate und Produktionsrate zusammengenommen vorübergehend kleiner als die Ausstromrate werden. Die hierdurch verursachte Abnahme der Progenitorzellen pflanzt sich mit einer Verzögerung von 5 bis 6 Tagen bis in den Funktionsspeicher fort. Die Granulozytenzahl erreichte am Ende der Simulation 50 Tage p.tr. in beiden Verfahrensgruppen etwa 70% des Ausgangswertes.

Das Regenerationsverhalten der peripheren Granulozyten nach Transplantation von fetalen Leberzellen wird in Abb. 5 veranschaulicht. Besonders auffallend an diesen experimentellen Befunden war die rasche Erholung der Granulozyten. Schon zwischen dem 19. und 20. Tag p.tr. konnten die Ausgangswerte erreicht werden. Nach deutlichem Überschießen kehrten die Granulozyten etwa am 36. Tag p.tr. auf ihren steady state-Wert zurück.

Durch die alleinige Variation der mit den fetalen Leberzellen übertragenen Stammzellen konnte keine zufriedenstellende Anpassung der Simulationsergebnisse an die experimentellen Befunde erreicht werden. Erst mit einer Erhöhung der Replikationswahrscheinlichkeit ϱ erbrachte die Simulation gute Übereinstimmung mit dem Experiment. Durch eine Erweiterung des Wertebereichs für ϱ auf maximal 0.95 und mit einem Anfangswert des Stammzellspeichers von 2.0×10^5 Zellen konnte der in Abb. 5 eingezeichnete theoretische Erholungsverlauf der Granulozyten des Funktionsspeichers errechnet werden.

6. Zusammenfassung

Ein Modell der Granulozytopoese des Hundes wurde formuliert. Die Zellen des Systems wurden entsprechend ihres Reifegrades in sieben Zellkompartments aufgeteilt: Stammzellspeicher, Progenitorzellspeicher des Knochenmarks und des Blutes, Precursorzellspeicher, Reifungsspeicher, Reservespeicher und Funktionsspeicher. Die Regulation des Systems erfolgte durch zwei Hormonkompartments: Reg.I- und Reg.II-Kompartment. Durch Zellverluste an irgendeiner Stelle des Systems wird über die erhöhte Reg.I-Hormonsynthese die Produktivität der proliferationsfähigen Zellen gesteigert. Ein Zellverlust im Funktionsspeicher vermehrt nach Stimulation der Reg.II-Hormonbildung den Zellfluß zwischen Reserve- und Funktionsspeicher.

Das Modell, ein System von Differentialgleichungen, wurde auf einer Großrechenanlage simuliert. Es war in der Lage, die experimentellen Befunde so verschiedener Störungen wie Leukapherese, Cytostatikumbehandlung oder Transplantation von Stammzellen unterschiedlicher Herkunft in konditionierte Empfängertiere mit guter Nährung nachzuvollziehen.

Literatur

1. Wintrobe MM (1981) Clinical hematology, 8th edn. Lea & Febiger, Philadelphia
2. Cartwright GE et al (1964) The kinetics of granulopoiesis in normal man Blood 21:164
3. Mauer AM, Athens JW, Ashenbrucker H, Cartwright GE, Wintrobe MM (1960) Leukokinetic studies. II. A method for labeling granulocytes in vitro with radioactive diisoprophylfluorophosphate (DFP^{32}). J Clin Invest 39:1481
4. Athens JW, Raab SO, Haab OP, Mauer AM, Ashenbrucker H, Cartwright GE, Wintrobe MM (1961) Leukokinetic studies. III. The distribution of granulocytes in the blood of normal subjects. J Clin Invest 40:159
5. Fliedner TM, Cronkite EP, Robertson JS (1964) Granulocytopoiesis. I. Senescence and random loss of neutrophilic granulocytes in human beings. Blood 24:402
6. Fliedner TM, Cronkite EP, Killmann SA, Bond VP (1964) Granulocytopoisis. II. Emergence and pattern of labeling of neutrophilic granaulocytes in humans. Blood 24:683
7. Fliedner TM (1974) Kinetik und Regulationsmechanismen des Granulozytenumsatzes. Schweiz Med Wochenschr 104:98–107
8. Fliedner TM, Steinbach KH, Hoelzer D (1975) Adaptation to environmental changes: The role of self-renewal systems. In: The effects of environment on cells and tissues. Exerpta Med Int Cong Ser 384
9. Metcalf D, Moore MAS (1971) Haemopoietic cells. North-Holland Publishing Company, Amsterdam London

10. Maximow A, Bloom W (1927) Epithel- und Drüsengewebe, Bindegewebe und blutbildende Organe. Springer, Berlin (Handbuch der mikroskopischen Anatomie des Menschen, Bd 2/1)
11. Maximow A (1909) Der Lymphozyt als gemeinsame Stammzelle der verschiedenen Blutelemente in der embryonalen Entwicklung und im postfetalen Leben der Säugetiere. Folia Haematol (Leipz) 8:125
12. Stutman O, Good RA (1972) Heterogeneity of lymphocyte populations. Rev Eur Etudes Clin Biol 17:11
13. Körbling M, Fliedner TM, Calvo W, Nothdurft W, Ross WM (1977) In-vitro and in-vivo properties of canine blood mononuclear leukocytes separated by discontinuous albumin density gradient centrifugation. Biomedicine 26:275
14. Körbling M, Fliedner TM et al. (1979) Albumin density gradient purification of canine hemopoietic blood stem cells: Long term allogeneic engraftment without gvh-reaction. Exp Hematol 7:277
15. Steinbach KH, Raffler H, Pabst G, Fliedner TM (1980) A mathematical model of canine granulocytopoiesis. J Math Biol 10:1
16. Ross WM, Herbst E, Fliedner TM (1979) s. Ref. [15]
17. Müller-Nübling J, Fliedner TM (1979) Präklinische Untersuchungen über die Reaktion der Blut-CFU-C-Konzentration auf eine einmalige Applikation von Cyclophosphamid. Blut 38:175
18. Szemere P, Fliedner TM (Submitted for publication) Protracted cyclophosphamid administration in dogs: Effects on hemopoietic progenitor and blood cells
19. Fliedner TM, Calvo W, Körbling M et al. (1978) Hematopoietic stem cells in blood: Characteristics and potentials. In: Golde DM et al. (eds) Hematopoietic cell differentiation. Academic Press, London New York San Francisco, pp 193–212
20. Kovacs P, Bruch C, Herbst EW, Fliedner TM (1978) Collection of in vitro colony forming units from dogs by repeated continuous flow leukapheresis. Acta Haematol 60:172
21. Prümmer O, Fliedner TM (1986) The fetal liver as an alternative stem cell source for hemolymphopoietic reconstitution. Int J Cell Cloning 4:237–249
22. Lajtha LG, Pozzi LV, Schofield R, Fox M (1969) Kinetic properties of haemopoietic stem cells. Cell Tissue Kinet 2:39
23. Lajtha LG (1975) Haemopoietic stem cells. Br J Haematol 29:529
24. Vogel H, Niewisch H, Matidi G (1968) The self renewal probability of hemopoietic stem cells. J Cell Physiol 72:221
25. Aarnaes E (1978) A mathematical model of the control of red blood cell production. In: Valleron A-J, MacDonald PDM (eds) Biomathematic and cell kinectics. Elsevier, Amsterdam, North-Holland
26. Stanley ER, Metcalf D (1969) Partical purification and some properties of the factor in normal and leukemic human urine stimulating mouse bone marrow colony growth in vitro. Aust J Exp Biol Med Sci 47:467
27. Fliedner TM (1985) Stammzelltransplantation zur Wiederherstellung der Blutzellbildung im physiologischen Prinzip der Zellmigration. Sitzungsberichte der Heidelberger Akademie der Wissenschaften
28. Patt HM, Maloney MA (1964) A model of granulocyte kinetics. Ann NY Acad Sci 113:515
29. Deubelbeiss KA, Dancey JT, Harker LA, Finch CA (1975) Neutrophil kinetics in the dog. J Clin Invest 55:833
30. Dornfest BS, LoBue J, Handler ES, Gordon AS, Quastler H (1962) Mechanism of leukocyte production and release. II. Factors influencing leukocyte release from isolated perfused rat legs. J Lab Clin Med 60:777

3.2 Entwicklung des Funktionsschaltbildes für eine psychosomatische Fehlreaktion von Kindern, die Enuresis*

Gabriele Haug-Schnabel**

Einleitung

Dem kindlichen Einnässen liegt nur in ganz seltenen Fällen eine organische Ursache zugrunde: In der Regel zeigen weder Nieren noch Blase noch die ableitenden Harnwege Befunde, die für das Einnässen verantwortlich sind. Bei der Enuresis nocturna und diurna handelt es sich – mit ganz wenigen Ausnahmen – um eine Störung in der Verhaltenssteuerung. (siehe z. B. HARBAUER, STRUNK et. al. 1980)

1. Bettnässen

Verhaltensbeobachtungen von Kindern mit Enuresis nocturna in ihren Familien und im Kindergarten erbrachten folgende Ergebnisse (HAUG-SCHNABEL 1983, 1984):

- Ein- bis mehrmaliges nächtliches Einnässen konnte mit Phasen perfekter Blasenkontrolle abwechseln.
- Ein über Monate (334–551 Tage) geführter kommentierter Kalender bewies enge Korrelationen zwischen seelisch belastenden Ereignissen am Vortag und dem Einnässen in der folgenden Nacht.
- Die für das Einnässen entscheidenden belastenden Erlebnisse waren bei jedem Kind andere. Erst wenn man das einzelne Kind im Rahmen seiner Familie und alltäglichen Umgebung aufgesucht und beobachtet hatte, ließen sich die Ursache-Wirkungsketten erkennen.
- Als seelisch belastende, in der folgenden Nacht das Einnässen verursachende Ereignisse kamen bei verschiedenen Kindern vor: familiäre Auseinandersetzungen, z. B. auch wegen Einnäßzwischenfällen, Schwierigkeiten bei der Bewältigung von Alltagssituationen, Konflikte mit Gleichaltrigen und Schulprobleme. 70–90% aller für das einzelne Kind im Kalender angegebenen familiären Belastungsmomente hatten eine „nasse" Nacht zur Folge.

---

* Das Enuresis-Projekt der Universitäts-Kinderklinik Freiburg wird von der Deutschen Forschungsgemeinschaft gefördert.
** Auf dem Kolloquium am 8. November 1986 vorgetragen von Bernhard Hassenstein.

- Die Eltern konnten, wenn sie sich an den Hauptmerkmalen des Tagesverlaufs
  ihrer Kinder orientierten, mit hoher Wahrscheinlichkeit voraussagen, ob es
  zum Einnässen in der Nacht kommen würde oder nicht.
- Die Abhängigkeit des Einnässens vom vorangegangenen Tagesgeschehen
  blieb sowohl unter Medikation (Tofranil) als auch unter dem Einfluß von
  Maßnahmen wie nächtlichem Wecken und/oder Flüssigkeitseinschränkung
  erhalten.
- Ohne sich dessen klar bewußt zu sein, waren auch die Eltern von der Wir-
  kungslosigkeit der eben genannten Therapien überzeugt. Sie brachten dies dadurch zum Ausdruck, daß sie sich bei ihren Voraussagen nicht nach den jeweils angewandten Therapiemaßnahmen richteten, sondern allein daran
  orientierten, wie der Vortag verlaufen war. Ihre Prognosen für die Nacht waren von der momentanen Dosierungshöhe des Medikaments, der Häufigkeit
  des nächtlichen Weckens und etwaigen Trinkeinschränkungen unabhängig.
  (HAUG-SCHNABEL 1984)

Wenn häufig einnässende Kinder ab und zu ausnahmsweise nicht einnässten, so
geschah dies, nach den hier referierten Beobachtungsergebnissen, bevorzugt
nach Tagen, an denen das Kind besonders viel Zuwendung bekommen hatte, die
Betreuungssituation von ihm als besonders positiv empfunden worden war.
Einige Beispiele:

- Das Kind verbringt einige Tage bei Freunden, bei der Tante, bei der Oma.
- Das Kind verbringt gemeinsam mit der Familie Urlaubs- oder Wochenendtage.
- Das Kind hat Kindergarten- bzw. Schulferien.
- Das Kind bleibt wegen Krankheit zu Hause; die sonst berufstätige alleinerzie-
  hende Mutter bleibt beim Kind.
- Das Kind verbringt ausnahmsweise einen Tag zu Hause anstelle eines Routi-
  netages in der außerhäuslichen Tagespflege.
- Das Kind erlebt einen „tollen Tag", an dem ein Elternteil oder beide zusam-
  men mit ihm etwas Besonderes unternehmen.
- Eine besonders liebevolle Zubettgehsituation steht am Ausklang des Tages.

Die Bewältigung von Alltagsschwierigkeiten, Schulprobleme und Auseinandersetzungen mit Gleichaltrigen hatten ebenfalls Einfluß auf die Enuresis-Bilanz.
Mit Kalenderprotokollen über einen langen Beobachtungszeitraum konnte die
„Schwellenangst" der Kinder vor neuen Anforderungen, die Angst vor Enttäuschungen sowie die Unsicherheit über eigene Leistungsfähigkeit und Beliebtheit
aufgezeigt werden.
   Andererseits ließ sich nachweisen, daß zur Routine gewordene Alltagsanfor-
derungen, bekannte und bereits mehrmals gut gemeisterte Aufgaben im schuli-
schen Bereich sowie überwiegend konfliktfreie Spielsituationen die Anzahl der
nassen Nächte verringerten.
   Es sind somit vorwiegend die Tage ohne Angst und Unsicherheit, mit beru-
higenden Kontaktmöglichkeiten und befriedigender Zuwendung, an denen die
Blase kontrolliert werden kann und das nächtliche Einnässen seltener auftritt.
   Soweit nächtliches Bettnässen nicht auf organischer Grundlage beruht (nur
diese Fälle interessieren uns hier), hat es - wie wir gesehen haben - vielfach mit

seelischem Kummer, beispielsweise mit belastenden Betreuungsbedingungen des Kindes zu tun. Die Kalenderprotokolle gaben hier überzeugende Einblicke. Vorübergehendes Bettnässen kommt bei dreijährigen und älteren Kindern vor, wenn sie abrupt von ihrer Mutter getrennt werden, aber auch wenn sie ein Geschwisterchen bekommen haben, wodurch sich – unvermeidbar – ihre Betreuungssituation änderte. Oftmals lassen sich auch einschneidende Begebenheiten anamnestisch identifizieren, die als Auslösesituationen für einen erneuten Einnäßbeginn in Frage kommen: z. B. ein Unfall mit anschließendem Krankenhausaufenthalt des Kindes selbst oder einer wichtigen Bezugsperson, die Scheidung der Eltern, der Auszug oder Tod eines Elternteils, ein mehrmaliger Betreuungswechsel ohne Gewähr für eine Konstanz der jeweils neuen Bezugspersonen.

Die Besonderheit des Einnäß-Leidens besteht darin, daß es etwas mit der Betreuungssituation des Kindes zu tun hat: Immer wieder wird davon berichtet, daß hartnäckige und auf verschiedenste Weise behandelte Enuresis schlagartig verschwand, wenn sich für das Kind an der Betreuungssituation etwas Wichtiges änderte.

Das nächtliche Einnässen passiert dem Kind manchmal Nacht für Nacht oder sogar mehrmals in der Nacht. In vielen Fällen bietet auch vorsorgliches Wecken für einen Toilettengang ein- oder sogar mehrmals in der Nacht keine Hilfe. Vielfach nässen starke Bettnässer schon kurz, nachdem sie geweckt wurden und die Blase entleert hatten, wieder ein. Eine prall gefüllte Blase ist also keine Vorbedingung für den unbeabsichtigten Harnabgang im Schlaf, eine für die Frage nach dem Wesen der Störung und für das therapeutische Vorgehen wichtige Feststellung.

2. Tagnässen Typ A und B

Unwillkürliche Harnabgabe ohne organ-pathologische Ursache kommt auch tagsüber vor. An Enuresis diurna leidende Kinder wurden mehrere Monate lang im Ganztagskindergarten beobachtet (HAUG-SCHNABEL 1983, 1985). Die Verhaltensbeobachtungen ergaben zwei wesensverschiedene Formen dieser Störung, Typ A und Typ B des Tagnässens genannt.

Tagnässen Typ A. Zur Harnabgabe kommt es hier in intensiven Spielsituationen. Die Harnabgabe ist von der Blasenfüllmenge abhängig; das Kind war längere Zeit nicht auf der Toilette, es hat eine volle Blase.

In der Regel können diese Kinder ihre Blase bereits kontrolliert entleeren. Jedoch scheint eine hohe Aktivitätsanspannung im Spiel die Wahrnehmung der steigenden Blasenfüllung und das rechtzeitige Aufsuchen der Toilette versäumen zu lassen. Das „Überlaufen" der Blase deutet sich mitunter bereits kurz vorher an: Am Zusammenpressen der Beine sowie tänzelnden Gang und unruhigen Trippeln auf der Stelle läßt sich der Harndrang indirekt beobachten. Das Kind versucht, durch diese charakteristische Motorik den Schließmuskel der Blase zu unterstützen.

Das zeitweilige Einnässen ist zumeist die einzige Auffälligkeit dieser Kinder.

Tagnässen Typ B. Im Unterschied zu den eben beschriebenen Einnäßzwischenfällen gibt es eine Gruppe von Tagnässern, deren Fehlfunktion eine völlig andere Grundlage hat. Bei ihnen ereignet sich das Tagnässen nicht zwingend, ja sogar nur ausnahmsweise bei einer vollen Blase, jedoch abhängig von dem vorausgehenden Erleben und dem Befinden des Kindes: Nach belastenden Situationen in der Kindergruppe sowie mit Erzieherinnen oder Elternteilen bricht das Kind zunächst seine Spielaktivitäten ab und zieht sich aus der Gruppe zurück. Abseits der Gruppe verharrt es häufig mit abwesendem Blick und verkrampfter Haltung an einer Stelle. In dieser selbstgewählten Isolation kommt es zum Einnässen, oft zu einem Zeitpunkt, an dem das Kind wieder etwas entspannter wirkt. Die Erregung, die der Auseinandersetzung folgte, ist abgeklungen. Diese Form des Tagnässens kann sich bereits wenige Minuten nach einem Toilettengang oder als erneutes Einnässen nach einem kurz zuvor erfolgten Einnäß-Zwischenfall ereignen. Hier ist mit Sicherheit ein „Überlaufen" der Blase auszuschließen; der Störfaktor muß also von anderer Art sein. Diese Einnäßkinder fallen zumeist durch Besonderheiten im Sozialverhalten auf. Wegen vieler Zwischenfälle aggressiver Art sind sie häufig zu Außenseitern der Gruppe geworden. Die Abhängigkeit des Einnässens von Konfliktsituationen, die das Kind überlasten, da es sich überfordert, nicht akzeptiert, übergangen, ungerecht behandelt oder beleidigt fühlt, erschwert zusätzlich seine Integration in die Gruppe. Scheint auch die Situation durch den „Rückzug des Kindes in die Harnabgabe" kurzfristig entschärft, so bleibt der Konflikt doch ungelöst, erschwert weitere Kontaktaufnahmen und belastet erneut das Verhältnis des Kindes zu seinen Spielpartnern.

Ein Beispiel für Tagnässen Typ B:
In einem Kindergarten sollten die Kinder ihre Stühle im Kreis aufstellen und sich hinsetzen – die Praktikantin wollte ein Märchen erzählen und die Handlung mit Fingerpuppen darstellen. Der fünfjährige Sami stellte seinen Stuhl in den sich formenden Kreis, entfernte sich aber noch einmal, kehrte zurück und – fand den Stuhl besetzt durch den gleichfalls fünfjährigen Alex. Es kommt zu einem Wortgefecht, dann tritt und schlägt Alex nach Sami. Die Erzieherin greift schlichtend ein, erklärt Alex, daß dies Samis Stuhl sei und veranlaßt Alex, einen anderen Stuhl zu holen. Doch nun ist Sami nicht mehr bereit, in den Kreis zu kommen. Er läuft in eine Zimmerecke, wirft sich auf ein Polster und vergräbt sein Gesicht in den Kissen. Die Märchenstunde beginnt, doch Sami bleibt trotz mehrerer Aufforderungen in der Puppenecke liegen. Nach einiger Zeit hebt Sami langsam den Kopf und schaut kurz zum Stuhlkreis hinüber, bleibt aber dann wieder regungslos liegen. Plötzlich springt er auf und schleudert Kissen, Polster, Puppen und andere Spielsachen in den Raum. Die Kinder beobachten ihn. Die Praktikantin und danach die Erzieherin versuchen jetzt erneut, ihn zu besänftigen und in den Stuhlkreis einzubeziehen – umsonst. Der Märchenvortrag geht weiter, Sami verharrt zusammengekauert auf dem Polster und starrt auf den Boden. Gegen Ende des Märchens kommt er leise zur Beobachterin (sie sitzt außerhalb des Stuhlkreises) und klettert auf deren Schoß. Seine Hose ist naß. Er schmiegt sich an die Beobachterin, greift nach ihrem Arm und legt ihn so um sich herum, daß er eng umklammert wird.

Dieses Einzelbeispiel ist repräsentativ für zahlreiche ähnliche Begebenheiten. Das Gemeinsame ist zunächst Enttäuschung, Wut oder Angst der betroffenen Kinder, danach die unwillkürliche Harnabgabe, begleitet von erhöhtem Kontakt-, Trost-, Zuwendungs- und Liebesbedürfnis.

Einnässen Typ B wurde nie in Situationen beobachtet, in denen die Kinder konfliktfrei in der Gruppe integriert waren, das Vorrecht einer Tätigkeit allein mit der Erzieherin genossen oder aus unterschiedlichen Gründen besonders viel Zuwendung erhielten.

Das Tagnässen hat also kein einheitliches Erscheinungsbild. Übergänge zwischen Typ A und Typ B wurden nicht beobachtet; es handelt sich um getrennte Gruppen von Erscheinungen.

Unter der Bezeichnung „Enuresis diurna" wurden also bisher zwei symptomatisch ähnliche, in Ätiologie und Prognose jedoch völlig verschiedene Formen der unkontrollierten Harnabgabe am Tage subsumiert. Dies hat zur Konsequenz, daß Aussagen über „die" Enuresis diurna schon wegen der Uneinheitlichkeit des Datenkollektivs ungültig sein müssen. Allgemeine Therapieempfehlungen sowie Korrelationsaussagen über die vermutlichen Entstehungsbedingungen sind daher hinfällig, sofern sie nicht zwischen den beiden Arten des Tagnässens unterscheiden, die in ihrem Ablauf, ihrer Ursache und ihrem Krankheitswert verschieden sind.

Ein bedeutender Unterschied liegt bereits in der physiologischen Tatsache, daß beim Tagnässen Typ A eine volle Blase vorausgesetzt werden darf, während die Blase von Einnäßkindern des Typs B nicht prall voll zu sein braucht, sondern zumeist nur wenig gefüllt sein wird. Wir stoßen hier auf dieselbe Erscheinung wie beim Nachtnässen, das gleichfalls unabhängig vom Grad der Blasenfüllung erfolgt.

3. Theoretische Folgerungen für die Enuresis allgemein

Mit dieser Aussage entfallen vier seit jeher vermutete Ursachen für die Enuresis und kommen heute als die Standardauslöser für das nicht organisch bedingte Einnässen nicht mehr in Betracht:

- eine Überfüllung der Blase wegen zu vielen Trinkens am Abend
- eine Schwäche des Schließmuskels der Blase
- ein zu schnell ansteigendes Harndranggefühl wegen einer zu kleinen Blase („zu geringe Blasenkapazität")
- ausbleibende Weckwirkung durch Signale der prall gefüllten Blase

Die Ursache für das Einnässen, das unabhängig vom Grad der Blasenfüllung erfolgt, muß in der zentralnervösen Steuerung liegen. In den meisten Fällen verschwindet die Störung der Verhaltenssteuerung mit dem Älterwerden ohne erkennbaren Anlaß von selbst, nicht selten in der Pubertät; es besteht eine hohe Tendenz zur Spontanheilung. Solange aber die unbeabsichtigte Harnabgabe besteht, ist sie für das Kind, seine Familie und seine sonstigen Betreuer eine unangenehme Belastung, oft eine folgenschwere Bedrückung.

Die kinderärztliche Praxis steht dieser Erscheinung auch heute noch in vielen Fällen hilflos gegenüber: Immer wieder trifft man auf Kinder, die trotz jahrelanger Behandlung noch allnächtlich einnässen (HAUG-SCHNABEL 1985).

4. Funktionsschaltbild

Mit Hilfe eines Funktionsschaltbildes sollen biologisch orientierte, abstrakt gezeichnete Vorstellungen über das Prinzip der Verhaltenssteuerung bei perfekter Blasenkontrolle sowie bei Schwierigkeiten der Blasenkontrolle verdeutlicht werden. Insbesondere soll aufgezeigt werden:

a) welche Charakteristika der Verhaltenssteuerung die drei verschiedenen Formen des Einnässens (Enuresis nocturna, Enuresis diurna Typ A, Enuresis diurna Typ B) aufweisen und
b) weshalb die aktuellen behandlungsbedürftigen Grundvorstellungen bei den drei verschiedenen Formen des Einnässens nicht zutreffen.

Zum besseren Verständnis wird folgendes methodisches Vorgehen gewählt: Das Schaltbild, das das komplexe Zusammenwirken wichtiger Funktionselemente auf verschiedenen Ebenen der Steuerung des Harnabgabeverhaltens widerspiegelt, wird anfangs nicht in seiner Gesamtheit besprochen, sondern erst in der Diskussion seiner Bestandteile Schritt für Schritt ausgearbeitet. So lassen sich die einzelnen bereits besprochenen Beobachtungsdaten im Gesamtfunktionsschaltbild leichter wiederfinden und der Zusammenhang zwischen den Einzelelementen des Verhaltens wird verständlich.

Bei einem kybernetischen Funktionsschaltbild (HASSENSTEIN 1973 und 1983) handelt es sich um ein Signalfluß- und Datenverarbeitungsdiagramm. Die Eingangs-Ausgangs-Beziehungen werden durch Signalübertragung, Datenverarbeitung und Datenspeicherung dargestellt. Die graphische Darstellung ist an Grundfunktionen des Nervensystems orientiert: Die eingezeichneten Übertragungskanäle symbolisieren die Weitergabe von Signalen mit positivem Vorzeichen und endlicher Geschwindigkeit. Von Verzweigungen aus laufen auf allen Bahnen Signale der gleichen Größe wie die der ankommenden Signale weiter. Sowohl Vorgänge im Körperinnern als auch die sie beeinflussenden und über Sinnesorgane aufgenommenen Reize aus der Außenwelt werden dargestellt. Beim Funktionsschaltbild wird ein Weg gesucht, trotz der vereinfachenden abstrakten Darstellung, die physiologischen Bedingungen und Vorgänge im Zentralnervensystem so funktionsgetreu, wie es der Forschungsstand erlaubt, wiederzugeben. Die wesentlichen Züge biologischer Systemzusammenhänge sollen möglichst anschaulich dargestellt werden. Bei den eingezeichneten Übertragungskanälen handelt es sich um die theoretische (hinreichende und notwendige) Mindestanzahl der für den Ablauf erforderlichen Signalleitungen und Verarbeitungsinstanzen.

Häufig in biologischen Systemen vorkommende Funktionsglieder werden durch möglichst einfache graphische Symbole wiedergegeben, auch wenn die mathematische Beschreibung der bezeichneten Funktionsglieder recht kompli-

Tabelle 1. Übersicht über die durch graphische Symbole dargestellten Funktionsglieder, aus HASSENSTEIN 1983, etwas verändert)

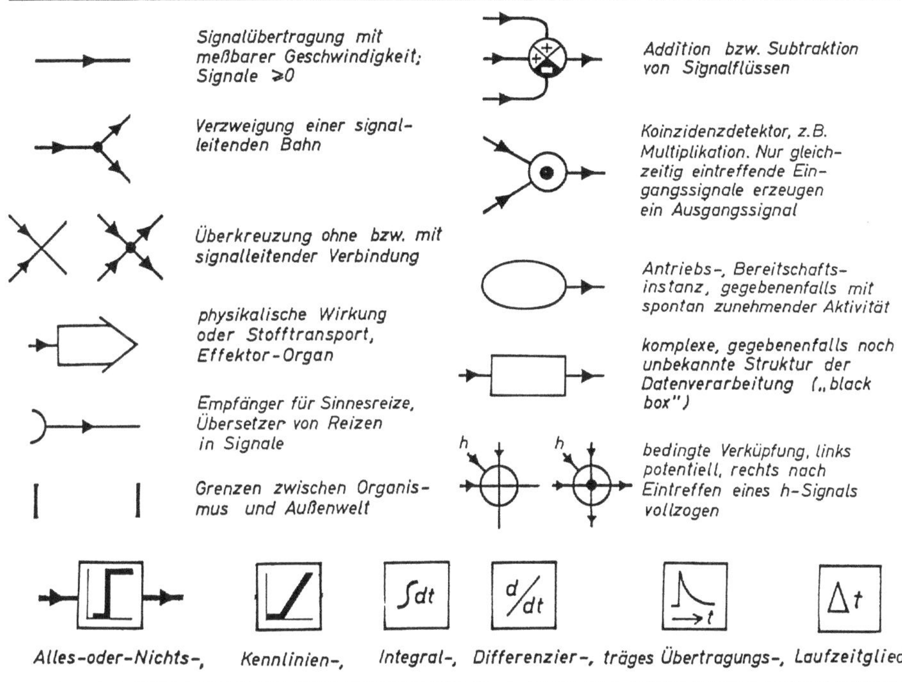

ziert ausfallen würde oder mangels entsprechender Kenntnisse noch gar nicht möglich wäre (Tabelle 1).

5. Entwicklung eines Funktionsschaltbildes für die Enuresis

Schaltbild I. Die einfachsten Zusammenhänge bei der Harnabgabe lassen sich folgendermaßen darstellen: Der jeweilige Füllungsgrad der Blase wird durch den Harneinstrom aus den Nieren und durch die Harnabgabe gesteuert. Nervöse Signalübertragungen in Form eines Reflexbogens über das Rückenmark veranlassen bei zu starker Dehnung der Blasenwand deren Kontraktion und dadurch die Harnabgabe.

Eine solche rein reflektorische Harnabgabesteuerung wird bei Unfallopfern nach Verletzungen von Teilen des Gehirns oder Rückenmarks beobachtet.

Schaltbild II. Der Blaseninhalt wird jedoch nicht dauernd abgegeben. Erst eine bestimmte Harnmenge, erst ein bestimmter Signalwert der Dehnungsrezeptoren der Blasenwand führt zur Reaktion und zwar dann zur vollständigen Blasenentleerung.

Die Dehnungsrezeptoren der Blasenwand melden den Füllungsgrad der Blase und veranlassen bei zu großem Harndruck die Muskulatur zur Kontraktion. Dieses Signal wirkt als positives feed back auf den Reflexweg zurück. Setzt eine Harnabgabe ein, so sorgt diese Signalleitung dafür, daß sie ungehemmt bis zur vollständigen Blasenentleerung ablaufen kann, bis die Blasenwandmuskulatur also vollständig kontrahiert ist. Nur starke corticale Signale sind in der Lage, eine im Gang befindliche Miktion zu stoppen und die Wirkung dieses positiven feed back-Kreises aufzuheben.

Schaltbild III. Die Beteiligung corticaler Bereiche an der Steuerung der Blasenentleerung ist jederzeit beobachtbar. In die Harnabgabesteuerung sind Kontrollen durch höhere Zentren eingeschaltet: Die primären Dehnungssignale der Blasenwand fließen nicht nur in den Reflexbogen ein, sondern steigen zugleich zu

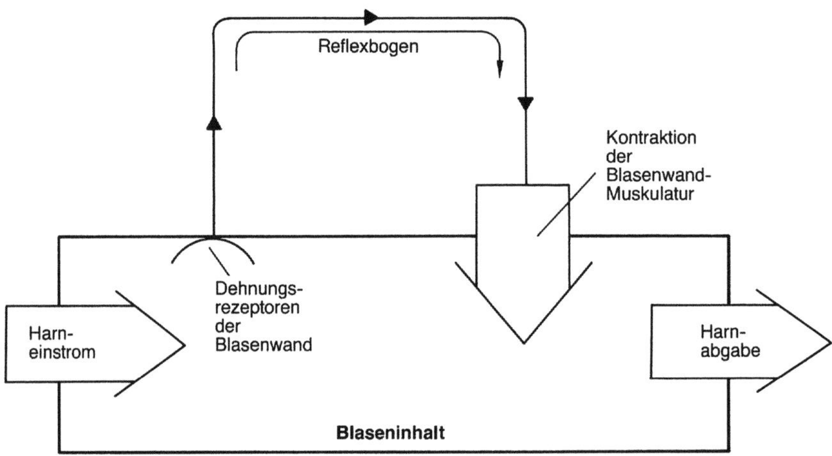

Schaltbild I

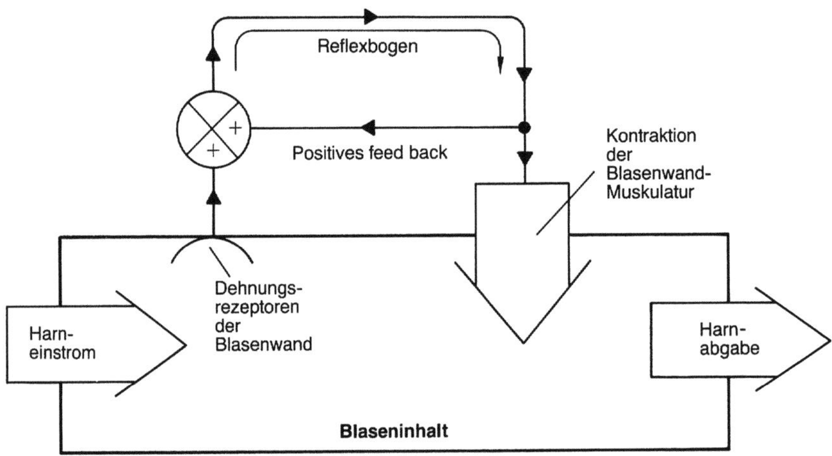

Schaltbild II

übergeordneten Zentren der zentralnervösen Verhaltenssteuerung auf. Ein geringer Einstrom des Signals der Dehnungsrezeptoren bewirkt noch keine Ausgangsmeldung für einen bewußt empfundenen Harndrang. Erst nach Übersteigen eines bestimmten Schwellenwertes werden Meldungen bis zu den corticalen Zentren gesendet.

Von diesen geht eine Dauerhemmung des spinalen Harnabgabereflexes aus. Erst die Meldung über einen entsprechend starken Dehnungsreiz kann die Aufhebung der Dauerhemmung, die somit eine zweite funktionell bestimmte Schwelle darstellt, durch höhere Zentren bewirken. Diese konstante Hemmwirkung dient der Etablierung des Schwellenwertes, dieser ist jedoch durch zentral bedingte Enthemmung veränderbar.

Die Aufhebung hemmender Wirkungen geht mit cortical gesteuerten Vorbereitungen zur Harnabgabe einher, z. B. einem Gang zur Toilette.

Schaltbild IV. Der Blasensphincter wirkt bei der Harnspeicherung und -abgabe als Antagonist zur Blasenwandmuskulatur. Wenn sich die Blasenwandmuskulatur zur Harnabgabe kontrahiert, erschlafft der Sphincter. Während die von höheren Zentren ausgehende Dauerhemmung eine Dauer-Erschlaffung der Blasen-

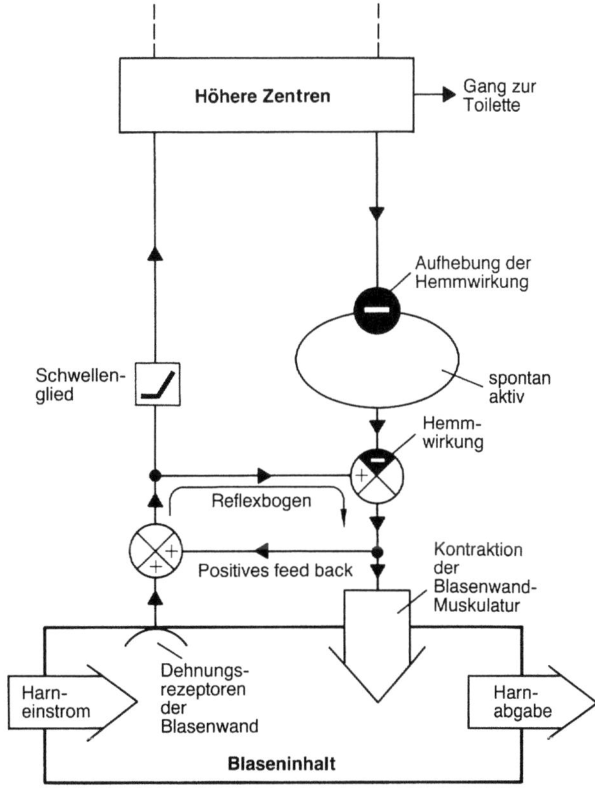

Schaltbild III

wandmuskulatur bewirkt, setzt die identische Instanz den Sphincter unter Dauerkontraktion.

Das von höheren Zentren ausgehende Kommando zur Harnabgabe bewirkt somit:

a) die Aufhebung der Dauerhemmung des spinalen Reflexbogens, d.h. den Übergang der Dauer-Erschlaffung der Blasenwand in die Kontraktion der Blasenwandmuskulatur und
b) die Erschlaffung oder Öffnung des Sphincters zur Harnabgabe.

Wenn bereits Harndranggefühl vorhanden und somit der positive Feed-Back-Kreis schon in Gang gekommen ist, muß der Sphincter noch zusätzlich über höhere Zentren kontrolliert werden, d.h. er wird noch verstärkt kontrahiert.

Die bewußte Blasenkontrolle setzt also voraus:

– im Wachzustand am Tag: starker Harndrang tritt ins Bewußtsein
– im Schlaf: Blasenwand-Dehnung von einem bestimmten Schwellenwert an weckt den Schläfer.

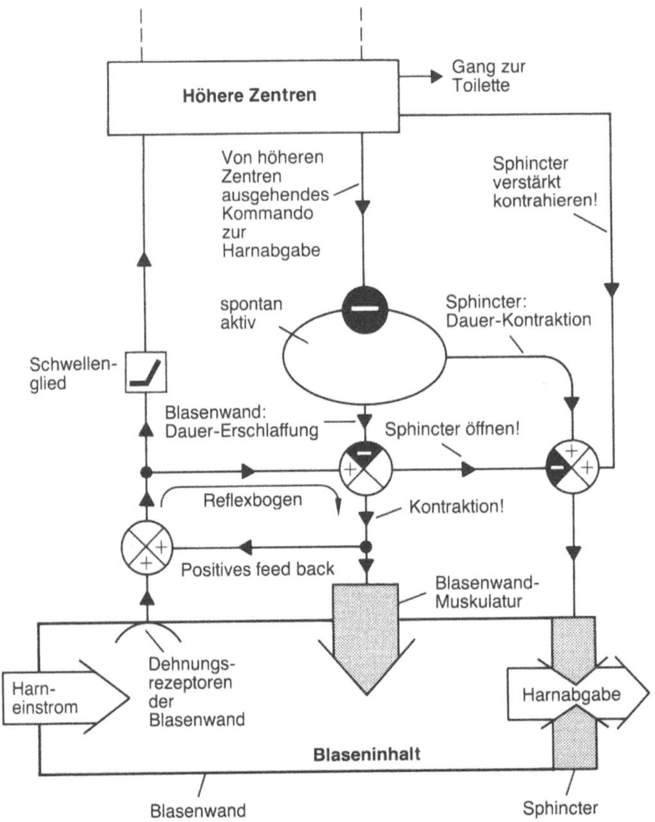

Schaltbild IV

Der Harn wird danach jedoch noch so lange willkürlich zurückgehalten, bis ihm am vorgesehenen Ort freier Lauf gelassen wird.

Welche Veränderungen der Verhaltenssteuerung kommen bei einnässenden Kindern als Ursache dafür in Frage, daß die Blasenkontrolle im Wachzustand oder im Schlaf nicht funktioniert? Die Antwort muß für die drei Formen der Enuresis - Tagnässen Typ A, Typ B und nächtliches Bettnässen - naturgemäß verschieden aussehen.

Das Tagnässen Typ A ist bereits vollständig dem Funktionsschaltbild zur Steuerung der Harnabgabe zu entnehmen: Wegen prall gefüllter Blase ist der Harndrang groß. Die Reflexerregung übersteigt die Schwelle. Trotzdem geht das Kind nicht zur Toilette, sondern versucht, den Harnfluß willentlich zu hemmen. Das corticale Kommando kann sich aber schließlich nicht mehr gegen die vom Reflexbogen ausgehende Hemmung der verstärkten Sphincter-Kontraktion durchsetzen. Die Kontrolle versagt, der Sphincter öffnet sich.

Hier ist die bildliche Vorstellung „die Blase läuft über" in Grenzen anwendbar; allerdings fällt die Entscheidung hierüber nicht in der Blase, sondern auf der Ebene der Signalverarbeitung des Nervensystems, wo auslösende Signale der Dehnungsrezptoren der Blasenwand und hemmende Signale aus dem Befehlszentrum des Gehirns miteinander verrechnet werden und sich der von der Blasenwand ausgehende Entleerungsreflex gegen die willentlichen Hemmsignale durchsetzt.

Die soeben für Tagnässen Typ A entwickelte Vorstellung ist für das Tagnässen Typ B sowie das nächtliche Bettnässen nicht anwendbar: Beim Tagnässen Typ B und bei der Enuresis nocturna ist die Voraussetzung einer vollen Blase und somit des Ansprechens des Reflexbogens auf den Dehnungsreiz der Blasenwand nicht erfüllt. In beiden Fällen erfolgt die Harnabgabe auch (oder sogar überwiegend) bei nicht prall gefüllter Blase unabhängig vom Blaseninhalt. Die Entscheidung über den Harnabgang kann hier nicht dadurch erfolgen, daß der Harndrang stärker als die erreichbare Höchststärke der Hemmung wird. Das Signal, das als Kommando für den Ablauf der Blasenentleerung wirkt, muß aus einer anderen Quelle kommen!

In der Literatur wird seit langem immer wieder erwähnt, daß das Einnässen eines Kindes etwas mit seiner Betreuungssituation, mit seelischer Bedrückung oder mit seinem psychischen Gesamtbefinden zu tun habe.

Die Verhaltensbeobachtungen bei einnässenden Kindern bewiesen einen eindeutigen Zusammenhang zwischen individuell genau zu differenzierender psychischer Belastung und unkontrollierter Harnabgabe. Die Harnabgabe beim Tagnässen Typ B und beim Bettnässen im Schlaf steht gemäß der Beobachtungsergebnisse in der Regel mit dem gesteigerten Wunsch nach Betreuung oder mit seelischer Belastung oder mit beiden in Beziehung.

Angesichts der im Verhalten der Kinder ausgedrückten funktionellen Beziehung zwischen dem Bedürfnis nach Betreuung, einer aktivierten Antriebsinstanz, und der unwillkürlichen Harnabgabe erhebt sich die Frage: Wie kann eine solche Beziehung entstehen; wie kann es zu einer derartigen psycho-somatischen Verbindung kommen?

Schaltbild V. Da beim Einnässen weder die Blasenwanddehnung noch – im Schlaf – das Wachbewußtsein als Kommandogeber in Frage kommen, ist im Schaltbild IV keine Quelle für das Einnäßkommando vorhanden. Das Einnäßkommando muß also außerhalb dieses Teilsystems entstehen.

Schaltbild VI. Die Auswertung der Sinnesmeldungen und des zu beobachtenden Verhaltens ist eine wichtige Voraussetzung für das weitere Verständnis. Bei diesem Funktionsschaltbild stehen Reize aus der Außenwelt und innere Bereitschaften im Mittelpunkt.

Vom Reizeingang führt eine signalleitende Verbindung zur inneren Bereitschaft für eine bestimmte Verhaltenstendenz, die abhängig vom Reizsignal erhöht wird. Die körpereigenen Instanzen sind durch ein Koinzidenzglied mit den eintreffenden Außenreizen verknüpft, was darstellen soll, daß die Verhaltenstendenz nur dann entsteht, wenn sowohl ein auslösender Reiz vorliegt, als auch die entsprechende innere Bereitschaft oder der entsprechende innere Antrieb aktiviert ist.

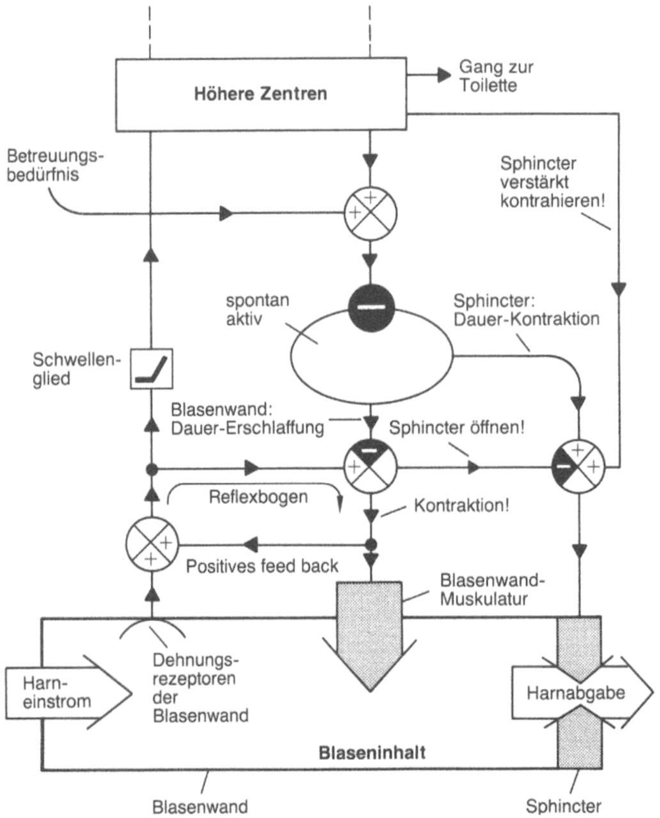

Schaltbild V

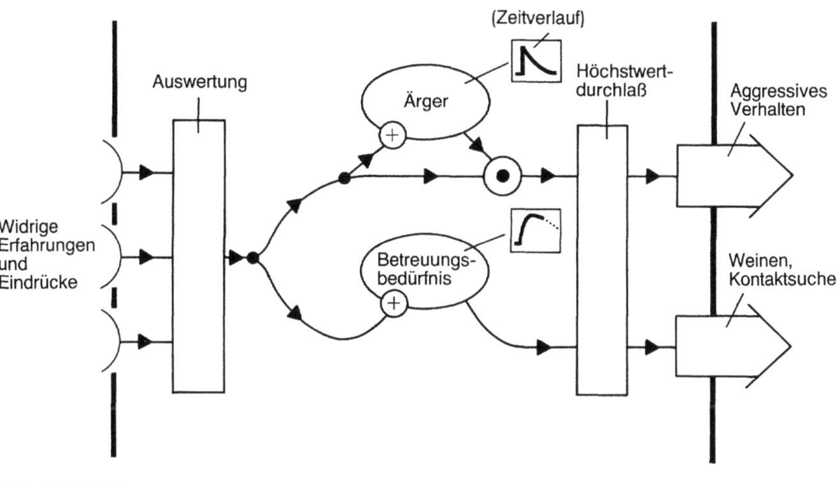

Schaltbild VI

Sozialer Kummer, widrige Erfahrungen und Eindrücke belasten das Kind. In einer und derselben Situation können mehrere Verhaltenstendenzen aktiviert sein. In unserem Beispiel erhöhen widrige Erfahrungen und Eindrücke die innere Bereitschaft für Ärger, gleichzeitig können sie auch das Kontakt- oder Betreuungsbedürfnis aktivieren.

Zwei unterschiedliche Instanzen sind somit für die Organisation des zugehörigen Verhaltens zuständig. Nach dem Prinzip des Höchstwertdurchlasses kann sich von mehreren aktivierten Verhaltenstendenzen jedoch jeweils nur die stärkste im Verhalten äußern, während dessen die anderen vollständig unterdrückt bleiben. Die Verhaltenstendenz für aggressives Verhalten hemmt bei einem hohen Wert aus Bereitschaft und Reizintensität die weniger stark aktivierte Verhaltenstendenz zur Kontaktsuche. Diese setzt sich jedoch gegen aggressiv stimmende Wahrnehmungen und Ärger durch, sofern sie den stärksten Impulsstrom hat, sofern also die Verhaltenstendenz für aggressives Verhalten unter das Maß ihrer Aktivierung abgesunken ist.

Auch dieser Zusammenhang ist Ausdruck der Funktion eines Höchstwertdurchlasses. Der plötzliche Wechsel von einem zu einem anderen Verhalten (in unserem Beispiel: von aggressivem Verhalten zur Kontaktsuche, verdeutlicht durch ein erhöhtes Zuwendungsbedürfnis) kann dadurch zustandekommen, daß sich die Unterschiede im Aktivierungsgrad verschiedener Verhaltenstendenzen zwar fließend ändern, daß aber dadurch zu einem bestimmten Zeitpunkt die zweitstärkste Verhaltenstendenz zur stärksten wird, woraufhin ihr Verhalten das der bisher stärksten Verhaltenstendenz abrupt ablöst.

Nochmals kurz zur Erinnerung:

Der Enuresis diurna Typ B geht stets eine Enttäuschung, vielfach ein Streit voraus. Das Kind unterbricht sein Spiel oder seine sonstige Tätigkeit, zeigt mitunter nochmals heftige Aggressionen und zieht sich dann aus dem Kreis der Kinder zurück, verharrt abseits mit abwesendem Blick in verkrampfter Haltung. Nach individuell unterschiedlichen Zeitabschnitten kommt wieder Bewegung in das Kind, es wirkt entspannter und ist in vielen Fällen höchst liebesbedürftig. Zumeist in diesem Augenblick zeigt es sich, daß das Kind eingenäßt hat. Bei der Enuresis nocturna läßt sich bei solchen Kindern, die nicht allnächtlich einnässen, eine hohe Korrelation zwischen belastenden Tagesereignissen und den darauf folgenden „nassen" Nächten zeigen.

Wie kann eine so eigentümliche Assoziation – zwischen sozialem Kummer und unkontrollierter Harnabgabe am Tag oder in der Nacht – bei Kindern entstehen und zur Wirkung kommen?

Schaltbild VII. Die beiden Systeme,
(1) die Steuerung der Harnabgabe und die
(2) Verarbeitung widriger Erfahrungen und Eindrücke bei aktivierter Aggressionsbereitschaft und erhöhtem Betreuungsbedürfnis,
müssen durch einen pathologischen Prozeß in Beziehung miteinander getreten sein.

Mit anderen Worten: Sozialer Kummer und widrige Ereignisse – Enttäuschungen, Versagungen oder Auseinandersetzungen – verstärken nicht nur den Aktivierungsgrad des Betreuungsbedürfnisses, sie verstärken auch auf einem noch genauer zu benennenden Wege die Verhaltenstendenz zur Blasenentleerung.

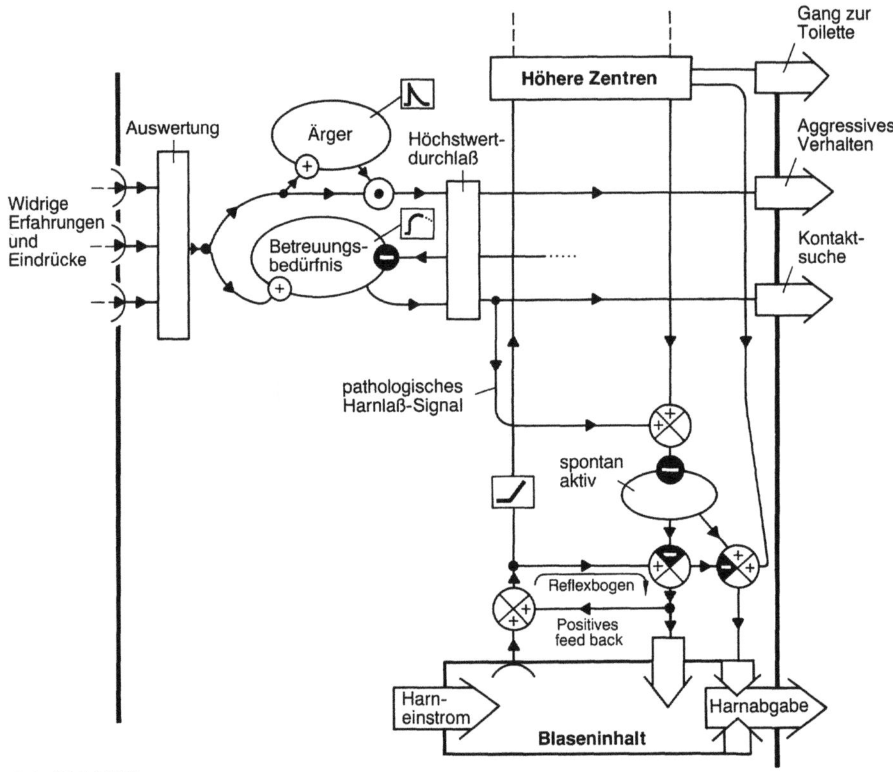

Schaltbild VII

Nach Belastungssituationen wird zunächst das Betreuungsbedürfnis auf der Ebene des Höchstwertdurchlasses unterdrückt, solange Wut, Sorge, Verzweiflung oder Angst die Übermacht behalten. Wenn diese Emotionen abklingen, sei es durch Beruhigung wie beim fünfjährigen Sami im Kindergarten (Tagnässen Typ B!) oder durch Entspannung im Schlaf (Bettnässen!), gewinnt zu einem bestimmten Zeitpunkt das Bedürfnis, betreut zu werden, die Oberhand, damit aber zugleich auch die damit verknüpfte Funktion, die Harnabgabe, und es erfolgt das innere Kommando: Blase entleeren.

Wie kommt die Verknüpfung der so unterschiedlichen Systeme zustande?

Zwei Teilsysteme unterschiedlicher Organisation können durch einen Lernprozeß miteinander in Verbindung treten. Ein Lernvorgang könnte im Spiel sein, falls die Harnabgabe dem Kind irgendeine Belohnung vermitteln würde.

Sucht man für das Einnässen nach einem denkbaren Lernprozeß, so liegt die bedingte Aktion am nächsten. Durch den Lernvorgang der bedingten Aktion können sich Antriebsinstanzen mit Verhaltenselementen verknüpfen, mit denen sie zuvor in keinerlei funktionaler Verbindung standen.

Diese Lernart ist folgendermaßen definiert: Folgen auf ein Verhaltenselement ein- oder mehrmals Erfahrungen, die eine Belohnung für das Lebewesen darstellen, so verknüpft sich der durch die Belohnung befriedigte Antrieb mit dem Verhaltenselement und stellt es in seinen Dienst. Antriebe können auf diese Weise neue ausführende Verhaltensweisen gewinnen. Wird der Antrieb von neuem aktiviert, so wird das Verhaltenselement wiederholt.

Die Ursache-Wirkungsbeziehungen beim Tagnässen Typ B und beim nächtlichen Bettnässen würden sich folgendermaßen darstellen: Das Bedürfnis, individuell und adäquat betreut zu werden, ist als Folge eines frühen Lernprozesses mit dem inneren Kommando zur Blasenentleerung verknüpft. Die Harnabgabe steht somit im Dienst des Bedürfnisses, Betreuung zu erlangen, und wurde zum Mittel, um dies zu erreichen.

Diese verhaltensbiologische Hypothese sieht folgendermaßen aus (HASSEN-STEIN 1973):

In vielen Fällen folgt beim Säugling gerade auf das Harnlassen ein Akt intensiver Betreuung mit Blickkontakt und Körperkontakt, das Trockenlegen. Man braucht nur vorauszusetzen:

1. einen Säugling, dessen Bedürfnis, betreut zu werden, gesteigert ist,
   vielleicht weil er außer den Routinepflegemaßnahmen wenig Zuwendung erhält,
   vielleicht weil die ihm zugedachte Versorgung an seinen Bedürfnissen vorbeigeht
   oder weil er wegen besonderer Sensibilität ein überdurchschnittliches Bedürfnis nach Betreuung hat, so daß es für ihn nichts Begehrteres gibt, als die Gegenwart einer wichtigen mütterlichen Bezugsperson zu spüren, die sich mit ihm beschäftigt.
2. eine Mutter mit folgendem Verhalten beim Überprüfen der Windel: ist diese nach kurzer Kontrolle trocken, dann verläßt sie den Säugling gleich wieder und keine Kontaktaufnahme kommt zustande,

ist sie naß, dann erfährt der betreuungshungrige Säugling die beglückende mütterliche Pflegehandlung. Die Harnabgabe wird also besonders belohnt.

Unter diesen Umständen – zu wenig Zuwendung für den Säugling, und diese zu stark, ja fast ausschließlich auf das Trockenlegen konzentriert – ist die Lernsituation der bedingten Aktion klassisch verwirklicht:
Die Befriedigung eines stark aktivierten Antriebs (Betreuungsbedürfnis) folgt zeitlich auf ein Verhaltenselement (Harnlassen); dies führt zwangsläufig zu einer Assoziation zwischen dem befriedigten Antrieb (Betreuungsbedürfnis) und dem vorangegangenen Verhaltenselement (Harnlassen), wodurch dieses als neues Ausführungsverhalten in den Dienst des Antriebs tritt. Von nun an kann die Aktivierung des Antriebs „Betreuungsbedürfnis" das Verhaltenselement „Harnabgabe" auslösen.
Durch künstliche Enuresis im Tierversuch konnte am „Tiermodell" bewiesen werden:
Selbst zwei anatomisch so weit voneinander entfernte zentralnervöse Steuerinstanzen wie die für Mutterkontakt und für Harnlassen können durch eine erfahrungsbedingte Verknüpfung nach dem Prinzip der bedingten Aktion miteinander gekoppelt werden.

Ein Schaflamm wurde mit seinem Muttertier in einem Gehege gehalten, das durch einen Zaun zweigeteilt war. Im Zaun befand sich eine Tür. Die Mutter wurde dann und wann ohne das Lamm durch die Tür in das jeweils andere Abteil gelockt. Das Lamm nahm davon zunächst keine Notiz. Wollte es später dann doch wieder einmal zur Mutter, so fand es vorerst das Tor verschlossen. Geöffnet wurde die Tür sogleich, wenn das Lamm Harn ließ.
Nach Beginn dieser Versuchsstrategie harnte das Lämmchen eine Zeitlang noch ohne zeitliche Beziehung zum Türöffnen, war darin also allein von der Blasenfüllung abhängig. Im Laufe von 1–3 Tagen änderte sich das; wenn jetzt das Lamm zur Mutter wollte und an der verschlossenen Tür angekommen war, harnte es dort sofort, woraufhin es dann auch sogleich zur Mutter gelassen wurde.
Das Lamm benutzte also das Harnen, weil diesem mehrmals eine Triebbefriedigung unmittelbar zeitlich nachgefolgt war, nunmehr als Mittel, um zur Triebbefriedigung zu gelangen (SCHLEICHER 1983).

Durch diesen verhaltensbiologischen Modellversuch ist zwar für die Entstehung der Enuresis des Menschen noch nichts bewiesen, aber es ist nun nicht mehr undenkbar, daß die eigentümliche Verknüpfung zwischen sozialem Kummer einerseits und dem Harnlassen andererseits durch einen frühkindlichen Lernprozeß nach dem Prinzip der bedingten Aktion zustande kommt.

Schaltbild VIII. Für die Verwirklichung dieses Lernprinzips sind Elemente der Signalübertragung, Datenverarbeitung und Datenspeicherung nötig:

- Ein Signal, das die erfolgte Belohnung meldet, muß eine Rolle beim Verknüpfungsvorgang spielen. Das mit $-d/dt$ bezeichnete Differentialglied registriert laufend die Bereitschaftsstärke des Kontaktbedürfnisses und meldet deren Änderung, also die erfolgte Belohnung, ins Lernsystem.

– Wenn eine Belohnung erfolgt, gehört das belohnte, also das zu verknüpfende Verhalten bereits der Vergangenheit an. Daher muß ein Informationswert, der das abgelaufene Verhalten repräsentiert, bis zum Zeitpunkt der Belohnung gespeichert werden und zusätzlich vom Speicher aus als Signal für die Bildung der bedingten Verknüpfung wirksam werden können. Das mit Λ bezeichnete träge Übertragungsglied ist ein Kurzzeitspeicher, der auf den Eingang des Signals über erfolgtes Harnlassen mit einer zeitlich verlängerten monoton abklingenden Ausgangsmeldung reagiert.

– Die Verknüpfung erfolgt zwischen einem Übertragungskanal, der den Aktivierungsgrad der Bereitschaft meldet, und der efferenten Bahn für die bis dahin neutrale, d.h. nicht mit diesem Antrieb in Verbindung stehende Verhaltensweise. Das Zusammentreffen zwischen einer Belohnung und einem gespeicherten Informationswert über das vorangegangene Verhalten führt zur Verknüpfung der Bahn der Bereitschaftsinstanz mit der Kommando-Bahn der betreffenden Verhaltensweise (nach HASSENSTEIN 1980).

Die neue Assoziation an dieser Verbindungsstelle ist der pathologische Anteil innerhalb dieser Verhaltenssteuerung. Die verhaltensbiologische Analyse über die Enuresis führt zu einer in sich geschlossenen Hypothese über ihre Entste-

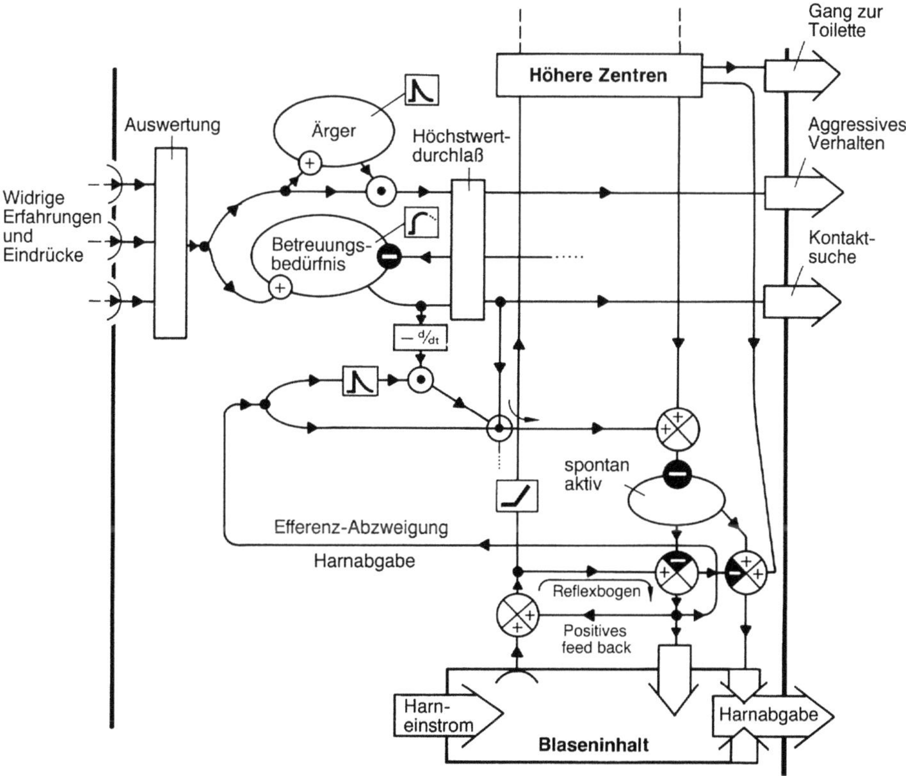

Schaltbild VIII

hung und ihren Wirkungsmechanismus. Am Beginn stände das Lernprinzip der bedingten Aktion. Als Ursache für den Einzelfall des ungewollten Harnabgangs hat, nachdem die Assoziation einmal besteht, jeweils sozialer Kummer zu gelten, als zeitlicher Auslöser der Durchbruch des mit ihm verschwisterten Betreuungsbedürfnisses beim Eintritt von innerer Entspannung.

Schaltbild IX und X. Auf diesem Hintergrund lohnt es sich, die momentan aktuellen Behandlungsmethoden auf ihre behandlungsbedürftige Grundvorstellung sowie ihren therapeutischen Ansatzpunkt zu überprüfen. Die Verhaltensbeobachtungen sowie die theoretischen Überlegungen zu den Enuresisformen nocturna und diurna Typ B konnten das „Überlaufphänomen" der vollen Blase widerlegen. Damit einhergehend müssen

– eine Blasenüberfüllung wegen zu großer Trinkmengen am Abend,
– ein zu schwacher Schließmuskel,
– eine zu geringe Blasenkapazität und
– eine fehlende Weckwirkung des Harndrangs
als Enuresis-Ursachen ausscheiden.

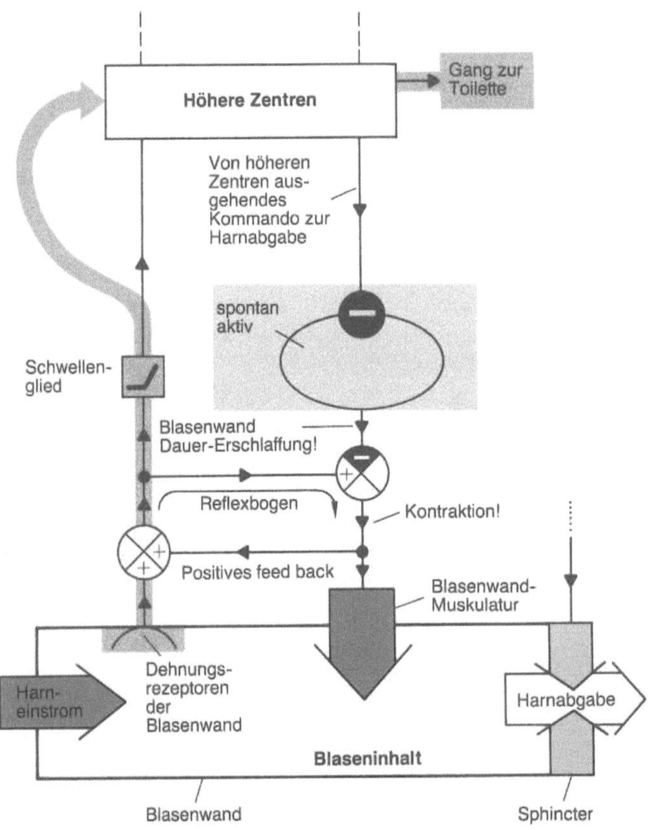

Schaltbild IX

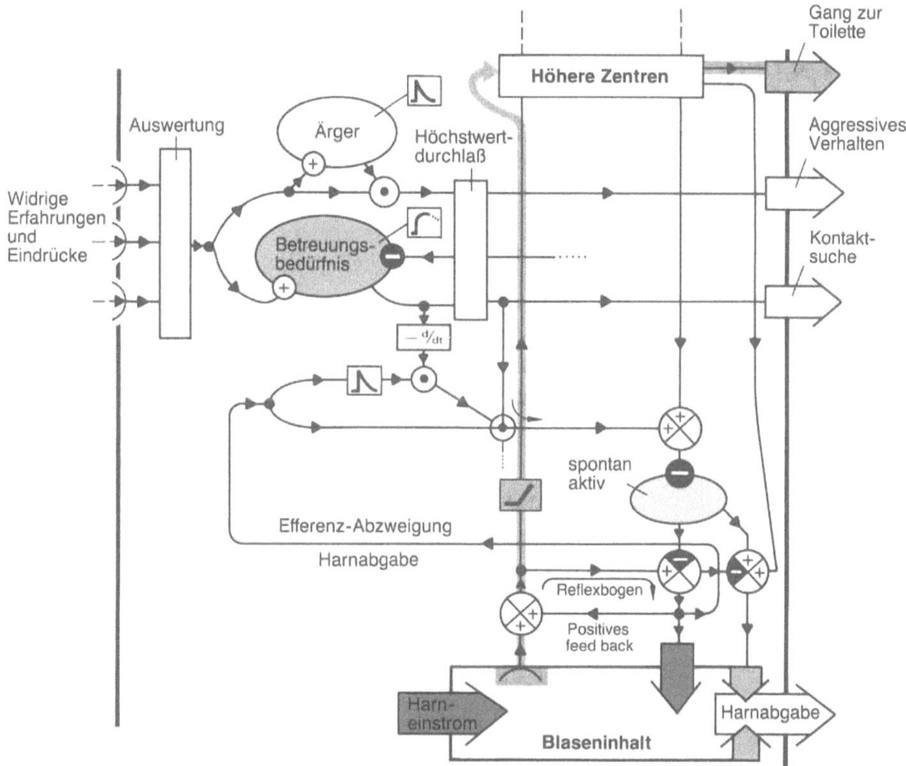

Schaltbild X

Diese vier Jahre lang diskutierten und praktizierten Enuresis-Standardauslöser hatten typische Therapieansätze zur Folge, die ebenfalls als unzutreffend aus den kinderärztlichen Praxen verschwinden müssen (HAUG-SCHNABEL 1985).

Die Behandlungsschwerpunkte liegen noch immer auf der direkten Beeinflussung von Harnbildung, Harnspeicherung und Harnabgabe:

- Die Verminderung der Trinkmenge soll eine Überfüllung der Blase und somit das Überlaufen verhindern. Da das nächtliche Einnässen und das Tagnässen Typ B unabhängig vom Blaseninhalt erfolgen, ist diese Maßnahme unangebracht. Zusätzlich hat eine abendliche Trinkeinschränkung oder gar ein Trinkverbot ab einer gewissen Uhrzeit belastende Auswirkungen auf das Kind. Da sich die Kinder selbst vor dem beschämenden Mißgeschick des Bettnässens fürchten, legen sie sich mitunter freiwillig einen geradezu rigorosen Flüssigkeitsentzug auf. Andererseits kann es ein Kind seelisch schwer belasten, wenn gerade ihm, obwohl es ohnehin unter der Enuresis leidet, auch noch das Privileg der Geschwister, die vor seinen Augen nach Belieben trinken dürfen, versagt wird.
- Mit Blasenstretching wird versucht, die angeblich zu geringe Blasenkapazität der einnässenden Kinder zu vergrößern, um so ein zu schnell ansteigendes

Harndranggefühl wegen einer zu kleinen Blase zu verhindern. Jedoch schon die Grundvoraussetzung: volle Blase, deshalb Einnässen, ist nicht gegeben. In der Praxis sieht das Blasenstretching so aus, daß die Kinder aufgefordert werden, bei aufkommendem Harndrang so lange wie möglich das Wasserlassen zurückzuhalten. Häufige Komplikationen dieses Verfahrens sind Blasenerweiterung (sonographisch feststellbar), Zurückbleiben von Restharn, Harnwegsinfektionen.

- Hiermit oft gepaart tritt das Schließmuskel-Training (Sphinkter-Training) auf. Die Maßnahme soll eine vermutete Schwäche des Schließmuskels der Blase beheben, um auch den erhöhten Verschlußanforderungen bei voller Blase standhalten zu können. Dieses ebenfalls unbegründete Training sieht folgendermaßen aus: Die Kinder sollen den Blasenschließmuskel kräftigen, indem sie üben, während des Wasserlassens willkürlich den Harnabfluß zu unterbrechen. Auch diese Methode birgt das Risiko ungewollter Nebenwirkungen in sich: aufkommende, antrainierte Unfähigkeit, den Harn gleichmäßig fließen zu lassen.

- Die vermutete ausbleibende Weckwirkung der Signale der „prall gefüllten" Blase soll durch nächtliche Weckserien erreicht werden. Die Kinder werden während der Nacht ein- oder mehrmals geweckt, um auf die Toilette zu gehen. Man nimmt bei dieser zweifelhaften Maßnahme nachteilige gesundheitliche Folgen der Schlafunterbrechung in Kauf. In dieselbe therapeutische Richtung zielen Klingelhose oder Klingelmatratze. Das fehlende innere Wecksignal der „vollen Blase" soll ersetzt werden: Ein Detektor spricht auf den Austritt des ersten Harntropfens an und weckt den Schläfer mit einem Weckton. Dies soll eine Sensibilisierung oder einen Lernprozeß herbeiführen, durch den das innere Wecksignal seine Wirksamkeit gewinnt oder wiedergewinnt. Bei diesen therapeutischen Maßnahmen wird vergessen, daß soweit das Harnlassen bei der Enuresis gar nicht durch das Auslösen des Blasenentleerungsreflexes erfolgt, es durch Mittel, die auf die Harnmenge, die Blase oder die Weckfunktion der vollen Blase wirken sollen, auch gar nicht beeinflußt werden kann.

- Mit Medikamenten, die auf das vegetative Nervensystem wirken, beeinflußt man zugleich weitgehend unkontrolliert weitere Körperfunktionen. Außerdem greift man mit dem groben Mittel der bloßen Hemmung in ein fein abgestimmtes Funktionsgefüge ein, das an sich als Regelsystem für die jeweils physiologisch rechtzeitige Harnabgabe zu sorgen hat.

- Das häufig gegen Enuresis verschriebene Imipramin (Psychopharmakon) beeinflußt die Spannung der Blasenmuskulatur und ist zugleich ein Antidepressivum. Neben den bislang völlig unkalkulierbaren Risiken einer Gewöhnung an Psychopharmaka im Kindesalter hat das „aktivierend stimmungsaufhellende" Imipramin, falls diese Wirkung auch bei Kindern aufträte, eventuell die Möglichkeit, den sozialen Kummer abzuschwächen, und damit – als einzige der bisher genannten Therapien – ein zentrales Glied in der psychosomatischen Ursachenkette zu beeinflussen. Durch eine Scheinlösung würde ein Symptom beseitigt werden, dessen Ursache unangetastet bliebe und zusätzlich nach Entfernung des Signalsymptoms auch noch unerkennbar gemacht würde.

6. Praktische Konsequenzen für die Enuresis-Therapie

Eine wirkungsvolle Enuresis-Therapie muß den sozialen Kummer des Kindes lindern oder aus der Welt schaffen und so die neue pathologische Assoziation wirkungslos werden lassen.

Diese Assoziation zwischen Betreuungsbedürfnis / sozialem Kummer und Harnlassen ist durch einen frühen Lernprozeß entstanden und nicht durch Medikamente löschbar. Einzig und allein eine Extinktion bietet die Möglichkeit einer aktiven Schwächung und Tilgung dieser Assoziation:

Das andressierte Verhalten muß vor sich gehen, ohne daß daraufhin jeweils die ursprüngliche Belohnung oder Bestrafung erfolgt. Auf das Einnässen angewendet hieße das:

Die Abschwächung oder das Erlöschen der Assoziation zwischen Betreuungsbedürfnis und Harnlassen würde durch Extinktion gefördert, sofern die Umwelt auf das Bettnässen so wenig wie möglich, am besten überhaupt nicht reagiert; denn jede Reaktion der Eltern, auch Tadel und Strafen, können für ein Kind als „Zuwendung" wirken, dadurch einen Belohnungscharakter haben und die für das Einnässen verantwortliche Assoziation stabilisieren.

Alle anderen „Therapien" müssen an der Sache vorbeigehen!

Deshalb sollte man dem Kind alle Behandlungen ersparen, die sich auf geringere Harnproduktion (Flüssigkeitseinschränkung oder -entzug), auf die Blasenwandmuskulatur (Blasenstretching), auf den Blasenschließmuskel (Sphinkter-Training), auf die Ausbildung eines bedingten Aufwachreflexes (Konditionierungsmethoden) oder medikamentös auf das vegetative Nervensystem oder eine „reine" Symptombehandlung durch Psychopharmaka richten; denn allen diesen Behandlungen haften unerwünschte, teils gefährliche Nebenwirkungen an.

Es ist wichtig, die Aufmerksamkeit des Kindes und der Eltern von der Enuresis abzuwenden; eine Nichtbeachtung des Symptoms kann die Extinktion der zugrundeliegenden Assoziation beschleunigen. Beachtet werden sollte jedoch in besonderem Maße der Signalwert des Symptoms Einnässen sowie der hier dargestellte Verständnishintergrund. Es ist von größter Wichtigkeit, den sozialen Kummer, die bedrückenden und ängstigenden Bedingungen in Familie, Schule und Freundeskreis zu erkennen, um sie für das Kind mildern, ihm bei ihrer Bewältigung helfen oder sie ihm ersparen zu können. Die Praxis zeigt, daß in vielen Fällen einer vorliegenden Enuresis auf fachkundige Hilfe und Unterstützung des Kindes und seiner Familie nicht verzichtet werden kann. Das einnässende Kind braucht Zeichen der Geborgenheit und wirkliche Geborgenheit.

Literatur

Hassenstein B (1987) Verhaltensbiologie des Kindes. München
Hassenstein B (1980) Instinkt, Lernen, Spielen, Einsicht. Einführung in die Verhaltensbiologie. München
Hassenstein B (1983) Funktionsschaltbilder als Hilfsmittel zur Darstellung theoretischer Konzepte in der Verhaltensbiologie. Zool Jahrb Physiol 87:181–187

Harbauer H, Lempp R, Nissen G, Strunk P (1980) Lehrbuch der speziellen Kinder- und Jugendpsychiatrie. Berlin
Haug-Schnabel G (1983) Schwachpunkte der Blasenkontrolle. Z Kinder-Jugendpsychiatrie 11:145–161
Haug-Schnabel G (1984) Situationsanalyse bei Kindern mit Enuresis nocturna. Sozialpädiatr Prax Klin 10:574–581
Haug-Schnabel G (1985) Das Symptom Tagnässen. Sozialpädiatr Prax Klin 1:42–45
Haug-Schnabel G (1985) Zur Enuresis-Therapie. Der Kinderarzt 8:1105–1114
Schleicher U (1983) Harnlassen als Ausdruck des Mutterkontaktbedürfnisses. Ein Verhaltensexperiment bei Schafen. Unveröffentlichte Staatsexamensarbeit, Biologische Fakultät Freiburg

3.3 Modelle geschlechtsspezifischer Blutdruckregulationen

August Wilhelm von Eiff

Klinische Forschung erhält ihre entscheidenden Impulse entweder von der Beobachtung des Verhaltens einzelner Patienten am Krankenbett oder von Beobachtung des Verhaltens größerer Personengruppen bei epidemiologischen Studien. Die resultierenden Fragestellungen erfordern häufig Modellversuche. Dabei bemüht man sich heute, Tierexperimente wenigstens einzuschränken, da ein völliger Verzicht auf Tierexperimente in der Medizin nicht möglich ist.

Ethische Prinzipien, die bei Experimenten in der Medizin angewandt werden müssen, sollten eine sinnvolle Aufteilung in Human- und Tierexperimente erlauben. Bei den Humanversuchen muß zusätzlich bedacht werden, ob die Fragestellung auch an gesunden freiwilligen Versuchspersonen bearbeitet werden kann, d.h. ob das zu prüfende pathophysiologische Phänomen physiologisch simuliert werden kann, ob sich also ein geeignetes Modell auch in Humanversuchen entwickeln läßt. An Hand eines spezifischen Blutdruckphänomens soll die Problematik exemplifiziert werden.

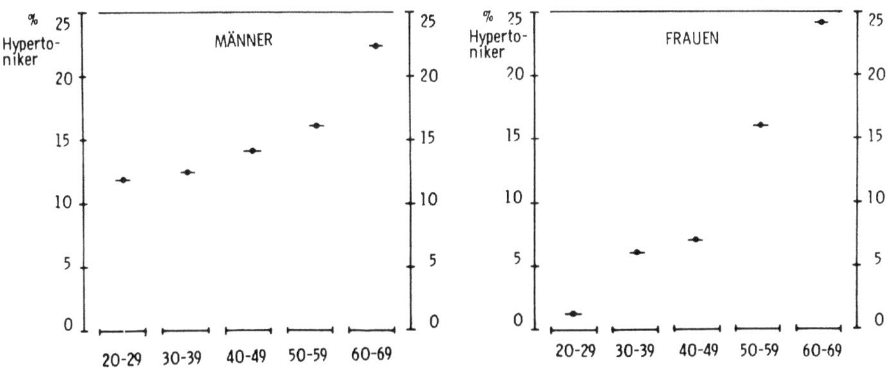

Kollektiv: Keine Angaben über die Einnahme von Medikamenten oder Antikonzeptiva — 2072 (=100%)

davon: normoton — 1273 (61%)

grenzwerthyperton — 489 (24%)

hyperton — 310 (15%)

Abb. 1

Zu der Zeit, in der die Frauen noch keine Ovulationshemmer einnahmen und wesentlich seltener rauchten als heute, fand sich ein bemerkenswerter Geschlechtsunterschied in der Häufigkeit der Hypertonie. In einer frühen Studie der National Health Survey war dies vor allem am Verhalten der weißen Bevölkerung deutlich zu erkennen. Bis zum Lebensalter der Menopause dominierte der Bluthochdruck bei den Männern, danach bei den Frauen. In unseren eigenen Untersuchungen an der Bonner Bevölkerung ergaben sich analoge Ergebnisse (Abb. 1).

Der Geschlechtsunterschied betraf nicht nur die Häufigkeit der Hypertonie, sondern auch die Häufigkeit der Komplikationen des Bluthochdrucks, vor allem der Häufigkeit der hypertensiven Herzkrankheiten, z.B. des Herzinfarktes.

Unabhängig von den Häufigkeitsstudien der Hypertonie war aus anderen epidemiologischen Untersuchungen bekannt, daß auch im Bereich des normalen Blutdrucks der Blutdruck unter den üblichen Ruhebedingungen, der sog. Gelegenheitsblutdruck, bei Frauen vor der Menopause niedriger ist als derjenige von Männern. So war bei unserer Münchner Fluglärmstudie [1] in den vier unterschiedlich belärmten Gebieten I–IV der Blutdruck bei den Männern und die Herzfrequenz bei den Frauen höher (♂ n = 192, ♀ n = 200) (Abb.2). Die Ursache des Geschlechtsunterschiedes des Blutdrucks und der Hypertoniehäufigkeit war unbekannt. Man vermutete zwar hormonale Einflüsse, konnte diese aber

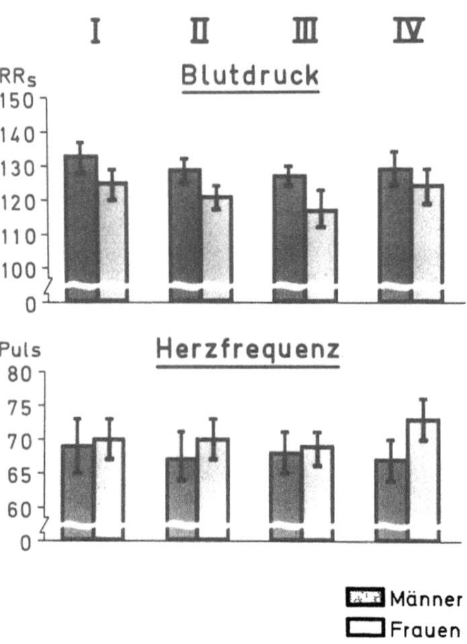

Abb. 2. Blutdruck und Herzfrequenz bei Männern und Frauen in 4 unterschiedlich flugbelärmten Gebieten (I–IV). In: v. Eiff, A. W., A. Czernik, L. Korbach, H. Jörgens, H. G. Wenig: DFG-Forschungsbericht Bonn-Bad Godesberg Fluglärmwirkungen. Eine interdisziplinäre Untersuchung über die Auswirkungen des Fluglärms auf den Menschen. Der medizinische Untersuchungsteil. Bd. I, 349–424, Bd. II, 149–200, Boppard 1974

nicht beweisen, weil der Mechanismus einer eventuellen Einwirkung nicht bekannt war.

Unserem Arbeitskreis in Bonn gelang in den letzten beiden Jahrzehnten der Nachweis einer geschlechtsspezifischen Blutdruckregulation und der Bedeutung des Östradiols auf die Entwicklung der Hypertonie. Dem Blutdruckverhalten unter life situations, also der Blutdruckregulation im emotionalen Stress des Alltags, kommt für morphologische Veränderungen der Gefäße eine größere Bedeutung zu als dem Gelegenheitsblutdruck unter Ruhebedingungen. Daher erregte es unsere Aufmerksamkeit, daß im mentalen Stress männliche junge Versuchspersonen stärker mit dem systolischen Blutdruck reagierten als weibliche gleichaltrige Personen. Der mentale Stress wurde durch Addition einstelliger Zahlen im Kopf unter Zeitdruck, evtl. noch zusätzlich unter Belärmung, erzeugt [2].

Diese geschlechtsdifferenten quantitativen Blutdruckreaktionen konnten wir auch in verschiedenen Lebensaltern bei der Münchner Fluglärmstudie bestätigen. Im oberen Teil des Diagramms (Abb. 3) sind die Reaktionen des systoli-

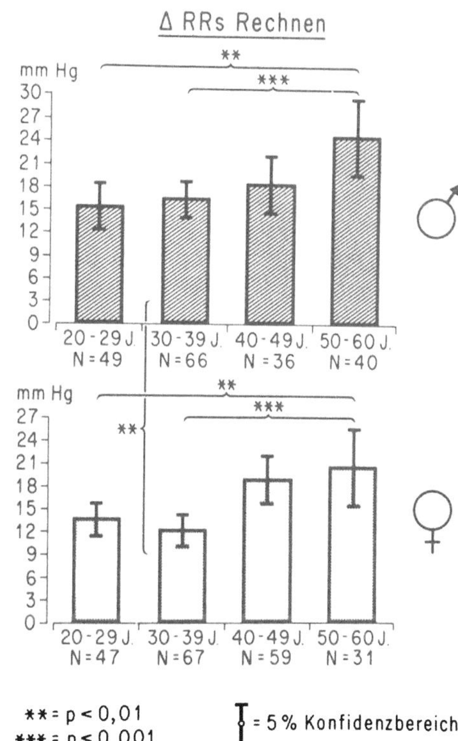

Abb. 3. Mittlerer Anstieg des systolischen Blutdrucks (RRₛ) unter Kopfrechnen für Männer und Frauen (getrennt nach Dezenien) des Münchner Fluglärmkollektivs unter Vernachlässigung des Einflusses der Fluglärmbelastung. In: A. Czernik: Körperliche Reaktionen Gesunder auf Lärm, in: V. Eiff, A. W.: Seelische und körperliche Störungen durch Streß, Fischer, Stuttgart, New York, 1976

schen Blutdrucks von Männern in verschiedenen Dezennien, im unteren Abschnitt diejenigen der Frauen dargestellt. Die jüngeren Frauen zeigen auch in diesen Untersuchungen schwächere Blutdruckreaktionen.

Es mußte nun weiter geklärt werden, ob es sich bei dieser geschlechtsdifferenten Blutdruckregulation nur um ein quantitatives Phänomen handelt oder ob auch qualitative geschlechtsspezifische Unterschiede bestehen. Daher muß eine Versuchsanordnung gewählt werden, die allerdings nicht nur von physiologischen Überlegungen bestimmt sein dürfte. Denn die Prüfung einer qualitativen Differenzierung beinhaltet die Anwendung geschlechtsspezifischer Reize. In der Literatur findet man bei der Benutzung geschlechtsspezifischer Reize auch die Benutzung von sexuell stimulierenden Filmen. Die Wahl der geschlechtsspezifischen Reize mittels solcher Darbietungen schien uns aber nicht gerechtfertigt, da die psychische Integrität der Versuchspersonen genau so bewahrt werden muß wie deren physische Unverletzlichkeit. So suchten wir in vorbereitenden Versuchsreihen zwei Filme mit einer allgemeinen Thematik aus, die männliche bzw. weibliche Personen besonders stimulierten, d. h. verstärkte Reaktionen des vegetativen Nervensystems auslösten. Bei dem einen Film mit männlicher Stimulationsprävalenz handelte es sich um einen Generationskonflikt, der durch berufliche Ambitionen verschärft wurde, bei dem anderen Film um ein Eifersuchtsgeschehen, mit dem sich die weiblichen Versuchspersonen stärker identifizierten. Nachdem so in Vorversuchen an männlichen und weiblichen Kollektiven die geeigneten Filme ausgewählt worden waren, wurden beide Filme nun einer neuen männlichen und weiblichen Experimentalgruppe vorgeführt und die Reaktionen des vegetativen Nervensystems der männlichen und weiblichen Versuchspersonen während der Filmvorführung miteinander verglichen (Tab. 1). Bei dem Eifersuchtsfilm reagierten die weiblichen Versuchspersonen mit allen vegetativen Funktionen, außer dem Blutdruck, stärker als die männlichen Versuchspersonen; bei dem Film mit dem Generationskonflikt, dessen varianzanalytische Auswertung dargestellt ist, hingegen reagierten die männlichen Versuchspersonen nur mit dem systolischen Blutdruck stärker als die weiblichen

Tabelle 1. Varianzanalyse über die Beziehungen vegetativer Funktionen (P = Pulsfrequenz, RR_s = systolischer Blutdruck, RR_d = diastolischer Blutdruck, T = elektromyographisch gemessenes Myointegral, Resp. R = Atemfrequenz) zu dem Geschlecht der Versuchspersonen und zwei geschlechtsspezifisch stimulierenden Filmen. In: v. Eiff, A. W.: Jap Circulat. J. 34 (1970), 147–153

Faktor	df	Funktionen				
		P	RR_s	RR_d	T	Resp. R.
Geschlecht	1	1250,54***	2338,00***	320,33*	9380,02	7,52
Film	1	88,04	13,00	56,33	1485,20	0,19
Geschlecht × Film	1	6,00	2426,08***	147,00	13,03	1,69
Fehler	44	76,58	100,20	52,41	3245,66	6,93

  * $p < 0,05$
 ** $p < 0,01$
*** $p < 0,001$

Versuchspersonen (4. Reihe, Sex/Film/RRs). Dies bedeutet, daß das männliche Geschlecht nicht nur quantitativ, sondern auch qualitativ ungünstiger als das weibliche Geschlecht mit dem Blutdruck reagiert. Diese geschlechtsspezifische Regulation führt demnach dazu, daß Männern häufigere und stärker Blutdruckanstiege im Alltag aufweisen, also kreislaufgefährdeter sind.

Es lag nahe, in der gefundenen geschlechtsspezifischen Blutdruckregulation nun einen entscheidenden ätiologischen Faktor für die anfangs genannten geschlechtsspezifischen Unterschiede des Bluthochdrucks zu vermuten. In diesem Fall war von Interesse zu wissen, wodurch die geschlechtsspezifische Regulation zustande kommt. Da der Einfluß von Sexualhormonen am wahrscheinlichsten war, mußte geprüft werden, ob und welches der beiden weiblichen Sexualhormone für diese günstige Blutdruckregulation der Frauen verantwortlich ist. Es war offenkundig, daß es sich um einen Effekt handelt, der subtil ist, da man ihn sonst längst gefunden hätte. Dies bedeutet, daß die Frage zunächst unter Extrembedingungen studiert werden mußte, d.h. die physiologischen Gegebenheiten gesunder Frauen nicht adäquat waren. Als Modell boten sich in dieser Situation Frauen an, denen beide Eierstöcke entfernt worden waren. Diesen ovarektomierten Frauen mußte dann unter den Bedingungen eines doppelten Blindversuchs, in dem also weder Arzt noch Patient die zu prüfende Fragestellung kannten, die beiden Sexualhormone verabreicht werden. Dabei bot sich ein interindividueller Vergleich, also ein Vergleich von verschiedenen Gruppen mit verschiedener Behandlung, als Methode der Wahl an, da es sich nicht um die Beobachtung eines langdauernden Verlaufs handelte. Welche Grundsätze waren bei einem solchen Modellversuch zu beachten? Zunächst konnte aufgrund entsprechender klinischer Erfahrung festgestellt werden, daß bei Verabreichung physiologischer Dosen von weiblichen Sexualhormonen kein Risiko für die Versuchspersonen bestand, so daß die entscheidende Frage, ob das Medikament schädliche Nebenwirkungen hat, verneint werden konnte. In diesem besonderen Fall war nämlich zu beachten, daß die allgemeine Regel, wonach es kein wirksames Medikament ohne Nebenwirkungen gibt, nicht anwendbar war, weil es sich nicht um ein Medikament, sondern um die Substitution einer ungenügend vorhandenen körpereigenen Substanz handelte. Da andererseits für ein solches Experiment nur ovarektomierte Frauen ausgesucht werden konnten, bei denen nicht bereits eine hormonale Substitution erfolgte, war die Verabreichung eines völlig wirkungslosen Scheinpräparates, eines Placebos, nicht das Vorenthalten eines notwendigen Therapeutikums, also auch gerechtfertigt. Unter diesen Umständen konnte zur Optimierung der Versuchsanordnung auf ein Postulat verzichtet werden, das in der Mehrzahl der klinisch-therapeutischen Prüfungen erfüllt werden muß, nämlich die durch hinreichende Aufklärung erreichte Zustimmung der Versuchspersonen. Eine Aufklärung in diesem Sinn hätte nämlich das ganze Experiment in Frage gestellt, da bei einem so labilen Parameter wie dem Blutdruck jede geistig-emotionale Beeinflussung Veränderungen hervorrufen kann, die die Größenordnung des zu untersuchenden Phänomens betrifft.

Unter diesen Aspekten erfolgte in diesem Stadium unserer Versuche keine Aufklärung der Patienten. Sie wußten also nicht, daß nach der Randomisierung, also der zufälligen Zuordnung zu den Experimentalgruppen bzw. zur Kontrollgruppe, entweder 20 mg Östradiol oder 20 mg Östradiol + 250 Progesteron oder

Placebo injiziert wurden und damit die hormonalen Verhältnisse der beiden
Phasen des Menstruationszyklus simuliert und mit einer wirkungslosen Behand-
lung verglichen wurden [3]. Sie wußten auch nicht, daß die in der Universitäts-
Frauenklinik erfolgten Injektionen mit den eine Woche später in unserer Medi-

Tabelle 2. Änderungen von 5 verschiedenen autonomen Funktionen (systolischer und diastoli-
scher Blutdruck, Pulsfrequenz, Elektromyointegral, Atemfrequenz) bei 28 ovarektomierten
Frauen unter dem Einfluß eines langwirkenden Östrogens im Vergleich zum Verhalten einer
Placebogruppe im doppelten Blindversuch. In: v. Eiff, A. W., E. J. Plotz, K. J. Beck, A. Czernik:
Am. J. Obstet. Gynecol. 109 (1971) 887–892

	Ruhe	Stress I (Rechnen)	Stress II (Rechnen + Belärmung)
Blutdruck (systolisch) mmHg	−6,9	− 16,4*	− 12,8**
Blutdruck (diastolisch) mmHg	−5,9*	− 5,0	− 5,2
Pulsfrequenz (‹in.)	−8,1	− 6,3	− 2,9
Elektromyointegral log. 10 (Integral M.T. + 2)	−0,3	− 0,1	− 0,3
Atemfrequenz (Min.)	−0,4	− 1,3	− 1,3

 * $p < 0,05$
** $p < 0,01$

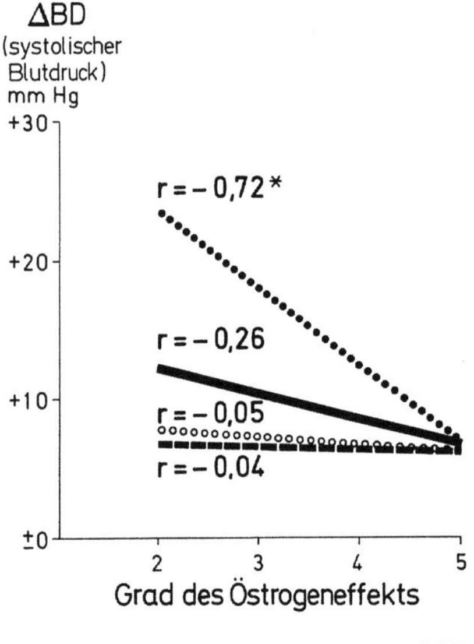

Abb. 4. Korrelation zwischen Grad des Östrogeneffekts und systolischen Blutdruckreaktionen
unter Streß während der präovulatorischen Phase. 5: Zeitpunkt der Ovulation. In: v. Eiff, A. W.,
E. J. Plotz, K. J. Beck, A. Czernik: Am. J. Obstet. Gynecol. 109 (1971) 887–892

zinischen Klinik erfolgten Kreislaufuntersuchungen im Zusammenhang standen. Auch die untersuchenden Ärzte waren weder in der Frauenklinik noch in der Medizinischen Klinik über die Problemstellung bzw. das verabreichte Mittel orientiert; somit waren die Bedingungen des doppelten Blindversuchs erfüllt.

Es ließ sich nun nachweisen (Tab. 2), daß der protektive, also schutzbietende Blutdruckeffekt durch Östrogen zustande kommt. Denn die Gruppe der Frauen, die Östradial erhalten hatte (Group I), reagierte signifikant schwächer mit dem systolischen Blutdruck als die ovarektomierten Frauen, denen Placebo injiziert worden waren (Group III), in 2 verschiedenen Stresssituationen (Rechnen ohne und mit Belärmung). Auch Progesteron hatte noch einen protektiven Effekt, der aber wesentlich schwächer war als derjenige des Östradiols.

In einer nun keine ethischen Probleme mehr bietenden Versuchsreihe konnte dann bei gesunden Frauen bestätigt werden, daß Östradiol einen starken, die Kombination mit Progesteron in der zweiten Zyklusphase einen schwächeren protektiven Effekt auf die Blutdruckregulation hat. In Abbildung 4 ist das Verhalten in der ersten Zyklusphase vom Beginn der Menses (Punkt 1) bis zum Zeitpunkt des Eisprungs (Punkt 5) dargestellt. Je stärker der auf der Abzisse dargestellte Östrogeneffekt ist, desto schwächer ist die Blutdruck-Stressreaktion in den verschiedenen Lebensaltern. Nach dem Eisprung waren die Stressreaktionen wieder stärker, aber immer noch schwächer als bei gleichaltrigen Männern. Auch bei Tagesprofilmessungen unter *life situations* zeigte sich, daß der diastolische Blutdruck präovulatorisch niedriger ist als in den ersten Zyklustagen (Abb. 5).

In weiteren Untersuchungen zeigte sich, daß dieser protektive Östradioleffekt besonders stark in der Schwangerschaft ausgeprägt ist und mit der Dauer der Schwangerschaft zunimmt [4]. Eine Kontrollgruppe wurde hier benötigt, um den Adaptationseffekt, d.h. die Anpassung an die Versuchsanordnung, rechnerisch bestimmen und ausschalten zu können (Abb. 6).

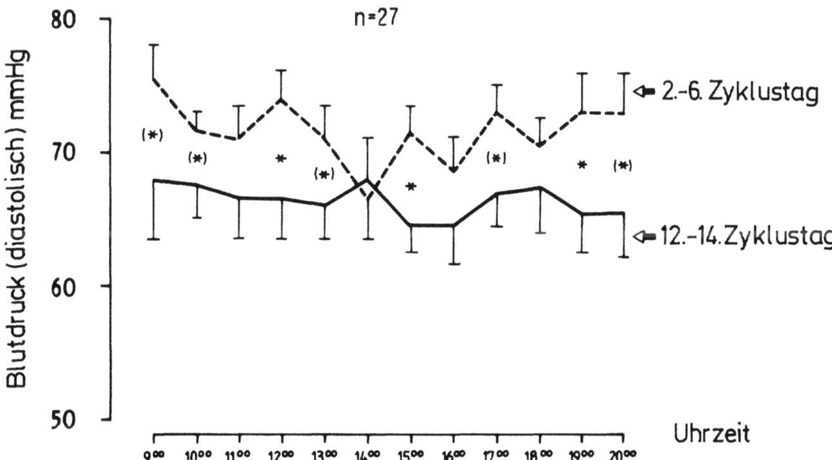

Abb. 5. Vergleich des Tagesprofils von 27 Frauen zu verschiedenen Zeiten des Zyklus

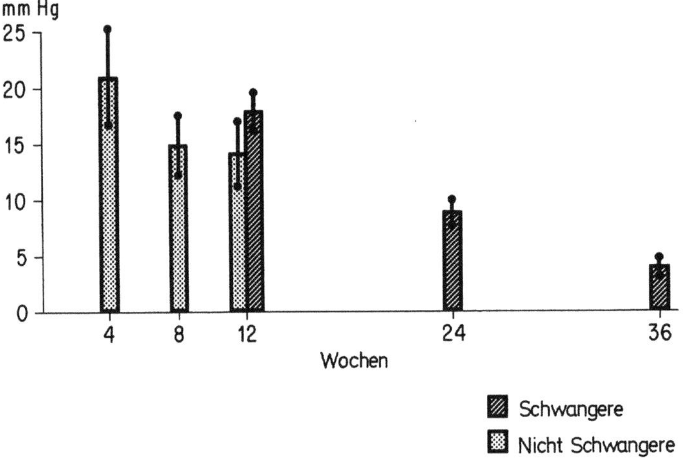

Abb. 6. Durchschnittlicher Anstieg des systolischen Blutdrucks von schwangeren Frauen im Streß in der 12., 24. und 36. Schwangerschaftswoche. Das Kontrollkollektiv der nicht schwangeren Frauen wurde in der 4., 8. und 12. Woche untersucht. In: v. Eiff, A. W., C. Piekarski: Stress reaction of normotensives and hypertensives and the influence of female sex hormones on blood pressure regulation. In: Hypertension and brain mechanisms: progress in brain research. Vol. 47, edited by W. de Jong, A. P. Provoost and A. P. Shajpiro. Elsevier, Amsterdam 1977

In späteren Untersuchungen konnten wir zeigen, warum sich die geschlechtsspezifische Blutdruckregulation heute – bei einer hohen Quote von Frauen, die Ovulationshemmer einnehmen – schwerer nachweisen läßt. Studentinnen, die Ovulationshemmer einnahmen, wiesen stärkere Blutdruckreaktionen auf als Studentinnen, die keine Ovulationshemmer einnahmen. Dabei unterschieden sich die Studentinnen nach Einnahme von Ovulationshemmern in ihrem Blutdruckverhalten nicht mehr von gleichaltrigen männlichen Personen, sind also kreislaufmäßig wie Männer gefährdet [6]. Besonders ungünstig ist die Kombination der Einnahme von oralen Kontrazeptive mit Nikotinabusus. Wenn man also heute den hormonalen Schutzmechanismus bei der Frau nachweisen will, kann man nur Kollektive von Frauen zusammenstellen, die keine oralen Kontrazeptiva zu sich nehmen und die nicht stark rauchen.

Bei diesem Erkenntnisstand gewann nun ein zunächst nur wissenschaftliches Problem der Pathophysiologie einen prophylaktischen Aspekt. Es stellt sich nämlich nun die Frage, ob es möglich ist, den protektiven Mechanismus auch dem männlichen Geschlecht zukommen zu lassen und ihm somit die Chance einer Reduktion der Herz-Kreislaufkrankheiten zu geben. Es gab also das Problem, ob es möglich ist, Männer durch Verabreichung des weiblichen Sexualhormons Östrogen vor der Manifestation eines Hochdrucks und dessen gefährlichen Herzkomplikationen zu bewahren, insbesondere, Östrogen prophylaktisch bei erblich belasteten Männern anzuwenden. Diese Fragestellung erforderte folgenden Versuchsplan: Zunächst mußte untersucht werden, ob die bei der Frau gefundenen hormonalen Wirkungsweisen überhaupt auf das männliche Geschlecht übertragbar waren, d. h. ob die Verabreichung von Östrogen beim Mann den selben abschwächenden Blutdruckreaktionseffekt aufweist wie bei der ovarektomierten Frau. Dies konnte aus den bisherigen Versuchen als eine Hypothese formuliert werden, die entsprechende Experimente rechtfertigte. Dabei war klar, daß die Versuchsanordnung, die bei den ovarektomierten Frauen benutzt wurde, bei Männern nicht gewählt werden durfte, da schädliche Nebenwirkungen nicht auszuschließen waren. Daher wäre auch bei Heranziehung von freiwilligen Versuchspersonen, die über ein nicht genau zu definierendes Risiko aufgeklärt wurden, das Güterabwägungsprinzip nicht zu Gunsten eines solchen Versuchs anwendbar gewesen. Wir befanden uns dabei in einer Situation, wie sie bei der Erprobung eines neuen Arzneimittels gegeben ist.

Grundsätzlich war die Inangriffnahme entsprechender Versuche gerechtfertigt, da einerseits die Bedrohung der Gesundheit des männlichen Geschlechts durch Hochdruck und dessen Komplikationen evident ist und andererseits wirksame prophylaktische Maßnahmen bisher noch nicht gefunden worden sind. Die ersten Stufen solcher Experimente konnten aber nur Tierversuche sein. Auf Tierexperimente wurde so lange gewartet, bis die einzigen geeigneten Tiermodelle, nämlich japanische Ratten mit spontanem Hochdruck, zur Verfügung standen. Dies war ein beträchtlich langer Zeitraum. In der Wartezeit wurde auf Tierexperimente verzichtet, damit bei weniger geeigneten Tiermodellen, also anderen Rattenstämmen, Ergebnisse mit minderer Aussagekraft vermieden wurden. Die Versuche an japanischen Ratten wurden dann nach den gleichen Prinzipien durchgeführt, die für den therapeutisch-klinischen Versuch am Menschen gültig

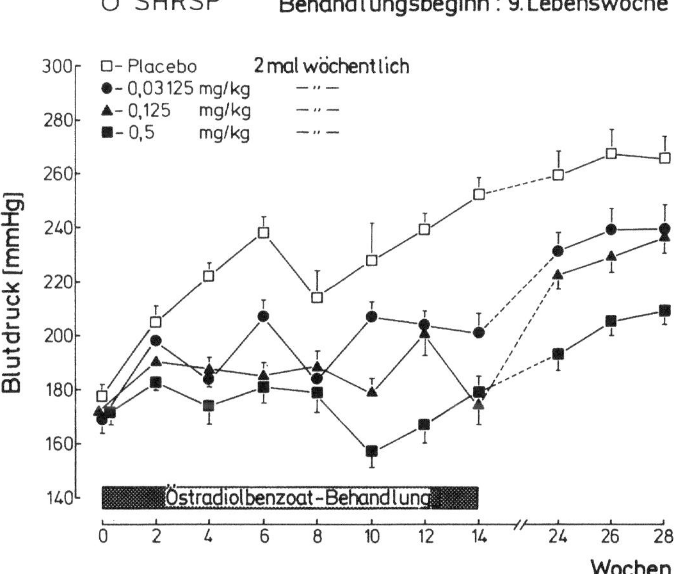

Abb. 7. Einfluß von Placebo und 3 verschiedenen Dosen von Östradiol auf die Entwicklung des Blutdrucks von männlichen SHRSP. In: v. Eiff, A. W., H.-M. Lutz, J. Gries, R. Kretzschmar: Basic Research in Cardiology 80 (1985) 191–201

sind, nämlich Einhalten einer Vorbeobachtungszeit, einer Therapiephase und einer Nachbeobachtungsphase [5]. Im Gegensatz zu den üblichen Verfahrensweisen wurden nach Beendigung der Nachbeobachtungsphase die Tiere nicht getötet. Es wurde vielmehr das Eintreten des natürlichen Todes abgewartet. Auf diese Weise konnte bewiesen werden (Abb. 7), daß bei männlichen Ratten bei einer bestimmten Dosierung ein protektiver Östrogenmechanismus bestand. Die männlichen Ratten, die Placebo erhielten (obere Kurve), zeigten die übliche Entwicklung des Hochdrucks. Mit steigenden Östradioldosen wurde aber die Entwicklung der Hypertonie unterdrückt, was bei einer Dosierung von 0,5 mg/kg (untere Kurve) völlig gelang und auch noch in der Nachbeobachtungsphase zu einem therapeutischen Effekt führte.

Während die männlichen Tiere, die Placebo erhielten, eine wesentlich kürzere Lebenserwartung als die weiblichen Tiere hatten, führten die Östradiolinjektionen nicht zur zu einer Reduktion des Hochdrucks, sondern auch zu einer deutlichen Lebensverlängerung, wobei die Gruppe der männlichen Ratten, die 0,5 mg Östradiol pro kg Körpergewicht erhielt (rechte Kurve), dieselbe Lebenserwartung aufwies wie die weiblichen Tiere, bei denen übrigens durch eine Hormonbehandlung keine zusätzliche Lebensverlängerung erzielt werden konnte (Abb. 8).

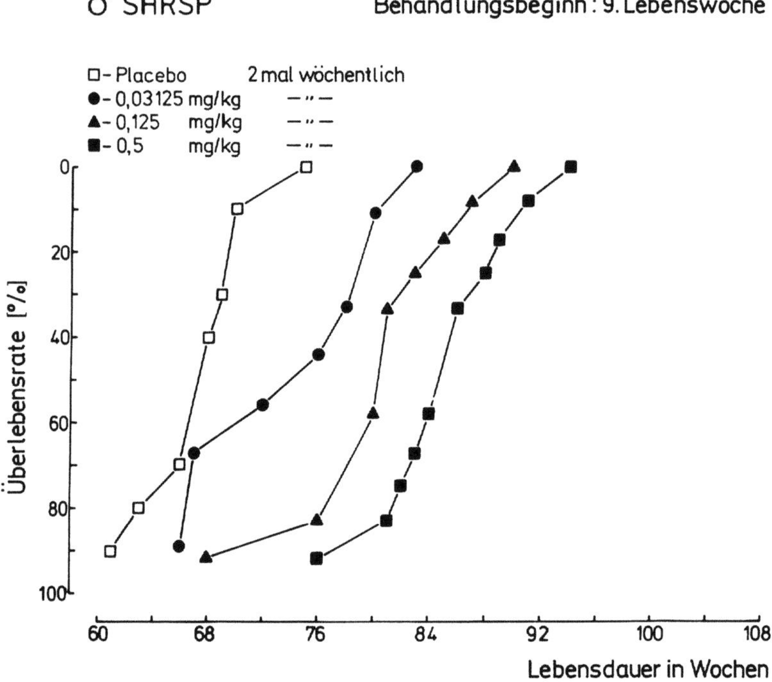

Abb. 8. Einfluß von Placebo und 3 verschiedenen Dosen von Östradiol auf die Lebensdauer von männlichen SHRSP. In: v. Eiff, A. W., H.-M. Lutz, G. Gries, R. Kretzschmar: Basic Research in Cardiology 80 (1985) 191–201

Mit diesen Untersuchungen wurde die grundsätzliche Möglichkeit einer prophylaktischen Anwendung beim männlichen Geschlecht bewiesen. Auch die nächsten experimentellen Schritte müssen in Zukunft noch im Tierversuch erfolgen. Neben speziellen Fragen, die sich aus der prophylaktischen Anwendung einer Substanz ergeben, muß vor allem untersucht werden, ob die für den Menschen zu erwartenden ungünstigen Nebenwirkungen durch Veränderung der biochemischen Substanzen eliminiert werden können, ohne daß der protektive Blutdruckeffekt verloren geht. Erst dann kann das Stadium der Untersuchung am Menschen beginnen.

An einem Beispiel durfte ich Ihnen zeigen, wie in der Klinik versucht wird, in verschieden strukturierten Modellversuchen pathophysiologische Phänomene zu klären und damit ein Steinchen in das große komplizierte Mosaikbild einer Krankheit einzufügen.

Literatur

1. Eiff AW von, Czernik A, Horbach L, Jörgens H, Wenig HG (1974) DFG-Forschungsbericht, Fluglärmwirkungen. Eine interdisziplinäre Untersuchung über die Auswirkungen des Fluglärms auf den Menschen. Der medizinische Untersuchungsteil, Bd I, 349–424, Bd II, 149–200. Boppard
2. Eiff AW von (1970) The role of the autonomic nerves system in the etiologie and pathogenesis of essential hypertension. Jap Circulat J 34:147–153
3. Eiff AW von, Plotz EJ, Beck KJ, Czernik A (1971) The effect of estrogen and progestins on blood pressure regulation of normotensive women. Am J Obstet Gynecol 109:887–892
4. Eiff AW von, Piekarski C (1977) Stress reactions of normotensives and hypertensives and the influence of female sex hormones on blood pressure regulation. In: De Jong W, Provoost AP, Shapiro AP (eds) Hypertension and brain mechanisms: Progress in brain research, vol 47. Elsevier, Amsterdam
5. Eiff AW von, Lutz HM, Gries J, Kretzschmar R (1985) The protective mechanism of estrogen an high blood pressure. Basic Res Cardiol 80:191–201
6. Eiff AW von, Friedrich G, Gogolin E, Lutz HM, Neus H, Schulte W (1982) Weibliche Sexualhormone als Risiko- und Schutzfaktoren für den Blutdruck. Verh Dtsch Ges Inn Med 88, 779–783

4 Projekte und Perspektiven

4.1 Modelle in der Physiologie und Pathophysiologie

Hans Schaefer

Es kann nicht die Aufgabe eines kurzen Vortrags sein, das fast unendliche Feld der physiologischen Modelle in concreto darzustellen. Auch die Semantik des Begriffs „Modell" ist nicht meine Aufgabe (hierzu STACHOWIAK). Die Aufgabe kann nur so verstanden werden, eine Theorie physiologischer Modelle zu skizzieren, und da Modelle in der Physiologie in der Regel eine Theorie der Medizin enthalten, entwerfen wir eine Art Metatheorie der Medizin.

1. Die Physiologie als Basiswissenschaft der Medizin

Die Physiologen haben sich keineswegs immer als die Vertreter eine medizinischen Grundwissenschaft verstanden und verstehen sich als solche heute weniger als je zuvor. Zwar könnte uns der Titel zahlreicher Lehrbücher der „Pathologischen Physiologie" oder gar eine „Klinischen Physiologie" (HOFF, SJÖSTRAND) dazu verleiten, die theoretischen Grundlagen der Inneren Medizin als der Physiologie entlehnt zu betrachten. Doch trifft das auf den genialen Erstling der Pathologischen Physiologie, das Buch LUDOLF KREHLS, sicherlich nicht zu.

Wenn wir also Physiologie als Basis der Medizin betrachten wollen, so können wir das nur im Sinne einer Ideal-Physiologie tun, die, als Begriff genommen, die Lehre von der gesunden und kranken menschlichen Natur darstellen müßte. Etwas kühner könnten wir nur in Hinsicht der Methoden formulieren. Diese sind in der Tat in der Physiologie und der Pathologischen Physiologie weitgehend identisch. Nur fehlt dem Physiologen die auch zur Modellfindung wesentliche ärztlich-praktische Erfahrung.

Wenn wir freilich das Gebiet der Modelltheorie in der Medizin betreten wollen, finden wir uns seltsamen Schwierigkeiten gegenüber, die sich, etwas verkürzt, wie folgt darstellen, und deren Diskussion u. a. der Auftrag an eine „theoretische Pathologie" ist.

2. Das physiologische Konzept der Ätiologie ist unvollständig

Die großen Erfolge der Medizin der Jahrhundertwende beruhen auf der Entdeckung der Krankheitserreger einerseits, der Entdeckung von Regelmechanismen und Steuerfunktionen andererseits, deren Defekte durch die Läsion der Funktion Krankheit auslöst. Die Avitaminosen waren der erste große Erfolg. Die Entdeckung der Hormonregulation, der Leukopoese, der Erythropoese, der Gerinnungsfaktoren, der Regulatoren der großen Systeme von Kreislauf und Atmung sowie des Blutzuckers führten unmittelbar zur Umsetzung in ätiologische Hypothesen von wechselnder therapeutischer Durchschlagskraft, fast alle zeitlich kurz vor oder nach der Jahrhundertwende entstanden (Daten bei ROTHSCHUH 1952). Die Interventionsmöglichkeiten bei den Vitamin-und Hormon-Mangelkrankheiten wurden rasch entwickelt. Der Erfolg verdrängte die Frage danach, welche Ursache für die Störung selbst verantwortlich zu machen sei, falls diese Ursache, wie z.B. bei den Avitaminosen, nicht auf der Hand lag, in einer einseitigen Ernährung.

Die Frage überschreitet in der Tat das Modelldenken der Physiologie bis zum heutigen Tag. Ihre Aufgabe ist es, Funktionen zu beschreiben und mit dieser Beschreibung auch die Funktionsstörungen (d.h. Krankheit) zu charakterisieren, welche bei einer Schädigung des Funktionsträgers entstehen. Die Beschreibung der Funktionen und ihrer Übergangsmechanismen zwischen den Gliedern ihrer Regelkreise war bekanntlich überaus fruchtbar und gab den Anstoß zu einer Forschung, welche teils Ersatzmechanismen („Prothesen"), z.B. Vitamine oder Hormone, zu ersinnen gestattete, teils über die Pharmaforschung Interventionen bei den gestörten Funktionen möglich machte.

Die Frage nach der Ursache der Störung aber liegt ersichtlicherweise außerhalb des Gesichtskreises sowohl der Physiologie als auch der experimentellen Pathophysiologie, selbst wenn sie von Klinikern betrieben wurde. Die Beantwortung dieser Frage wäre aber erst der Einstieg in eine präventive Medizin wissenschaftlichen Zuschnitts.

Nun tritt im gleichen Augenblick, in dem nach der Ursache der Störung in einem ansonsten „geregelten", d.h. auf Konstanz seiner Form und Leistung hin entworfenen System gefragt wird, ein zweites Problem auf, das gleichsam die Kehrseite dieser Frage nach der Ursache der Störung ist und dieser Frage voraufgeht. Es tritt nämlich die Frage auf, wie es zur Entstehung desjenigen geregelten Vorgangs gekommen sei, dessen Störung Krankheit bedeutet. Krankheit erscheint – allerdings einseitig und in dieser Einseitigkeit einer Korrektur bedürftig – als das Versagen der natürlichen Regelung des Lebensprozesses. Wenn wir den Begriff der „Regelung" weiter fassen als es dem kybernetischen Sprachgebrauch entspricht, so ist jede Krankheit eine Störung eines Systems, das in der Regel imstande ist, sich den Auswirkungen von Störungen durch Reparaturvorgänge zu entziehen. Systeme, die solches leisten, lassen sich bis in das Detail ihrer Leistung hinein mit den analytischen Methoden der Physiologie untersuchen. In der Sprache der Kybernetik würde das so ausgedrückt werden, daß alle Übergangsfunktionen, welche zwischen den Teilen des Systems wirken, kausal analysierbar und damit erklärbar werden. Diese kausalanalytische Erklärung des Systems und seiner Fähigkeiten, seine Konstanz und Leistung durch Reparaturen aufrecht zu erhalten. Diese Erklärung erklärt aber weder die Tatsache der Existenz des geregelten Systems noch die Ursache seiner Störung.

Die Problematik, die hier für die physiologischen Modelle auftaucht, ist in den Begriffen der Finalität solcher Systeme einerseits, der Genealogie zweckmäßiger Vorgänge andererseits, auf den Begriff zu bringen. In der Hypothese der Evolution erscheinen diese Systeme zugleich als solche, deren Eigenschaften zunächst darin bestehen, sich zu erhalten. Bekanntlich hat DARWIN diese Tatsache zur Basis seiner Theorie der Entstehung der Arten gemacht. Das Modell dieser Theorie der Entstehung ist denkbar einfach und nicht zuletzt dadurch so überzeugend: es liegt in der Natur des zufällig durch Mutation Entstandenen, daß es sich dann erhalten kann, wenn es im Kampf ums Dasein die geeigneteren Methoden zufällig entwickelt. Es ist bezeichnend für seine explanatorische Potenz, daß die Grundannahmen dieses DARWIN'schen Modells der Evolution auch von der neuen „synthetischen Theorie der Evolution" nicht aufgegeben werden. (Vgl. MAYR 1984; STEBBING u. a. 1985.)

Die Entstehung des störungsgeschützten, reparaturfähigen Systems ist also durch seine zufällige Eigenschaft der Zweckmäßigkeit erklärt. Krankheit würde in diesem Modell dann ein unzweckmäßiger Vorgang sein, der schon dadurch ausgelöst werden könnte, daß ein pathogener Einfluß Störungen macht, welche die Reparaturkraft des Systems überfordern. Die Unzweckmäßigkeit des Vorgangs bedingt, daß er (anders als beim zweckmäßigen System) einer besonderen Erklärung seiner Entstehung, einer *ätiologischen Theorie*, bedarf.

Die Zweckmäßigkeit des Systems aber, das durch Zufall entstanden gedacht wird, wird vom Physiologen als ein Prozess der Rückkopplung beschrieben, dessen Wirkung auf Existenzsicherung, also auch auf Gesundheit, gerichtet ist. Daß angesichts der unzähligen Zweckmäßigkeiten in den Funktionen unseres Körpers, insbesondere in dem „Angepaßtsein" aller Teile aneinander in Hinsicht auf ihre Funktion, also hinsichtlich ihrer „bionomen Ordnung" (ROTHSCHUH 1963), der Zufall allein als genetische Kraft angesehen wird, das erregt verständlicherweise Skepsis, wenngleich derzeit nichts Besseres anzubieten ist. Im Regelkreis, im Prinzip der Rückkopplung und ihrer Übergangsfunktionen aber lassen sich im Grundsatz alle pathologischen Verläufe physiologisch modellieren.

Die Physiologie ist, angesichts dieser Sachlage, vor zwei Erklärungsnotwendigkeiten gestellt. Die erste verlangt eine Erklärung dafür, was bei der Überforderung des selbstreparierenden Systems im Detail abläuft. Wir wollen den Bereich, in dem sich diese letzten pathogenetischen Schritte vollziehen, die *pathogenetische Endstrecke* nennen. Die zweite Notwendigkeit besteht darin zu erklären, wie es zum Auftreten eine Überforderung kommt. Geleistet wurde von der klassischen Pathophysiologie zunächst ein Drittes: nämlich die Funktion anzugeben, welche gestört ist, wobei die sich nun ergebenden Erklärungsnotwendigkeiten beide noch nicht immer erfüllt werden konnten, die zweite sogar noch nicht einmal gesehen worden ist.

Diese dritte Leistung der klassichen Pathophysiologie war zunächst eine beschreibende Theorie, keine kausal analysierende, eben weil sie nur das gestörte System angab, beim Diabetes mellitus z. B. die Insulinproduktion der Langerhans'schen Inseln. Methoden zur Feststellung, wer dieses System zerstört hatte, und wie die Störung im Detail zum Diabetes führt, diese beiden Methoden gehören völlig verschiedenen wissenschaftlichen Disziplinen an, nämlich der Epidemiologie und der Molekularbiologie. Beim Diabetes haben beide Methoden bekanntlich bis zur Stunde noch keine endgültige Klärung gebracht.

Die Leistungen der klassischen Pathophysiologie erkennt man sofort, wenn man KREHLS Pathologische Physiologie, auch noch in ihrer letzten Fassung (1932), durchsieht. In diesem Buch werden die Ursachen der Krankheit als Störungen bestimmter normaler Prozesse behandelt: als Störungen z. B. des intermediären Stoffwechsels, der Herzfunktion, der Vasomotorik, der Motilität und Erregbarkeit des Magens und seiner Sekretion, des Atemzentrums und der Gasdiffusion in den Lungen, um einige Beispiele zu nennen.

In diesem deskriptiven Modell-Denken kann die Physiologie natürlich ihren Beitrag dahin leisten, daß sie teils erforscht, wie die selbstreparierenden Systeme im Detail arbeiten, ein Beitrag, der vorwiegend mit den Methoden der Biochemie und der Elektrophysiologie erbracht wurde, den beiden Methoden, die es gestatten, bis in den Mikrobereich der Lebensphänomene vorzudringen.

Der andere Teil physiologischer Forschung analysiert die Art der Rückkopplungen, ist also makrobiologischer Natur. Diese kybernetische Physiologie führt naturgemäß nie zu einer letztgültigen Aufklärung, weder pathologischer noch physiologischer Verläufe.[1] Ohne die Systematik der Rückkoppelungen ist aber weder der normale noch der gestörte Vorgang des Leibes verständlich zu machen: es gibt kein vollständiges Modell der Krankheit ohne die Einbeziehung dieses kybernetischen Teils. Das ist heute deshalb so wichtig zu betonen, weil die Entwicklung der medizinischen Grundlagenforschung ganz einseitig in Richtung der Molekularbiologie geht.

3. Ein Modell beschreibt die Logik der Wirkungsmöglichkeiten

Es gibt einfache, logische Prinzipien, die es gestatten, grobe detailfreie Modelle möglicher Wirkungen zu beschreiben, mit denen ätiologische Prinzipien der Krankheit dargestellt und dann später mit Detailforschung aufgefüllt werden können.

Das gröbste dieser Gedankenmodelle besteht in der Feststellung, daß es nur zwei Klassen möglicher ätiologischer Faktoren der Krankheitsentstehung gibt: die Erbanlagen und Einwirkungen aus der Umwelt. Letztere treten freilich mit ersteren in einen Wirkungsverbund derart ein, daß die Suszeptibilität des Individuums für Noxen und damit ein Teil der Individualität der Krankheit beschreibbar wird. Es hat oft jahrelanger Disputs bedurft, um z. B. genetische und Umwelt-Faktoren in ihrem Gewicht gegeneinander abzuwägen, z. B. in der Hochdruckforschung (PICKERING 1970). Die Auseinandersetzung um den A- und B-Typ des Infarkts (FRIEDMAN u. ROSENMAN 1975) ist ein anderes Beispiel. Eine Modelltheorie gibt von vorn herein z. B. der Typologie der Infarktperson recht, es fragt sich nur, wo die Grenzen einer solchen Typologie liegen (DEMBROSKI u. a. 1978). Die Modelle des Stoffwechsel spielen eine enorme Rolle, besonders beim Infarkt (FLECKENSTEIN 1983). Es ist selbstverständlich, daß die sog. Paradigmata der Wissenschaftstheorie (T. S. KUHN 1967) die Struktur solcher Modelle beherrschen.

---

[1]   Diese Behauptung folgt aus der Tatsache, daß alle kybernetischen Modelle zwar das Zusammenwirken der Teile des Modells einsehbar und damit verstehbar machen, durch Einführung einer finalen Betrachtungsweise. Der Zweck ist aber kein Prinzip der kausalen Naturerklärung. Diese muß durch die Aufklärung aller Übergangsfunktionen im Regelkreis geliefert werden. (Vgl. SCHAEFER 1956)

4. Verhaltensbiologie und Mikrobiologie

Für den naturwissenschaftlich denkenden Arzt bedarf es keiner Frage, daß die zum Tode führenden Prozesse der Krankheit (und also auch alle Prozesse, die zu schwerer, lebensbedrohender Krankheit führen) in der pathogenetischen Endstrecke, also letztlich auf der zellulären Ebene, und zwar auf molekularer Ebene stattfinden. Die Cellularpathologie VIRCHOWs hat sich in diesen Modellen der Pathophysiologie gleichsam in den subzellulären Bereich fortgesetzt. Ich möchte diesen Bereich versuchsweise als den der Mikrobiologie bezeichnen, wohl wissend, daß dieser Begriff von einem wohl etablierten Fachgebiete usurpiert ist, dessen Bereich aber nunmehr erheblich überschreitet. Wir können aber die analoge Überschreitung bei der (international längst anerkannten) Epidemiologie der chronischen, d. h. der nicht-infektiösen Krankheiten, gewahren. Diese beiden Überschreitungen werden uns durch die Tatsache nahegelegt, daß vor 100 Jahren die Theorie der Krankheitsursache fast ausschließlich eine Theorie der infektiösen Krankheiten war, da man die Wirkungen der Mikroben eben in der Mikrobiologie erfaßte und die mit dieser mikrobiologischen Theorie allein nicht erklärbare Ausbreitung der Krankheiten durch die Epidemiologie, d. h. die Verbreitungsgesetze der Mikroben, erklärbar machte. In der Theorie nicht-infektiöser Krankheiten gibt es aber dieselbe Zweiteilung der Methode, welche für die Lehre der infektiösen Krankheiten seit alters her akzeptiert ist.

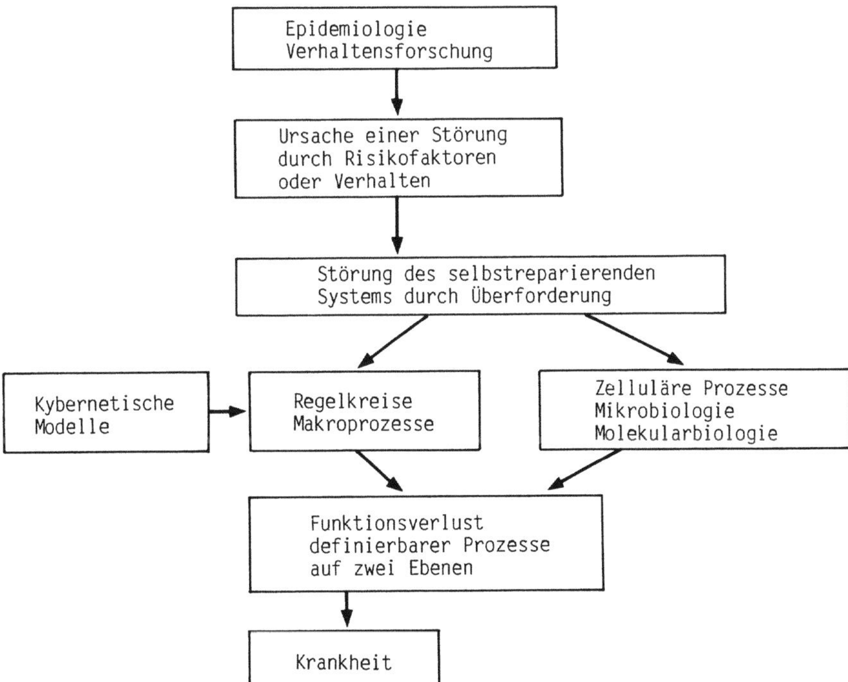

Abb. 1. Schema der Krankheitsentstehung und ihrer Feststellbarkeit

Es läge nahe, den epidemiologischen Teil der Krankheitslehre nun Makrobiologie zu nennen. Ich schlage dennoch vor, nach dem vorherrschenden Anwendungsbereich einer solchen makrobiologischen Betrachtung, diesen Erfahrungsbereich teils *Verhaltensbiologie,* teils *Umweltbiologie* zu nennen, dessen Konsequenzen und Gesetzmäßigkeiten dann mit der Methode der Epidemiologie erforschbar gemacht werden.

Eine Physiologie in dem eben definierten weiten Begriff hätte also Modelle auf verschiedenen Ebenen der Ätiologie von Krankheit zu entwerfen. Wir mögen die Problematik an einem Schaubild verdeutlichen, das uns zugleich gestattet, die Stellen zu bezeichenen, an denen teils die Fortschritte der theoretischen Pathologie besonders deutlich sind, teils die Defizite liegen (Abb. 1). Wir wollen versuchen, dieses Schema auf die Pathophysiologie und theoretische Pathologie eines der wichtigsten Krankheitsbilder anzuwenden, auf die Entstehung des Herzinfarktes.

5. Das Beispiel Herzinfarkt

Am Herzinfarkt lassen sich die Probleme physiologischer Modelle besonders gut darstellen. Das ist u. a. deshalb so, weil die genetische Komponente beim Infarkt als *dominierende* Ursache sicher keine Rolle spielen kann, weil noch vor 100 Jahren der Infarkt so gut wie nicht vorkam (CAMPBELL 1963). Der genetische Code kann sich nicht so rasch geändert haben.

Der Infarkt wächst auf dem Untergrund der Koronarsklerose, ohne doch eine solche unbedingt vorauszusetzen. Infarkte entstehen auch ohne Koronarsklerose, wenngleich selten. Hieraus leitet sich der 1. Lehrsatz ab:

1. Die Koronarsklerose ist eine wahrscheinliche, aber nicht immer notwendige Vorbedingung des Infarkts.

Die einseitige Auslegung des ersten Halbsatzes dieses Lehrsatzes hat zu der Verschlußtheorie des Infarkts geführt, die noch aus dem Arsenal der Pathologie der Jahrhundertwende stammt: die Koronarsklerose soll zur fast völligen Verstopfung der Gefäße führen. Diese Verallgemeinerung des Lehrsatzes 1 ist sicher unstatthaft, weil es sowohl Infarkte fast ohne Koronarverschluß als auch schwere stenosierende Koronarsklerosen ohne Infarkt gibt, und weil in vielen Fällen der Nachweis gelang, daß die verschließende Thrombose erst nach dem Infarkt auftrat. Daraus leitet sich der zweite Lehrstz ab:

2. Zur Koronarsklerose kommt ein Auslöser hinzu, der den Infarkt kausal bedingt, als notwendige wenngleich nicht vollständige Teilursache.

Die „Auslöser" des akuten Ereignisses Infarkt müssen also offenbar unabhängig von den chronischen Bedingungen gesehen werden. Letztere determinieren dagegen sehr stark die *Wahrscheinlichkeit* des Infarkteintritts.

Die Modelltheorie sieht sich nun vor folgende Aufgaben gestellt:

Ein mikrobiologisches Modell müßte nach den Ursachen der Koronarsklerose fragen. Ein solches Modell wird noch nicht durch die These konstruiert, daß ein erhöhter Gehalt des Blutes an dem Stoff, der die Sklerose primär anzeigt, an Cholesterin, die Wahrscheinlichkeit des Infarktes erhöht, obgleich dieser Zusammenhang epidemiologisch bestätigt wurde, nämlich durch die jahrzehntelange prospektive Studie in Framingham (DAWBER 1963; Lit bei SCHAEFER u. BLOHMKE 1977).

Es bedarf vielmehr eines Modells, das die Mikrobiologie im neuen Wortsinn mit einbezieht. Dieses Modell ist in den letzten 2 Jahrzehnten sehr intensiv bearbeitet worden. Die wesentlichen Daten sind heute fast jedem Gebildeten bekannt: daß es zwei besonders ausgezeichnete Fraktionen cholesterinhaltiger Partikel gibt, von denen die eine protektiv, die andere (das low density lipoprotein, LDL) aber skleroseauslösend wirkt; daß es Rezeptoren gibt, welche das schädliche Cholesterin (LDL) binden; daß es Menschen gibt, die eine genetisch bestimmte Resistenz gegen LDL, also hohe Konzentration der LDL-Rezeptoren haben, usf. Die Entstehung der lebensbedrohenden Verengung der Koronargefäße durch die im Blut kreisende Noxe ist also in einem Detail modellierbar geworden. (Lit. bei SCHETTLER 1977, 1978; GOLDSTEIN u.a. 1983; MAHLEY u.a. 1983; eine leicht verständliche Übersicht bei BROWN u.a. 1985).

Dieses Modell eines Chemismus der molekularen Prozesse der Koronarsklerose zeigt nun bei jedem Versuch der Anwendung auf die Infarktentstehung Unvollständigkeiten, was bei der Komplikation der Materie kaum verwundert. Die erste Unvollständigkeit betrifft noch die mikrobiologische Ebene: warum sind gerade die Koronargefäße einerseits, die Gehirngefäße andererseits, mit jeweils typischen Verläufen und unterschiedlichen Modellen der Makro-Ebene, betroffen? (hierzu BUDDECKE 1974). Die zweite Unvollständigkeit betrifft die Auslösung des Infarktes. Warum tritt er nicht immer ein, trotz gleicher Gefäßveränderung? Warum tritt er gerade zu dem Zeitpunkt ein, an dem er stattfindet? Was muß zur Gefäß-Schädigung hinzutreten, um aus dem chronischen Defekt die akute Katastrophe zu machen? Die dritte Unvollständigkeit betrifft die mangelhafte Erklärung des Eintritts der Störung überhaupt, d.h. der in der Umwelt liegenden Ursache.

Die Tatsache, daß die akute Katastrophe des Infarkts eines Auslösers bedarf, der sich der chronischen Koronarschädigung überlagert, weist darauf hin, daß der Infarktablauf, wie alle akuten Katastrophen, ein rückgekoppelter *Prozeß* ist. Dieser kybernetische Teil der Theorie ist weitgehend unbeachtet geblieben, trotz guter theoretischer Ansätze, die zu erörtern hier zu weit führt (Lit. bei SCHAEFER 1981). Vor allem aber ist die Theorie der Ätiologie, im Sinne von JORES (1956), so gut wie überhaupt nicht in den Lehrbüchern der Medizin behandelt worden, und das, was man über sie weiß, wird oft bestritten. Von den Ätiologien, die nicht genetischer Natur sind (wie es hier der Fall ist) sagt uns die Modelltheorie in zwingender Form, daß sie in der Umwelt, und zwar aus leicht beweisbaren Gründen in der sozialen Umwelt, liegen müssen.

Die Modelltheorie legt nahe, der Einwirkung der Umwelt drei Modi vorzuschreiben, die wie folgt aussehen:

- Die soziale Umwelt kann chronische Wirkungen haben, z.B. Veränderungen schaffen, die wir *Risikofaktoren* nennen. Hierüber ist viel publiziert worden.

(Lit. bei SCHAEFER u. BLOHMKE 1977). doch dürfen Risikofaktoren nicht auf somatische Größen beschränkt bleiben.

– Die soziale Umwelt ändert nämlich auch das *Verhalten* der Menschen, und es fragt sich, wie dieses etwa die pathogenetische Endstrecke beeinflußt, z. B. durch Eß-Sitten, Trinksitten, kulturelle Faktoren des Drogenkonsums und einer einseitigen Pharmako-Therapie. Es ist sogar zu fragen (und es bestätigt sich), ob Verhalten nicht somatische Risikofaktoren erzeugt (Blutdruck, Cholesterinerhöhungen etc.)

Diese beiden chronischen Wirkungen sind in der Regel nur einer epidemiologischen Untersuchung zugänglich.

– Der dritte, vielleicht wesentlichste Einfluß der sozialen Umwelt betrifft die Auslöser des Infarktes, d. h. den Mechanismus des kybernetischen Prozesses. Akute Einwirkungen müssen besondere Einwirkungen der Umwelt sein. Hier bietet sich mehreres an, in erster Linie aber scheint es der Einfluß einer Aktivierung des Sympathikus zu sein, der mindestens folgende Prozesse modifiziert, die alle den kybernisch beschreibbaren Teil der Infarktauslösung stark beherrschen:

– die Gefäßweite über spastische Verengungen;
– die Blutgerinnung;
– den Herzstoffwechsel.

Alle diese Faktoren sind aus einer physiologischen Modelltheorie erschließbar. Es fragt sich nur, ob sie de facto existieren. Die Modelltheorie bedarf der experimentellen oder epidemiologischen Bestätigung, z. B. hinsichtlich der Rolle koronarer Spasmen (CONTI 1986).

Sie ist eine heuristische Theorie und wird, wenn die Faktizität festgestellt ist, eine erklärende Theorie biologischer Systeme.

6. Schlußbemerkungen

Was mit diesen sehr verkürzten Darlegungen gezeigt werden soll, ist dieses:

Das Modell ist imstande, Tatsachen, die vereinzelt noch keine zureichende Theorie hergeben, in einen Verbund zu bringen, der dann z. B. ein System der ätiologischen und pathogenetischen Faktoren entstehen läßt. Dieses System ist fähig, mit seinen beiden Endpunkten spezifische medizinische Aufgaben zu lösen: der ätiologische Teil (d. h. die Beschreibung der in der Umwelt und im Verhalten liegenden Risikofaktoren) ergibt die Theorie der präventiven Praxis; die Theorie der pathogenetischen Endstrecke liefert die Theorie der möglichen kurativen Intervention. Letztere ergibt sich aber auch aus dem Mittelteil des Modells, der kybernischen Analyse, die z. B. für den Infarkt eine Intervention mit Betablockern nahe legt.

Viele Teile des Systems sind in der Regel mit dem Arsenal einer physiologischen Begriffswelt zu beschreiben, doch setzt diese Beschreibung die heuristisch wirkende klinische Erfahrung dann voraus, wenn das System nur unvollständig bekannt ist. Der ätiologische (Umwelt-)Teil des Modells bedarf freilich einer epidemiologischen Bestätigung, wenn nicht sogar die epidemiologische Erfahrung den Schlüssel zur Konstruktion des Modells in diesem Teilbereich liefert, wie das z.B. bei der Ätiologie der Arteriosklerose der Fall war. Es muß aber mit allem Nachdruck betont werden, daß eine Epidemiologie solange blind bleibt, als sie sich nicht durch eine physiologische Theorie in ein geschlossenes Modell integrieren läßt.

Es ist abschließend zu sagen, daß sich die hier vorgetragene Modelltheorie auf die Entstehung somatischer Krankheiten beschränkt. Das enorm wichtige psychosomatische Problem ist ebenso ausgeklammert wie die Genese seelischer Störungen. Doch wäre leicht zu zeigen, daß eine analoge Modelltheorie auch in diesen Bereichen anwendbar ist.

Literatur

Browns MS, IL Goldstein (1985) Arteriosklerose und Cholesterin: die Rolle der LDL-Rezeptoren. Spektrum der Wissenschaft 1:96–109
Buddecke E (1974) Biochemie der Arterienwand. Verh Dtsch Ges Kreislaufforsch 40:15–24
Campbell M (1963) Death rate from disease of the heart 1876–1959. Br Med J 528–535
Conti CR (1986) Coronary artery spasm. Pathophysiology, diagnosis, treatment. Dekker, New York (Basic clinical cardiology series, vol 6)
Dawber T (1986) Coronary heart disease. Bibl Cardiol 13
Dembroski TM, SM Weiss, IH Shields, SG Haynes, M Feinleib (1978) Coronary prone behavior. Springer, Berlin Heidelberg New York
Fleckenstein A (1983) Calcium antagonism in heart and smooth muscle. Wiley & Sons, New York
Friedmann M, Rosenmann RH (1975) Der A-Typ und der B-Typ. Rowohlt, Reinbeck
Goldstein IL, Kita I, Brown MS (1983) Defective lipoprotein receptors and artheriosclerosis: Lessons from an animal counterpart of familial hypercholesterolemia. N Engl J Med 309/5:288–296
Hoff F (1954) Klinische Physiologie und Pathologie. Thieme, Stuttgart New York
Jores A (1956) Der Mensch und seine Krankheit. Grundlagen einer anthropologischen Medizin. Klett, Stuttgart
Krehl L (1932) Entstehung, Erkennung und Behandlung innerer Krankheiten, Bd 1: Pathologische Physiologie. Vogel, Berlin
Kuhn TS (1967) Die Struktur wissenschaftlicher Revolutionen. Suhrkamp, Frankfurt
Mahley RW, Innerarity T (1983) Lipoprotein receptors and cholesterol homeostasis. Biochim Biophys Acta 737/2:197–222
Mayr E (1984) Die Entwicklung der biologischen Gedankenwelt. (Vielfalt, Evolution, Vererbung). Springer, Berlin Heidelberg New York Tokyo
Pickering G (1956) Hypertension, causes, consequences and management. Churchill, London
Rothschuh KE (1982) Entwicklungsgeschichte physiologischer Probleme in Tabellenform. Urban & Schwarzenberg, München Berlin
Rothschuh KE (1959, 1963) Theorie des Organismsus (Bios-Psyche-Pathos) Urban & Schwarzenberg, München Berlin
Schaefer H (1956) Die Stellung der Regelungstheorie im System der Wissenschaft. In: Mittelstaedt H (Hrsg) Regelungsvorgänge in der Biologie. Oldenbourg, München, S 26–47
Schaefer H (1981) Die Hämorheologie als Brücke zwischen Physiologie, Pathophysiologie und Klinik. Verh Dtsch Ges Inn Med 87:1357–1359
Schaefer H, Blohmke M (1977) Herzkrank durch psychosozialen Stress. Hüthig, Heidelberg

Schaefer H, Blohmke M (1977) Epidemiologie der koronaren Herzkrankheiten. In: Blohmke M, Ferber C von, Kisker KP, Schaefer H (Hrsg) Handbuch der Sozialmedizin, Bd 2. Enke, Stuttgart, S 1-66
Schettler G, Horsch A, Mörl H, Orth H, Weizel A (1977) Der Herzinfarkt. Schattauer, Stuttgart New York
Schettler G, Stange E, Wissler RW (1987) Artheriosclerosis - is it reversible? Springer, Berlin Heidelberg New York Tokyo
Sjöstrand T (1967) Clinical physiology. Svenska Bokförlaget, Stockholm
Stachowiak H (1973) Allgemeine Modelltheorie. Springer, Wien New York
Stebbing GL, Ayala FJ (1985) Die Evolution des Darwinismus. Spektrum der Wissenschaft 9:58-71

4.2. Sozialphysiologie und Gestaltkreis – Prolegomena zu einer sozialen Krankheitstheorie

Wolfgang Jacob

Einleitung

Pathophysiologische Modelle dienen in der Regel der Aufklärung und dem näheren Verständnis pathophysiologischer Prozesse im erkrankten Organismus. Die Frage nach einer sozialen Dimension der Pathophysiologie wird aber weder in der Physiologie noch in der Pathophysiologie gestellt. So bleibt das von HANS SCHAEFER vor knapp 10 Jahren publizierte Modell einer Sozialphysiologie nach wie vor ein *Novum!* Die *psychophysische Korrespondenz, deren die Sozialphysiologie* SCHAEFERs nicht entraten kann, ist in der Zwischenzeit weder systematisch untersucht noch kritisch hinterfragt worden.

Einem psychophysiologischen Modell ist die Aufgabe gestellt, leibseelische Zusammenhänge zu erläutern, um sich dadurch besser zu verstehen. Ob das *Gestaltkreis*-Modell VIKTOR VON WEIZSÄCKERS eine solche Aufgabe erfüllen kann, und ob der eigentliche Gegenstand der Gestaltkreis-Theorie, die Frage nach der *‚Einheit von Wahrnehmen und Bewegen‘*, zu den *sozialen* Kategorien einer Sozialphysiologie überhaupt etwas aussagen kann, bleibt zunächst offen.[1] Die folgende Untersuchung stellt den – von der Physiologie her sicher unzureichenden – Versuch einer Antwort auf diese Frage dar.

HANS SCHAEFER hat in seiner *Sozialphysiologie* – im Handbuch der Sozialmedizin – erstmals den Versuch unternommen, ein zureichendes Modell für *soziosomatische* oder – besser gesagt – *soziopsychosomatische* Vorgänge zu schaffen.[2] Auch dieses sozial*physiologische* Modell ist vorwiegend leib-seelisch orientiert, wenngleich die *psychosomatischen* Konzepte sozialer Einwirkungen expressis verbis in einem weiteren Beitrag von LUDWIG DELIUS abgehandelt worden sind.[3] In diesem Beitrag von DELIUS ist von dem Gestaltkreis VIKTOR VON WEIZSÄCKERS mehrfach die Rede. Ob aber das Gestaltkreis-Modell selbst *sozialphysiologische* oder *sozialpsychologische Dimensionen* oder beide Dimensionen enthält, bleibt offen; insbesondere auf die Frage, ob sie als Ursprung oder als Folge des Gestaltkreis-Denkens zu betrachten sind, werden wir unser besonderes Augenmerk zu richten haben, obwohl bei erstem Nachdenken weder das eine noch das andere der Fall zu sein scheint.

Wenngleich der Gestaltkreis V. V. WEIZSÄCKERS in der Sozialphysiologie von H. SCHAEFER nicht erwähnt wird, so gibt es doch zahlreiche Anknüpfungspunkte zwischen beiden Modellen, nicht nur, weil sich H. SCHAEFER um eine *soziale Dimension der Physiologie* bemüht, welche nicht vermittelt werden kann, ohne auf die Probleme der modernen Psychosomatik immer wieder einzugehen. Der Beitrag SCHAEFERs enthält vielmehr grundlegende Erörterungen zur „psychophysiologischen Korrespondenz", und es nimmt nicht wunder, daß die „Mechanismen soziopsychosomatischer Relevanz" dort besonders deutlich und kritisch ins Auge gefaßt werden, wo von einer ‚sozialen Physiologie' die Rede ist.[4] Hier entsteht die Frage, wie sich *Soziales* in der *Physiologie* überhaupt vermitteln läßt, wie also methodisch ein ‚Auftauchen', ein Wirksamwerden der Kategorie des Sozialen in der Physiologie gedacht werden kann.

Modell-Denken in der Medizin

Das Ersinnen von Modellen zu Erläuterung naturwissenschaftlich denkbarer und eruierbarer Zusammenhänge hat in der Medizin nicht zuletzt deswegen eine besondere Bedeutung, weil wir uns zuvor entscheiden müssen, ob die Medizin, welche sich heute vornehmlich als eine *Disziplin angewandter Naturwissenschaft und Technik* versteht, ihre Modelle so auswählt und begründet, daß in ihnen wiederum *nur* Ergebnisse und Tatbestände naturwissenschaftlicher Forschung und technologischen Denkens als Gegenstände erscheinen können, welche in ihren Zusammenhängen und ihrer Bedeutung für die Medizin durch ein ‚Modell' erläutert werden sollen, oder ob in gleicher Weise leib-seelische Zusammenhänge Gegenstand der „Modelle sozialer Einwirkungen" sein können oder sein müssen.[5] Auch die *Physiologie* als *Wissenschaft* hat mit Tatbeständen ihrer Forschung, ihres Erkennens und ihres wissenschaftlichen Denkens zu rechnen, welche das Leben des zu untersuchenden Organismus voraussetzen, wenngleich wir bis zum heutigen Tage nicht wissen, was Leben ist.

Nun läßt sich physiologische Forschung durchaus auch an Gegenständen exemplifizieren, welche selbst kein Leben enthalten, und gerade diese Forschung, beispielsweise an physikalischen Modellen hat sich als besonders produktiv erwiesen. Man kann also die Physiologie als eine Wissenschaft betrachten, welche nicht nur des physikalischen Modells bedarf, sondern ohne physikalische Modelle weitgehend zur Unproduktivität verurteilt wäre. Die ‚Mechanismus'-Theorie lebendiger Prozesse an Mensch und Tier hat die Physiologie als angewandte Naturwissenschaft nicht nur beflügelt, sondern auch in ihren ureigenen Konzepten der Mikro- und Makrophysiologie durch eine strenge Reduktion auf *Zähl-* und *Meßbares* zu ihren auf der Höhe der Zeit liegenden Erfolgen geführt, welche ausschließlich der Durchführung strenger naturwissenschaftlich und technologisch orientierter methodischer Prinzipien zu verdanken sind und die Medizin als Wissenschaft nicht nur geprägt, sondern diese seit dem Beginn des 20. Jahrhunderts erst eigentlich zur angewandten Naturwissenschaft und Technik in eine angemessene Beziehung gebracht haben. Bis in die differenziertesten Bereiche der somatischen Therapie hinein läßt sich die heutige Medizin ohne die Physiologie als ihre eigentliche naturwissenschaftliche Grundlage nicht denken. Von daher liegt es nahe, auch die *seelisch-geistigen* Prozesse als naturwissenschaftliche *Objekte* der Physiologie zu betrachten und in rein neurophysiologischen Modellen zu beschreiben, eine Aufgabe, der sich unter anderen – freilich mit einigen philosophischen Implikationen – Sir JOHN ECCLES im letzten Jahrzehnt mit großem Erfolg unterzogen hat.[6] Der Versuch, auch das Denken – etwa seine Inhalte – physiologisch zu fassen und zu beschreiben, ist dabei mißlungen; und selbst die seelisch-geistige Intention einer Willkür-Bewegung läßt sich zwar hirnphysiologisch und hirntopologisch orten, nicht aber aus den Modellen einer noch so differenzierten Hirnphysiologie zureichend erklären.

Das Modelldenken in der Medizin bedient sich zumeist deskriptiver oder konstruktivistischer Elemente. Beide lassen sich nicht unbedingt und immer auseinanderhalten: Das Modell einer Statue – wie in der antiken ‚techne'-Ausübung – enthält in nuce auch den Inhalt und das Wesen dessen, was im bildhauerischen Original als ‚Kunst' zum Ausdruck kommt.[7] Dennoch ist ein solches Modell wie das eines Gebäudes ‚konstruktivistisch'; es läßt sich durch den Menschen konstruieren, d. h. herstellen.

Ähnliches gilt für die deskriptiven Modelle der *Natur,* welche – gleichsam übersetzt in die Mechanik konstruktivistischer Prinzipien, Naturvorgänge nachahmend darstellen, um sie so dem menschlichen Verstand zugänglich, d. h. verständlich zu machen. Das sog. „theoretische Modell" in der modernen exakten Naturwissenschaft leistet in der Regel eine „Erklärung" des wissenschaftlichen Gegenstandes durch „gedankliche Schritte", an welchen die naturwissenschaftliche Wirklichkeit geprüft und verifiziert werden kann.[8] Sobald sich diese Verifikation in technisch machbare Konstrukte umsetzen läßt, wird die Hoffnung im Menschen rege, die Welt durch künstliche, d. h. technische Eingriffe, durch *zuvor nie Dagewesenes* grundlegend zu verändern. Diese technische Intelligenz führt zu immer differenzierteren Vorstellungsweisen künstlich zu verändernder Wirklichkeiten – in neuerer Zeit zu einer Vorstellung schier unbegrenzter künstlicher Manipulierbarkeit natürlicher Kräfte, welche auch das menschliche Denken in der ‚artificial intelligence' nicht ausnimmt. An solchen Modellen gewonnene Utopien sind in der Medizin die ‚therapia sterilisans magna', ihr folgend die ‚Ausrottung aller Krankheiten', die beliebige ‚künstliche Manipulierbarkeit des Erbgutes' und schließlich die Herstellung menschlicher Unsterblichkeit oder jedenfalls die beliebige Verlängerung des Lebens. Man kann fast sagen: Was sich dem Modell-Denken nicht fügt, hat der „naturwissenschaftlich denkende Verstand" nicht begriffen.

In der Philosophie enthält das Modell-Denken noch eine andere Kategorie, die Orientierung des Wissens an den „inneren Wesenheiten der Dinge"; so bei LEIBNIZ, wenn er die geistigen Formen als Modelle anspricht, nach denen die Natur ihre Gebilde schafft und welche zugleich die Vorbilder für menschliches Erkennen darstellen.[9]

Deutlicher als die ihm vorausgehende Philosophie unterscheidet KANT zwischen einer „schematischen" und „symbolischen" Weise des Modell-Denkens.[10] Der Kreis als in sich zurückkehrende Linie *symbolisiert'* die Idee der Vollkommenheit; er charakterisiert als ‚Schema' den Begriff des Kreises. Der Kreis – als ein ‚Modell für die Idee der Vollkommenheit' betrachtet – enthält eine Kategorie, welche für die naturwissenschaftlich betrachtete und analysierbare Wirklichkeit kein Gegenstand sein kann, selbst wenn auch in ihm auf die (kausale oder technische) ‚Wirklichkeit' der Kreisstruktur keinesfalls verzichtet werden kann. ‚Vollkommenheit' und sogar eine ‚Idee' der Vollkommenheit stellen jedoch keinerlei Wirklichkeitsbereiche naturwissenschaftlichen Denkens dar. Sie sind aus diesem sozusagen ‚eliminiert'. Statt dessen hat eine Tendenz zur Abstraktion im Gebrauch des Modellbegriffes eingesetzt, welche H. VAIHINGER als „schematische Fiktion" bezeichnet, die „zwar das Wesentliche des Wirklichen enthalte, aber in einer viel einfacheren und reineren Form".[11] K. POPPER bezeichnet das Modell-Denken als den Versuch, „neue Gesetze auf schon überprüfte Gesetze zurückzuführen". Für ihn basiert das ‚Modell im engeren Sinne' auf „Annahmen über typische Anfangsbedingungen oder das Vorhandensein einer typischen Struktur".[12]

Psychophysische Korrespondenz

Daß HANS SCHAEFER das Problem „psychophysischer Korrespondenz" als ein entscheidendes Problem der sozialen Physiologie gesehen hat, geht schon daraus hervor, daß er sein Konzept der Sozialphysiologie auf eine Physiologie des Menschen begründet: „Der Mensch aber ist seiner biologischen Natur nach nicht nur durch seine (dem Tier durchaus konforme) Leiblichkeit bestimmt. Selbst für seine leiblichen Funktionen sind seine „geistigen" Eigenschaften mit konstitutiv."[13]
SCHAEFER will das *Geistige* „freilich auch hier nur methodisch verstanden" wissen, und er nimmt die „Introspektion (Selbstbeobachtung) als psychologische Methode zur physiologischen Methode hinzu", wenngleich die objektiven, physiologischen Beobachtungen sozusagen mit dem ‚Subjektiven' zwar als „parallel gehend" beobachtet werden können, als solche jedoch nichts aussagen über Wahrnehmungs-, Empfindungs-, Gefühls- oder auch Gedankeninhalte, welche mit der Introspektion des Subjekts, der ‚Selbstbeobachtung' gegeben sind. Mit anderen Worten, das Leib-Seele-Problem ist im Rahmen einer Sozialphysiologie genauso schwierig zu bearbeiten, und es erweist sich genauso problematisch wie das Leib-Seele-Problem in Hinsicht auf die Psychophysiologie des Individuum, der Person, des einzelnen Menschen, der in der Physiologie kaum als Subjekt, wohl aber stets als ein Gegenstand der Physiologie betrachtet worden ist, selbst wenn dieses Subjekt – zum Beispiel in seinen Empfindungen – als Ausgangspunkt für eine gegenständliche Messung fungierte – ebenso wie auch der *kranke Mensch* in der naturwissenschaftlichen Medizin stets als ein reiner *Gegenstand der Pathophysiologie* betrachtet wird.
Eine Sozialphysiologie auf naturwissenschaftlicher Grundlage handelt sich nicht zuletzt Schwierigkeiten durch das „Problem des Bewußtseins" ein. HANS SCHAEFER untersucht das Problem des Bewußtseins zunächst über den Aspekt der Physiologie an sich und empfiehlt, zwischen „bewußtseinsfähigen" Bereichen zentralnervöser Reaktionen und solchen, die unbewußt bleiben, zu unterscheiden. Es ist hier die Frage, ob der komplizierte lebendige Organismus, der letztlich den Gegenstand einer Sozialphsiologie darstellt, als eine *„Maschinerie"* betrachtet werden kann, welche geistig wie somatisch die „Reaktion des Organismus bestimmt" und ihre Struktur „ausschließlich genetischen Faktoren und der im Laufe des Lebens einwirkenden Summe aller Außenweltprozesse" verdankt. Wir werden später feststellen, daß und wie das *Gestaltkreis-Denken* an diesem Punkt ganz anders verfährt. Für dieses Denken bleibt der Maschinen-Vergleich stets ein unzureichenes Analogon und damit ein obsoletes Relikt positivistisch-naturwissenschaftlischer Denkweise, man könnte sagen, „am falschen Ort, zur falschen Zeit."[14]

Der ‚psychophysischen Korrespondenzhypothese', welche dem sozialphysio-logischen Modell zugrundegelegt wird, scheinen aber auch *psychosomatisch* be-stimmbare Ereignisse vorauszugehen, die durch den „emotionalen Stellenwert" einer biographisch dimensionierten „zeitlich begrenzten" Situation bestimmt werden. Auch die *‚biographische Situation'* – welcher per se eine psychophysi-sche Korrespondenz stets zugrundeliegt – ist ein Bestandteil des sozialphysiolo-gischen Modells. Mit der Einführung psychosomatischer oder psychosozialer, erst recht aber biographischer Kategorien in die Sozialphysiologie, sind – wie SCHAEFER sagt – Schwierigkeiten einer „operational sauberen Definition gesell-schaftlicher Faktoren" zu erwarten. Mit anderen Worten, wir müssen fragen, ob die Kategorien der psychophysischen Korrespondenz und der Biographie das Modell einer reinen Sozialphysiologie nicht sprengen.

Schließlich unterscheidet SCHAEFER in seinem Modell rein technosomati-sche Wirkungen von solchen überwiegend emotionaler Natur. Zu den ersteren rechnen „Wirkungsflüsse", welche die Leiblichkeit des Individuums unmittelbar verändern. Es handelt sich um mehr oder weniger direkte sozialphysiologische Wirkungen, die „im Stoffwechsel der Zellen und Organe und im Haushalt der Energien" ihren Niederschlag finden, ohne daß ‚psychische' Reaktionen invol-viert sind. Die emotionalen Wirkungen in sozialer Dimension faßt SCHAEFER unter dem Begriff „psychosozialer Stress" zusammen.[15] In der Mitte stehen die sog. „soziosomatischen" Wirkungen, welche die Natur von *‚Risikofaktoren'* an-nehmen können und „durch gesellschaftliche Normen oder Zwänge", durch den Einfluß kultureller Sitten vornehmlich entstehen, durch Ernährungs-, Trink- und Rauch-Gewohnheiten, Kindererziehung etc.

Der Gestaltkreis als psychophysiologisches Modell

Der Gestaltkreis VIKTOR VON WEIZSÄCKERS, in welchem eine *‚Theorie der Ein-heit von Wahrnehmen und Bewegen'* entwickelt wird, gründet sich auf experi-mentelle und klinische Beobachtungen am gesunden und kranken Menschen. Die Gestaltkreistheorie setzt sich mit den Theorien, Experimenten und Erfah-rungen der Gestaltpsychologie (GELB, GOLDSTEIN, KÖHLER u. a.)[16] ebenso aus-einander wie mit der Sinnesphysiologie (V. KRIES u. a.).[17] Eine besondere Anre-gung bot die Lehre vom ‚Funktionskreis' JAKOB VON UEXKÜLLs, auf dessen psychophysiologische Implikationen das Gestaltkreis-Denken WEIZSÄCKERs am ehesten bezogen werden kann. Das v. UEXKÜLL'sche Funktionskreis-Modell faßt die Merkwelt und Wirkwelt des Tieres mit der speziellen ökologischen Ni-sche, in der das Tier lebt, zu einem auf die besondere Organisation der Tierart bezogenen Funktionskreis zusammen. Eine kreisförmige Einheit von Merkwelt, Wirkwelt und Lebens-Welt (ökologische Nische) ermöglicht das Zusammenle-ben oder Nicht-Zusammenleben verschiedener Tierarten in sich überlappenden ökologischen Biotopen.[18, 19] Das Gestaltkreis-Modell – WEIZSÄCKER hatte sich auf Grund klinischer Be-obachtungen im Umgang des Arztes mit dem Kranken zunächst die *‚Einführung des Subjektes in die Medizin'* zum Ziele gesetzt – ist dem Funktionskreis-Denken J. v. UEXKÜLLS nahe verwandt, verfolgt aber ein anderes Ziel. WEIZSÄCKER ging es zunächst um den experimentellen Nachweis und die Theorie der ‚Einheit von Wahrnehmen und Bewegen‘ auf der Grundlage theoretischer Verknüpfung von Selbstbeobachtung, Beobachtung und Experiment im Umgang mit dem gesunden und dem kranken Menschen. Er stellte sozusagen auf anthropologischer Ebene die theoretische und experimentelle Erschließung der Lebenswelt des Subjektes dar, welche J. v. UEXKÜLL für die Tierwelt und – in seiner ‚Bedeutungslehre‘ (1938)[20] – für das biologische Subjekt schlechthin postulierte.

Hauptgegenstände der Gestaltkreisforschung sind die Sinneswahrnehmung und die Willkürbewegung – für Biologen und Physiologen gleichermaßen zentrale Themen, sobald das Lebewesen überhaupt als ein Subjekt zu betrachten ist. Die Bemühungen um eine „Einführung des Subjektes“ nicht nur in die Medizin, sondern in die Biologie, die Beschreibung des biologischen Aktes als einer „geschlossenen Einheit“ deuten darauf hin, daß sich das Gestaltkreis-Denken nicht auf den Nachweis der ‚Einheit von Wahrnehmen und Bewegen‘ im sinnesphysiologischen Experiment am Menschen beschränkt, sondern die Medizin ebenso einbezieht wie die Biologie, die Psychologie ebenso wie die Physiologie, die Außenwelt ebenso wie die Innenwelt des Menschen, die klinische und experimentelle Praxis ebenso wie die theoretische Betrachtung und die Philosophie. Trotz der Vielfalt gedanklicher Verknüpfungen stellt sich das psychophysiologische Konzept der Gestaltkreis-Lehre als ein Ergebnis sorgfältigen Studiums der ‚krankhaften Störungen im Nervensystem‘, der ‚Bedingungen der Wahrnehmung‘ und der ‚Bedingungen der Bewegung‘ dar.[21]

Das Studium des *‚biologischen Aktes‘* ist und bleibt gebunden an das Studium des *‚Lebewesens‘*, welches mit seiner Umwelt und ihren Gegenständen „in ganz bestimmten Beziehungen“ verbunden ist. Wenn aber das Lebewesen sich im aristotelischen Sinn durch ‚Selbstbewegung‘ auszeichnet, so liegt jeglicher Orientierung und Handlung in Raum und Zeit, jeglichem ‚biologischen Akt‘ ein Vermögen zugrunde, über das die leblose Materie selbst nicht verfügt. In einem solchen Denk-Zusammenhang erweist es sich als unvermeidlich, die physikalisch-mathematische von der biologischen Integration des Raumes zu sondern und zu unterscheiden: „Die physikalisch-mathematische Integration hat ein in der Zeit konstantes Bezugssystem. Seine Koordinaten müssen in absoluter Ruhe sein und alle auf sie bezogenen Körper sind daher widerspruchslos auch untereinander“. Die biologische Integration dagegen „hat immer nur Augenblicksgeltung; ihr ‚Bezugssystem‘ kann zwar eine gewisse Dauer besitzen, aber doch jederzeit zugunsten eines anderen geopfert werden. Es ist also eigentlich kein System, sondern eine Einordnung von biologischen Leistungen in eine Gegenwart.“[22]

Ein wichtiger Untersuchungsgegenstand der Gestaltkreis-Forschung ist daher das Studium der *Genese* der Bewegungs*formen* von Organismen in der Zeit.

Eine erste – wenngleich „schwerwiegende Unstimmigkeit von Vorstellung und Gegenstand“ besteht darin, daß bei einer *intendierten* Bewegung – etwa bei der Intention ‚Ball ins Tor‘ – „der subjektive Vorsatz und der objektive Vollzug der Bewegung hinsichtlich der Form wesentlich auseinanderfallen“[23] Dabei handelt es sich nicht um eine „nur subjektive Täuschung“, sondern um ein Problem der „gesetzmäßigen“, der Wahrnehmung *konstitutiv* zugrundeliegenden *Täuschung,* welche sich prinzipiell einer „Ableitung aus physischer oder physiologischer Kausalität widersetzt". Zudem sind im biologischen Akt *Gegenstand – Ort – Zeit – Erwartung – qualitative Entscheidung – physiologische Funktion* einander so zugeordnet, daß die *Intention:* „Ball ins Ziel" sich *verwirklichen* läßt, obgleich ihre *Verwirklichung* nur unter bestimmten Bedingungen vorausgesehen werden kann, unter anderen Bedingungen *mißlingt.* Die *intendierte, gezielte und vollzogene* Bewegung setzt im *biologischen Akt* einen „zeitlichen Wirkzusammenhang" voraus, der sich dem physikalischen Zeitbegriff nicht beugt. Die „erlebte" Zeit *(subjektive Zeitordnung)* muß von der „objektiv-mathematischen" Zeit unterschieden werden. Es besteht „ein subjektives Verhältnis" zu der – erlebten – Zeitlichkeit des Geschehens als *Ereignis,* nicht zur – physikalischen – „Zeitbestimmtheit des objektiven Verlaufs".[24]

Nicht *geometrische Figuren,* sondern ganz verschiedenartige Formen oder *Gestalten ‚biologischer Akte'* bestimmen die Geschwindigkeitssteigerung der Fortbewegung bei höherentwickelten Tieren: „Das Pferd ändert seine Gangart, vom Schritt zum Trab zum Galopp zur Karriere: Jede Gangart hat ein völlig abweichendes eigenes Koordinationsbild". Hier ist das Bewegungsgesetz immer ein solches, als sei das Räumliche eine Funktion der Zeit (und umgekehrt).

Dieser Sachverhalt – so fährt WEIZSÄCKER fort – läßt sich auch so ausdrükken: „Die Bewegung *formt* jeweils ein bestimmtes Verhältnis von Raum zu Zeit, nicht nur eine Raumfigur unabhängig von der Zeit."[25] Für das Lebewesen ist „*sein*" biologischer Raum ebenso wie „*seine*" biologische Zeit primär als Gestaltung aufzufassen, eine Erkenntnis biologischer Gesetzlichkeit schlechthin, welche der Funktionskreis- und Bedeutungslehre JAKOB VON UEXKÜLLS durchaus entspricht, indem sie diese durch Beobachtung und Experiment am Menschen gezielt und systematisch erweitert.

Für das *Gestaltkreis-Denken* und seine Anwendung in Biologie, Medizin, Physiologie und Psychologie, letztlich auch in der Soziologie, ist, ebenso wie für die *Sozialphysiologie,* die Frage nach der *‚psychophysischen Korrespondenz'* (H. SCHAEFER)[26] der eigentliche Ausgangspunkt der Forschung. Sie läßt sich jedoch nicht ad hoc aus dem status praesens der neuzeitlichen psychophysiologischen Forschung oder aus deren wissenschaftstheoretischen Grundlagen ableiten, sondern bedarf einer eigenen wissenschaftstheoretischen Fundierung, die WEIZSÄKKER in dem Gestaltkreis-Kapitel ‚Von der heterogenen Funktion zum Kohärenz-Prinzip' erörtert.[27]

Zunächst ist es ein Unterschied, ob ein ‚gestörter' oder ‚zerstörter' Zusammenhang von etwas Zusammengehörigem Einblicke in eine biologische Leistung gewähren soll oder sie als solche in ihrer Beziehung zum ‚Ganzen' des Organismus geradezu verhindert. Ein Beispiel solcher Art ist die neurophysiologisch gut untermauerte Reflex-Lehre, welche über biologische Vorgänge der Nervenleitung minutiöse und überraschende Gesetzmäßigkeiten aufgedeckt hat, während der Weg von der intendierten zur vollzogenen und erfolgreichen, d.h. zielsetzenden und zugleich zielgerechten Bewegung eine andere *Dimension* der Nachforschung, der Beschreibung und der Analyse verlangt als das neurophysiologische Studium der Nervenbahnen. Aber die biologische Leistung als solche läßt sich in der Neurophysiologie durch den experimentellen Eingriff, welcher sie in ihrer Ganzheit zerstört und damit unmöglich macht, nur partiell erläutern, nämlich in Hinsicht auf den Bau und die Funktion des Nervensystems selbst. Die von dem

Lebewesen hervorgebrachte *zielgerechte Leistung* bleibt nach wie vor rätselhaft, solange nicht die aus den Gesamtprozessen in ihrem Gesamtzusammenhang resultierende *Gestalt* betrachtet wird, welche dieser Leistung zugrundeliegt.

Verstoßen wird hier vor allem gegen das Gesetz der ‚Emergenz‘, welches im Rahmen der neueren *System-Theorie* besagt, daß in Teilsystemen bestimmte Phänomene nicht existent sind, d. h. gar nicht erscheinen und nicht zur Wirkung kommen können, weil sich als Bedingung der Möglichkeit ihrer Existenz erst das aus Teilsystemen sich zusammensetzende übergeordnete System formieren muß, gleichsam als zureichende Bedingung der Möglichkeit ihres Erscheinens.[28] Mit anderen Worten: Bestimmte Phänomene übergeordneter und integrierender Systeme sind an die Ganzheit dieser Systeme gebunden und lassen sich nicht aus den Elementarbedingungen der Teilsysteme zusammensetzen oder herleiten.

Die *systemische ‚Komplexität‘* des menschlichen Organismus manifestiert sich nicht nur in seiner lebendigen Gestalt, sondern dadurch, daß er kraft dieser Gestalt über all diejenigen Bedingungen menschlicher Wirklichkeit in seiner Existenz verfügt, welche das Tier nicht besitzt. Als ein *biologisches Subjekt* verfügt er ebenso wie andere lebendige Organismen über Gedächtnis- und Bedeutungsleistungen des biologischen Systems, eine Eigenschaft, der wiederum die elementare Dynamik anorganischer Kräfte nicht gleichgesetzt werden kann.

Diese an die Gestalt gebundene *systemische Komplexität* des Menschen läßt sich hinsichtlich ihrer seelischen Komponenten mit Hilfe der Psychologie, in ihrem Denken mit Hilfe der Philosophie erkennen. Durch die reine Psychologie oder Philosophie aber läßt sich wiederum die naturwissenschaftlich und physiologisch fundierte ‚Ganzheit‘ eines biologischen Systems – und so auch die Ganzheit des Menschen – nicht erfassen. Der *Mensch* bedarf ebenso wie das *biologische* System bezüglich seiner Existenz und seiner Leistungen eines ganz anderen wissenschaftlichen Zugangs zu den *Fakten* dieser Existenz und Leistung, d. h. er bedarf nach wie vor des naturwissenschaftlichen, aber auch des psychologischen und philosophischen Zugangs zur Erkenntnis und wissenschaftlichen Grundlegung seiner ihm eigenen *menschlichen Natur*.[29]

Während die angewandten Naturwissenschaften in der Medizin sich auf die Beobachtung und Analyse *physikalischer* Gegenstände, *chemischer* Prozesse oder *physiologischer* Funktionen am lebendigen Organismus und vor allem an minutiös zerlegten Teilen desselben beschränken, bedürfen die übergeordneten *Systeme* wie das *Lebewesen,* der *Mensch,* die *Sozietät* jeweils neuartiger und in den naturwissenschaftlichen Elementar-Analysen nicht enthaltener kategorieller Bestimmungen, als Voraussetzung für eine adäquate methodische und wissenschaftstheoretische Beurteilung.

In einem solchen Zusammenhang betrachtet V. v. WEIZSÄCKER – um hier nur ein Beispiel zu nennen – die an sich „partikulare Organleistung“ der Hand, welche „zugleich Fühler und Greifer, sich dem Gegenstande anschmiegt und gleichzeitig denselben hin und her bewegt, als wüßte sie schon das, was sie erst ertasten will.“[30] In der menschlichen ‚Wirklichkeit‘ läßt sich dieser Vorgang kaum anders beschreiben als durch den Satz: „Bewegung schafft wie ein bildender Künstler den Gegenstand nach, und die Empfindung empfängt ihn wie das hingebende Gefühl.“ Der Tastakt als solcher erzielt eine ‚dynamische Formeinheit‘, welche nicht nur die nüchtere, kognitive ‚Vergegenständlichung‘ des Gegenstandes ermöglicht und erzeugt; sondern er selbst enthält und erzeugt eine Gesamtsituation, aus der das „Nachschaffen des Gegenstandes" ebensowenig wie das „hingebende Gefühl" seiner ‚Empfindung' eliminiert werden kann. Die ‚*Einheit* von Wahrnehmen und Bewegen' zeigt sich auch hier, und sie stellt als eben jene „ganz partikulare Organleistung" die Voraussetzung dar für eine menschliche und mitmenschliche Wirklichkeit (human facts, sozial facts), durch welche uns die *biographische* ebenso wie die *soziale* Dimension überhaupt erst eröffnet wird.[31]

Sozialphysiologie und Gestaltkreis-Denken

Kehren wir noch einmal zu dem Begriff der ‚*psychophysischen Korrespondenz*' zurück, welcher im Mittelpunkt des sozial-physiologischen Konzeptes steht. Der Terminus ‚*Sozialphysiologie*' meint zunächst einmal die „physiologischen Mechanismen der Einwirkung der Gesellschaft auf den Menschen" und will sich dabei ausdrücklich auf die „physiologische Seite" dieses Prozesses beschränken, ohne daraus abzuleiten, „daß sie allein nur vorwiegend wichtig" sei. Die Sozialphysiologie soll vielmehr „eine Handhabe zum besseren Verständnis sozial determinierter Krankheiten bieten."[32]

Eine neue Dimension der Physiologie ist hier die *Gesellschaft* „als die das Individuum umgebende Umwelt, soweit sie aus Menchen besteht", aber auch „die durch Menschen veränderte" *Umwelt,* welche besondere Probleme „gesellschaftlicher" Natur bietet. Gegenüber der ‚*Psychosomatik*' und der ‚*Soziologie*' grenzt H. SCHAEFER die Sozialphysiologie wie folgt ab: „Es muß jedoch, gerade der Soziologie und der Psychosomatik gegenüber, betont werden, daß andere als psychologisch oder physikochemisch definierbare *Mechanismen* soziophychosomatischer Relevanz schlechterdings nicht existieren können, und selbst hierbei muß, im Sinne einer Theorie der Leib-Seele-Einheit und gegen jeden Versuch eines Dualismus, betont werden, daß der Physiologe als letzter den Menschen in zwei voneinander unabhängige oder mindestens selbständige, in „Wechselwirkung" miteinander tretende Teile zerschnitten wissen möchte. „Psyche" ist ein für uns nur methodisch wertvoller und definierbarer Begriff: eine Bezeichnung für das, was im Selbsterlebnis (in der „Introspektion") des Menschen erfahrbar wird. Daß allem „Psychischen" somatische (d.h. physikochemische) Phänomene entsprechen, ist kaum zu bezweifeln. Der Zusammenhang beider kann aber in keiner Modelltheorie dargestellt werden; er ist, im Sinne KANTs, ein Problem der „transzendenten Physiologie" (H. SCHAEFER)."[33]

Für den Sozialphysiologen ist demnach ein ‚Dualismus' leibseelischer Zusammenhänge ebenso unannehmbar wie eine Trennung von der ‚Ganzheit' des lebenden Organismus, in welchem psychophysische Prozesse sich ereignen und für die Umwelt sichtbar und bemerkbar „zum Ausdruck" kommen. Ebenso ist ‚*Gesellschaft*' sozial *physiologisch* nur in Gestalt des ‚Individuums' faßbar, welches diese physiologische ‚Ganzheit' bildet. Demnach lassen sich *psychisch* oder *somatisch* (d.h. physikochemisch) zu beobachtende Phänomene nur im Rahmen einer wie immer zu definierenden ‚*Ganzheit des Individuums*' in ein *sozialphysiologisches* Konzept einordnen.[34]

Allein schon diese Feststellung ist ein ‚*Emergenz'*-Phänomen einer systemischen Erweiterung des Konzeptes der reinen ‚Physiologie' als einer auf den lebendigen Organismus angewandten Naturwissenschaft. Mit dem Eintritt in die systemische Dimension der *Gesellschaft* steht die Entdeckung weiterer *Emergenz*-Phänomene bevor.

Freilich verändert sich bei diesem Vorgang auch die Physiologie als Wissenschaft, indem sie in einer neuen systemischen Ordnung erscheint, welche *physiologische* Prozesse anders zur Darstellung bringt, als sie im Rahmen ihrer ursprünglichen Wissenschaftskonzepte erscheinen.[35]

Eine daraus resultierende Frage lautet: Lassen sich *Emergenz*-Phänomene übergeordneter Systeme einer elementaren Analyse dergestalt unterwerfen, daß sie durch die Reduktion (Rückführung) auf die in den Grundwissenschaften – hier in den angewandten Naturwissenschaften – zu beobachtenden Elemente nicht selbst zerstört werden und also in ihrer sog. ‚*Ganzheit'* gar nicht in Erscheinung treten können?

Hans Schaefer widmet sich dieser Frage unter den Aspekten des Problems von „Ursache und Wirkung" sowie einer „allgemeinen Theorie psychosozialer Reiz-Antworten". Unter diesen Aspekten stellt die „psychophysische Korrespondenz-Hypothese" eine Kernfrage dar; sind doch die sozial*physiologischen* Komponenten der Einflußnahme auf den Menschen nicht auf sog. technosomatische Wirkungen begrenzt, sondern erfolgen überwiegend durch „emotionale Wirkungen", wie beispielsweise den sog. „*psychosozialen Stress"*.[36]

Wenngleich das Stresskonzept keinesfalls ausreicht, eine in spezifischer Weise eingreifende Wirkung auf das einzelne Individuum in der jeweiligen biographischen Situation durch gesellschaftliche Einflüsse zureichend zu erklären, so hat es doch immerhin lange Zeit dazu gedient, derartige Einflüsse wenigstens „psychosomatisch" verständlich zu machen. Mit Recht aber merkt Schaefer an, daß nicht nur die „operational saubere Definition gesellschaftlicher Faktoren", sondern auch ‚psychosozialer Streßsituationen' schwierig sei.[37]

Als ein „idealer Fall einer *Korrespondenz zwischen soziopsychischer Einwirkung und somatischer Folge"* wäre die Beobachtung einer strikten *zeitlichen* Koinzidenz anzuführen. Diese ist aber – so Schaefer – bei der Entwicklung chronischer Krankheiten nie gegeben, so daß nurmehr eine „individuelle Koinzidenz" übrigbleibt, d.h. das krankwerdende Individuum *reagiert* auf eine Noxe nach einer „wechselnd langen, individuell schwankenden *Latenzzeit"*.[38] Nicht zuletzt erwachsen im Konzept einer Sozialphysiologie als Wissenschaft „Schwierigkeiten durch das Problem des Bewußtseins".

Das hier von Schaefer aufgewiesene Dilemma ist ein grundsätzliches: Zunächst wird angemerkt, daß Krankheiten sich sowohl in „bewußtseinsfähigen" Bereichen zentralnervöser Reaktionen abspielen als auch in dem nicht dem Bewußtsein zugänglichen Bereich des Organismus. „Wirkungseinflüsse von der Außenwelt" – so folgert Schaefer – „treffen also auf einen komplizierten Organismus, dessen „Maschinerie" (geistig wie somatisch) die Reaktion des Organismus bestimmt."

Noch einmal wird hier von einer kartesischen „Maschinerie" gesprochen, die weder im geistigen noch im somatischen Bereich Wirkungseinflüsse der Außenwelt in ihren Reaktionen auf den Organismus einer Erklärung näherführt, selbst wenn „diese Maschinerie ihre Struktur ausschließlich genetischen Faktoren und der im Laufe des Lebens einsetzenden Summe aller Außenweltprozesse" verdankt. Gerade das ist der untaugliche Punkt eines Modelles, welches wie Beschreibung sozialphysiologischer Wirklichkeit auf eine Maschinen-Theorie des Lebens und ihre „ausschließlich genetischen Faktoren" sowie die „im Laufe des Lebens einwirkende Summe aller Außenwelteinflüsse" einzuschränken sucht. Das psychophysische Modell des Gestaltkreises hat uns bereits gezeigt, warum das nicht möglich ist, vielmehr der lebende Organismus nur als ein sich bewegendes und handelndes, also auch in Grenzen entscheidendes und urteilendes *„Subjekt"* begriffen werden kann.

In der Tat wirken *Umwelteinflüsse* – wie auch SCHAEFER einräumt – immer nur so, daß sie auf ein „genetisch *und* lebensgeschichtlich geformtes Individuum treffen", welches als *Subjekt* in seinem Leben *geistig* wie *psychisch* wie *somatisch* Lebenserfahrung gesammelt hat und als ein individuelles *Lebewesen* reagiert.[39]

Daß der menschliche Organismus als Bautypus der Gattung ‚Homo sapiens' im psychosozialen wie im sozialphysiologischen Bereich sog. *typische Reaktionsweisen* bedingt, welche genetisch fixiert sind, steht außer Zweifel. Indessen vermögen auch diese nicht zu erklären, warum der eine Mensch in bestimmter und wohl auch vergleichbarer *sozialer Situation* erkrankt, der andere nicht.

Biologische Erscheinungsformen des Lebens lassen sich auf biologische Modelle allgemein nur dann reduzieren, wenn dem biologischen Organismus schlechthin, also auch der einzelnen lebenden Zelle, die Eigenschaften des ‚Subjektes' zugesprochen werden. ‚Vigilanz' und ‚Kampffähigkeit' der Tiere sind illustre Beispiele für in der Tierwelt zu beobachtende ‚Emotionen' in Situationen der Gefahr. Diesen Emotionen sind eine Reihe typischer physiologischer Reaktionsabläufe zugeordnet. Von daher läßt sich sagen, daß auch das Konzept einer Sozialphysiologie nicht nur auf den Menschen, sondern auch auf das Tier anwendbar ist und daß dem „biologischen Sinn der Emotionen" – den SCHAEFER dem Prinzip des ‚survival of the fittest' (DARWIN, 1874) unterwirft – für die Tierwelt ebenso Gültigkeit zukommt wie für den Menschen.[40]

Nun stellt HANS SCHAEFER in diesem Zusammenhang fest, daß der Mensch gegen emotionale Folgen psychosozialer Reize „biologisch nicht geschützt" sei. Gesteigert werde die daraus resultierende Gefahr durch die Einflüsse der modernen sozialen Welt, „welche den leiblichen Kampf durch den geistigen, bei gleichen biologischen Nebeneffekten ersetzt".[41]

Noch einmal meldet sich die postulierte „psychophysische Korrespondenz" als grundlegende Voraussetzung sozialphysiologischer Prozesse, diesmal in Hinsicht auf die *spezifische sozialphysiologische Situation des Menschen selbst!* Und hier müssen wir mit neuen *Emergenz*-Phänomenen rechnen, welche sich wiederum nicht auf zähl- und meßbare Fakten reiner Physiologie reduzieren lassen; so die „Vernetzung und Rückkoppelung" menschlicher Leistungen mit Erlebnissen der *Hoffnung,* des *Erfolges,* der *Resignation,* der *Anerkennung* und viele andere Phänomene, welche die *Kategorie menschlicher und mitmenschlicher Werte* betreffen. In diese Kategorie gehört aber auch die Bewertung menschlicher und mitmenschlicher *Leistungen* innerhalb des Konzeptes einer sozialen Physiologie.[42]

Letzlich bleibt jede sozial*physiologisch* beobachtbare Reaktion – ob durch das Individuum, ob durch mehrere Individuen, ob durch ein überindividuell sich

vollziehendes gesellschaftliches Ereignis induziert oder verursacht – abhängig
von den *persönlichen* Faktoren der Reaktion, welche in der Tat nun „nicht nur
vom genetischen Material des Individuums abhängen", sondern von „der durch
die Lebensgeschichte (Erfahrung) geprägten *Persönlichkeit*"[43], geprägt vor allem
auch durch ihre *Situation,* zumal die *soziale Situation,* in der sie sich befindet.

Sozialphysiologie als ‚Einheit' sozialer Wahrnehmung und Bewegung?

Soziale Leitungs- und soziale Leistungsphänomene sind als solche Phänomene
sozialer Emergenz, das heißt in gesellschaftlichen Systemen tauchen neue Phänomene auf, die im individuellen Bereich nicht beobachtet werden können. Hier
wird das schwierige Problem einer überindividuellen *,Ganzheit'* gemeinschaftli-
cher oder gesellschaftlicher Systeme berührt, mit welchen sich die Sozialphysiologie als Wissenschaft auseinanderzusetzen hat, so etwa mit der Frage, ob die
überindividuellen ‚Ganzheit' *physiologische* Eigenschaften besitzen kann, welche
nicht durch die leiblichen organismischen Eigenschaften des Individuums ver-
körpert sind! Selbst wenn wir die technischen Erzeugnisse kultureller und gesellschaftlicher Kommunikation als Instrumente *sozialphysiologischer Funktionen*
betrachten, so fehlt doch in diesem Zusammenhang das *individuelle organis-
misch-biologische Substrat,* welches als die eigentliche *Matrix* physiologischer
Funktionen zu betrachten ist.[44] Wir müssen also genauer fragen: Welches sind
die eigentlichen *Strukturen* sozialphysiologischer Funktionen als solcher?

An diesem Punkt ist die Einführung des *biologischen Subjektes* in die Sozialphysiologie von außerordentlicher Bedeutung: Erst das seiner Umwelt als biologisches Subjekt gegenübergestellte Lebewesen ‚begabt' die Natur mit jenen unendlich vielfältigen Eigenschaften, welche unter dem Begriff der ‚psychophysischen Korrespondenz' als *Erscheinungen des Lebens* betrachtet werden können
und zwar bis hin zu dem kleinsten lebenden Individuum, der *Zelle* (R. VIR-
CHOW).[45]

Erst das seiner Umwelt – in- und außerhalb des Organismus – gegenübertre-
tende, sich selbst bewegende und zugleich in sie eingebettete Lebewesen „rechtfertigt" sozusagen die komplexe und in ihrer Erscheinungsweise unendlich vielfältige *biologische Gestalt!* Die ‚psychophysische Korrespondenz' beschreibt nur
den *intraorganismischen* Teil des biologischen Subjektes, während der *extraorga-
nismische* Teil mit seiner Umwelt, der Spezifität seiner organismischen Gestalt
entsprechend, verbunden ist und *sich* in ihr *bewegen, sie wahrnehmen* und – der
Mensch anders als das Tier, nämlich *handelnd* – sie *verändern* kann.

Das Lebewesen ist – wie J. v. UEXKÜLL zeigt – durch seine Gestalt auf seine
spezifische Umwelt, seine Lebenswelt, *bezogen* und aufs engste – funktionell –
mit ihr verknüpft.[46] Dieser ‚strengen' bioökologischen Anbindung ist der
Mensch als Gattung jedoch nicht unterworfen; von daher sind die extrapsychi-
schen und extraorganismischen Phänomene einer menschlichen Sozialphysiologie von anderer Art und anderem Inhalt, von anderer *Natur* als die tierischen;
sie sind der tierischen Natur in vieler Hinsicht ähnlich, in anderer toto coelo von
ihr verschieden. Wir müssen also auch eine Sozialphysiologie des *Tieres* von einer Sozialphysiologie des *Menschen* unterscheiden.

Eine *soziale Leistung* des Menschen beinhaltet das, was entweder ein einzelner Mensch an Veränderungen *in sozialer Dimension* bewirkt oder was in einer sozialen Leistung durch das *Zusammenwirken mehrerer Menschen* zustande kommt. Dabei geht es nicht nur um *raum-zeitlich* sich manifestierendes Handeln eines einzelnen Menschen oder einer *Gruppe* sondern es geht auch um auf die *Gesellschaft* einwirkende Folgen eines *Urteils,* einer *Wertung,* oder einer (politischen) *Entscheidung* eines einzelnen, einer Gruppe oder politischer Mehrheitsverhältnisse, welche stets durch politische Entscheidungen und Handlungen aufeinander bezogener *einzelner* Personen (Individuen) *verwirklicht* werden. Die *Emergenz* politischer oder auch gesellschaftspolitischer Entscheidungen, ja selbst die *Emergenz* einer gemeinsamen *Willensbildung* und *Handlung* mehrerer Personen gegenüber der *Willensbildung, Entscheidung* oder *Handlung* eines einzelnen Menschen setzt zum mindesten ähnliche sozial*physiologische* Prozesse voraus, die jedoch für den gesellschaftlichen *Effekt* solcher überindividuell durchgesetzten Leistungen nur eine untergeordnete Rolle spielen. Daß sich *überindividuellen Leistungen* bereits in der kleinsten sozialen Einheit, der *Dyade* zwischen zwei Personen, z. B. im sogen. CHRISTIAN'schen Sägeversuch, registrieren lassen, ohne daß die beiden Beteiligten ein Bewußtsein ihrer *real* eingebrachten Teilleistung entwickeln können, sondern dieses ihr Bewußtsein sie oftmals *täuscht,* zeigt an, daß auch im - überindividuellen - *sozialen* Bereich sozialphysiologische Abläufe wirksam sind, die in den Teilbereichen der Einzelleistung als solche nicht erscheinen.[47]

Mit andern Worten: Das *gemeinsame* Tun zweier oder mehrerer Personen führt zu einer Entfaltung *kooperativer,* d. h. *überindividuell formierter* Kräfte, welche die Einzelleistung mit einer eigenen überindividuellen Schwingung übergreifen. Daß ein solches *überindividuelles Phänomen* z. B. auch dann sichtbar wird, wenn ein kräftiger gesunder Mensch und ein in seiner muskulären Einzelleistung durch *Krankheit* eingeschränkter Mensch im Sägeversuch zusammengespannt werden, ergibt sich auch hier wiederum aus dem registrierten Ergebnis: Solange der gesunde und der kranke Mensch ihre Einzelleistungen nach besten Kräften einbringen, wird angezeigt, daß die Leistung des Kranken während seiner Zusammenarbeit mit Gesunden eine nahezu normale Leistungshöhe erreicht, während sie in sich zurückfällt, sobald der Gesunde in seiner Leistung nachläßt. Dies mag ein Hinweis darauf sein, daß selbst im rein *individualphysiologischen* Leistungsbereich eine *sozialphysiologisch* übergeordnete, d. h. *überindividuelle* Leistung entstehen kann, welche sich registrieren läßt.[48]

Es sei schließlich in diesem Zusammenhang auf die *interindividuelle Dependenz sportlicher Leistungen* hingewiesen. Wir wählen zu ihrer Erläuterung das Fußballspiel! Das *Ziel* „Ball ins Tor", das die Fußballmannschaft beflügelt und ihr im Falle des Sieges nicht nur Prestige, sondern auch Geld einbringt, kann nur durch sozial*physiologische Leistungen* erbracht werden, d. h. durch Leistungen, denen das *physiologische Vermögen* des *biologischen Subjektes* innewohnt, sonst käme kein Sieg zustande!

Kein Zweifel, daß hier auch die *psychophysiologische Korrespondenz* als eine conditio sine qua non für das Hervorbringen der Leistung angesehen werden muß. Da aber nach SCHAEFER selbst für die leiblichen Funktionen des Menschen seine ‚geistigen' Eigenschaften mit konstitutiv sind, läßt sich auch die Leistung eines Fußballspielers nicht etwa nur kraft der intakten *physiologischen Funktionen* seines *biologischen Organismus* erklären, sondern sie entstehen durch „eine Einordnung von biologischen Leistungen in eine Gegenwart"[51], welche durch ein einziges Ziel bestimmt wird: „Ball ins Tor", d. h. sie entsteht durch ein ‚Bezugssystem', welches „zwar eine gewisse Dauer besitzen, aber doch jederzeit zugunsten eines anderen geopfert werden" kann.[49]

Die sozial*physiologische* Leistung des Fußballspielers ist noch in einer anderen Hinsicht interessant: Ständig müssen ‚*Vigilanz*', d. h. gesteigerte Aufmerksamkeit und *Geschicklichkeit,* d. h. nicht nur intendierte, sondern auch vollzogene *zielgerechte* sozialphysiologische Leistungen von den Spielern erzeugt werden, indem sie nicht nur als Leistungen des einzelnen Spielers, sondern als Leistung einer Gruppe, einer Mannschaft erbracht werden. Die Spiel*leistungen* des einzelnen erfolgen in ständig wechselnden ‚Bezugssystemen' und verschmelzen zu einer *überindividuellen* Leistung nach den Regeln eines geordneten *Spieles.* Wesentlich kompliziert wird die Dynamik dieser überindividuellen Leistung durch die Spielmannschaft des Gegners, welche auf dem Plan erscheint und zwar mit ebenso vielen verschiedenartigen Vorbedingungen für die *biologischen Akte* ihrer eigenen Leistungen wie der des Gegners, gegen den sie antreten. Schon das Zusammenspiel der eigenen Mannschaft setzt eine *überindividuelle biologische Integration* der Einzelleistungen voraus; darüber hinaus hat die durch die *Integration* verschiedenartigster gestalthafter Einzelleistungen in der Mannschaft zustande kommende *Gemeinschaftsleistung* den Gegner nicht nur ständig im Auge zu behalten, sondern sie muß auch und vor allem den auf vielfältigste und unerwartete Weise sich manifestierenden Einzelleistungen der ‚gegnerischen Spieler' minutiös parieren. Stets aber sind die *Leistungen* der einzelnen Spieler *intendierte,* wohlgezielte und *aktualisierte,* d. h. entsprechend der Intention sich vollziehende *biologische Akte,* welche von mehreren Personen durchgeführt einander ablösen und in sehr komplexer Weise aufeinander *bezogen* sind.

Betrachtet man in diesem Zusammenspiel die *physiologische Einzelleistung,* so läßt sich aus ihr weder das *physiologisch* minutiös Bekannte einer gezielten Willkürbewegung eliminieren, noch lassen sich die unendlich vielfältig sich formierenden Reiz-Reaktionsformen in den immer wieder neuen Innervationsketten sorgsam koordinierter physiologischer Leistungen der Muskelfibrillen in ihrer Gesamtheit auch nur ansatzweise beschreiben. Die *Summe* der physiologischen *Einzelgestalten* der muskulären Kontraktionsprozesse vermag die *intendierte* Bewegungs*gestalt* nicht zu erklären, welche sich nicht nur auf das den Ball bewegende Glied – den Fuß – beschränkt, sondern die *Bewegungsgestalt* der gesamten in Tätigkeit befindlichen Willkürmuskulatur des Spielers *formt.* Weder das *Bewußtsein* noch die Willensakte und Emotionen der einzelnen Spieler sind während des Spieles reduziert; ganz im Gegenteil: Höchste *Vigilanz,* stärkste *Besonnenheit und leidenschaftlicher Wille,* den Ball ins Tor zu bringen und zu siegen, beherrschen den einzelnen Spieler und integrieren ihn zugleich mit seinem Körper in das Spiel.

Individuelle wie überindividuelle Leistungsformen, welche die Mannschaftsleistung mit dem Ziel: „Ball ins Tor" zustande bringt, erweisen sich als individuelle und überindividuelle Manifestation einer hochdifferenzierten, äußerst komplex zusammengesetzen *Leistungsgestalt,* welche durch das *Gestaltkreis*-Modell erläutert wird. Die kartesische *Maschinen*theorie des Lebens kann zur Erklärung physiologischer Interaktionsprozesse nur einen unzureichenden Beitrag leisten.

Literatur und Anmerkungen

[1] Weizsäcker V von (1968) Der Gestaltkreis – Theorie der Einheit von Wahrnehmen und Bewegen, 4. Aufl. Thieme, Stuttgart New York

[2] Schaefer H, Heinemann H (1975) Modelle sozialer Einwirkungen auf den Menschen (Sozialphysiologie). In: Blohmke M, Ferber C von, Kisker KP, Schaefer H (Hrsg) Grundlagen und Methoden der Sozialmedizin. Enke, Stuttgart (Handbuch der Sozialmedizin, Bd 1, S 92–130)

[3] Delius L (1975) Modelle sozialer Einwirkungen auf den Menschen (Psychosomatische Konzepte). In: Hb. Sozialmedizin, Bd I. Stuttgart, S 131–176

[4] Schaefer H l. c. S. 93.

[5] Schaefer H (1975) Allgemeine Modellfindung. In: Hb. Sozialmedizin, Bd I. Stuttgart, S 363–379

[6] Eccles JC (1975) Das Gehirn des Menschen. Piper, München

[7] Kaulbach F (1984) Modell. In: Ritter J, Gründer K (Hrsg) Historisches Wörterbuch der Philosophie, Bd 6. Schwabe, Basel Stuttgart

[8] l. c.

[9] Leibniz GW (1961) Nouveaux essais, Werke III/2. Wissenschaftliche Buchgesellschaft, Darmstadt, S 175

[10] Kant I (1966) Kritik der Urteilskraft § 59. Wissenschaftliche Buchgesellschaft, Darmstadt, S 458

[11] Vaihinger H (1911) Philosophie des Als Ob, S 36 f.

[12] Popper K (1973) Naturgesetze und Theoretische Systeme. In: Objektive Erkenntnis. S 388

[13] Schaefer H l. c. S. 92.

[14] Schaefer H l. c. S. 95 – Grundsätzlich stellt sich die Frage, ob das „Problem des Bewußtseins" überhaupt vom Standpunkt einer Sozialphysiologie auf naturwissenschaftlicher Grundlage zureichend abgehandelt werden kann. Es handelt sich hier wohl eher um eine sehr komplexe *interdisziplinär* zu verhandelnde Frage zwischen den heutigen Wissenschaften. Kein Zweifel besteht darüber, daß ein lebendiger Organismus, der ein ‚*Subjekt*‘ enthält, auch wenn er als *Gegenstand* einer *Sozialphysiologie* behandelt wird, nicht als eine „Maschinerie" betrachtet werden kann. Dieser kartesische Terminus dürfte in seiner Anwendung auf lebende Organismen auch in der gegenwärtigen Naturwissenschaft als obsolet zu betrachten sein, selbst wenn die Vorstellung der ‚artifical intelligence‘ als ‚Geist in der Maschine‘ immer noch in den Köpfen ernstzunehmender moderner Wissenschaftler spukt. Hinter dem Gebrauch dieses Begriffes der ‚Maschinerie‘ „am falschen Ort, zur falschen Zeit" verbirgt sich freilich auch das Relikt einer wissenschaftlichen Grundhaltung, welche als ‚technisches Denken‘ die nüchtern kritische Grundhaltung naturwissenschaftlichen Denkens mit der konstruktivistischen Sehnsucht verwechselt, eines Tages lebende Substanz, d.h. biologische Organismen herzustellen, also Leben zu machen. Hier wird die Reichweite positivistisch-naturwissenschaftlicher Denkweise und ihrer Theorien mit ihren prinzipiellen Grenzen verwechselt (s. W. Jacob: Kranksein und Krankheit l. c. S. 41, 47).

[15] l.c. S. 94.

[16] Weizsäcker V von. Gestaltkreis, l.c. S. 196, 191.

[17] l.c. S. 195.

[18] Uexküll J von. Kompositionslehre der Natur. Hrsg.: T von Uexküll. Prophyläen-Verlag, Frankfurt 1980. – Der Gestaltkreis ist dem sehr viel früher – um 1920 – von Jakob von Uexküll konzipierten *Funktionskreis* in vieler Hinsicht gerade in seinen Grundgedanken der qualitativen Eigenart verschiedenartiger Welten der verschiedenen Lebewesen durchaus verwandt. Beide Modelle blieben in ihren grundsätzlichen Aussagen den zeitgenössischen Wissenschaften weitgehend verschlossen. Daran hat sich auch heute noch kaum etwas geändert.

168   W. Jacob

[19] Uexküll T von (1981) Die Zeichenlehre Jakob von Uexkülls. In: Krampen M, Oehler K, Posner R, Uexküll T von (Hrsg) Die Welt als Zeichen. Klassiker der modernen Semiotik. Severin & Siedler, Berlin

[20] Uexküll J von (1970) Die Bedeutungslehre. Fischer, Frankfurt/M

[21] Weizsäcker V von. Gestaltkreis, l.c. S. 25f, 81f, 119f.

[22] l.c. S. 10.

[23] l.c. S. 137.

[24] l.c. S. 139.

[25] l.c. S. 142.

[26] Schaefer H: l.c. S. 92.

[27] Weizsäcker V von: l.c. S. 152f.

[28] Uexküll T von (1986) Medicine and semiotics. Semiotica 61-3/4 S. 201-217. – Schon Johannes Müller hat – freilich nicht den Begriff der ‚Emergenz' verwendend – die Frage nach der Herkunft des Lebens in seiner zweibändigen Physiologie in ähnlicher Weise gestellt: Ist das Leben gleichsam ein *Urphänomen,* dem sich die substantiellen Partikel in besonderer Weise – in den biologischen Gestalten und physiologischen Prozessen – *einordnen,* oder ist das Leben auch ein Bestandteil der anorganischen Materie, kann sich aber erst dann manifestieren, wenn diese Materie zu bestimmten Materiekomplexen zusammentritt, welche die Manifestation des Lebens ermöglichen (s. W. Jacob: Medizinische Anthropologie im 19. Jahrhundert, l.c.; darin das Kapaitel: Johannes Müller (S. 80-100)

[29] Jacob W (1978) Kranksein und Krankheit. Hüthig, Heidelberg

[30] Weizsäcker V von: l.c. S. 158.

[31] Jacob W: Kranksein und Krankheit, l.c. S. 188ff.

[32] Schaefer H: l.c. S. 93.

[33] Schaefer H: l.c. S. 93. – Der Begriff der *transzendenten Physiologie,* den Kant in der Kritik der reinen Vernunft gebraucht (705) ist als solcher auch im Zusammenhang der von uns dargestellten Problematik außerordentlich ernstzunehmen. Kant unterscheidet einen *immanenten* von einem *transzendenten* Gebrauch der Vernunft „in der rationalen naturbetrachtung der „*Physiologie*": der erster geht auf die Natur, soweit als ihre Erkenntnis in der Erfahrung (in concreto) kann angewandt werden, der zweite auf diejenige Verknüpfung der Gegenstände der Erfahrung, welche alle Erfahrung übersteigt. Diese transzendente Physiologie hat daher entweder eine innere Verknüpfung oder äußere, die aber beide über mögliche Erfahrung hinausgehen, zu ihrem Gegenstande; jene ist die Physiologie der gesamten Natur, d.i. die transzendentale Welterkenntnis, diese des Zusammenhanges der gesamten Natur mit einem Wesen über der Natur, d.i. die transzendentale Gotteserkenntnis." Würde der Kantsche Begriff einer „transzendenten Physiologie" auch heute wieder ernst genommen, so wäre mit diesem Begriff nicht nur der Begriff der ‚*Natur*', sondern auch der Begriff der ‚*Natur des Menschen*' in einem völlig anderen Zusammenhang darzustellen, als die heutige Naturwissenschaft ihn darzulegen vermag. Eine ausführlichere Darstellung dieses Problems soll in einer späteren Studie aufgenommen werden.

[34] Jacob W: Kranksein und Kranheit, l.c. S. 93.

[35] Das Prinzip der Emergenz bedarf einer grundlegenden Erörterung im Rahmen der *Semiotik* (Th. A. Sebeok, T von Uexküll, l.c. (28) Es ist nicht möglich, die *gesellschaftliche Dynamik* an sich unter dem Aspekt einer sozial dimensionierten *Physiologie* zu beschreiben, wenn nicht zuvor schon die *Teilheit* physiologischer Prozesse im Rahmen einer angewandten Naturwissenschaft zur ‚*Ganzheit*' der im biologischen Subjekt sich vollziehenden ‚*Einheit von Wahrnehmen und Bewegen*' in Beziehung vollziehenden ‚*Einheit von Wahrnehmen und Bewegen*' in Beziehung zu setzen. Hier freilich verändern sich auch die dynamischen und topologischen Zuschreibungen der psychophysischen Korrespondenz, des Bewußtseins und des Geistes! M.a.W. die kategoriellen Explikationen des Konzeptes einer *Sozialphysiologie* führen an dem Problem einer *transzendenten Physiologie* I. Kants nicht vorbei. Freilich stellt der Ansatz Kants keine gangbare Lösung dar, eher die Gestaltkreis-Lehre Viktor v. Weizsäckers. Zu diesem schwierigen Punkt steht eine wissenschaftstheoretische Auseinandersetzung bevor!

[36] Schaefer H: l.c. S. 113ff.

[37] l.c. S. 95.

[38] l.c. S. 96.

[39] l.c. S. 98.

[40] l.c. S. 100.

[41] l.c. S. 101.

[42] Schaefer H: l.c. S. 103.

[43] l.c. S. 103.

[44] s. Anm. 37.

[45] Virchow R (1967) In: Jacob W (Hrsg): Medizinische Anthropologie im 19. Jahrhundet. Enke, Stuttgart, S 123 ff

[46] Uexküll J von (1973) Theoretische Biologie, 1928. Suhrkamp, Frankfurt/M

[47] Christian P (1949) Wesen und Formen der Bipersonalität. Enke, Stuttgart (Beiträge aus der allgemeinen Medizin, Heft 7)

[48] Neueste Untersuchungen in unserem ‚Gestaltkreis-Labor', durchgeführt von L. Klinger, an dem von ihm neu konstruierten und modernisierten Christianschen Sägemodell, weisen in diese Richtung (Untersuchungsergebnisse noch unveröffentlicht). – Außerdem Klinger L (1986) Einführung in die Gestaltkreis-Experimente. In: Th. Henkelmann: Viktor von Weizsäcker – Materialien zu Leben und Werk. Springer, Berlin Heidelberg New York, Tokyo

[49] Weizsäcker V von: Gestaltkreis, l.c. S. 10.

4.3 Die Pflicht des Arztes, am Krankenbett mehrdimensional zu denken

Fritz Hartmann

Im Nachdenken über das mir gestellte Thema bin ich zu einer Akzentuierung der Notwendigkeit zu einer Pflicht des Arztes gelangt, am Krankenbett mehrdimensional zu denken. Ich nehme dabei nicht nur SCHAEFERs erweiterten Begriff von Physiologie auf, sondern nehme auch den moralischen Anspruch ernst, der mit der Anwendung der Ergebnisse und Erkenntnisse einer solchen Physiologie als Pathophysiologie verbunden ist. Der heutige Gebrauch des Begriffs Pathogenese engt auf Nosogenese, Krankheits-Entstehung ein. Eine Erweiterung auf Leidens-Entstehung und Geschichte ist von mir beabsichtigt und notwendig.

Auch in seinem Kranksein bleibt der Mensch eine natürliche Einheit in Mannigfaltigkeit. Oft entfalten sich ihm und anderen unbekannte Eigenschaften; andere verlieren an Bedeutung. Kranksein ist auch ein Sich-Kennen-Lernen. FRIEDRICH NIETZSCHE hat das so gesagt: „Der Wert aller morbiden Zustände ist, daß sie in einem Vergrößerungsglas gewisse Zustände, die normal, aber als normal schlecht sichtbar sind, zeigen". Und NIETZSCHE hat auch einen soziopathologischen Gedanken vorweggenommen: „Wert der Krankheit – Der Mensch, der krank im Bette liegt, kommt mitunter dahinter, daß er für gwöhnlich in seinem Amte, Geschäfte oder an seiner Gesellschaft krank ist und durch sie jede Besonnenheit über sich verloren hat: er gewinnt diese Weisheit aus der Muße, zu welcher ihn die Krankheit zwingt". Hier wird auf Wert und Sinn – Besonnenheit, Besinnung, Sinngebung, Sinnsuche – hingewiesen. Auf solche Wertbesetzung menschlichen Krankseins versucht mein Thema aufmerksam zu machen. Verantwortung, die der Arzt übernimmt, ist ein sittlicher Anspruch. Mit der Wahl des Begriffs Pflicht möchte ich darauf hinweisen, daß diese auch in sein pathogenetisches Denken hineinreicht, je vielfältiger das Gefüge der Bedingungen des Krankseins Inhalt von Forschung, sowie von diagnostischer und therapeutischer Praxis wird. Seitdem an die Stelle der einen Ursache einer Krankheit ein Zusammenwirken vieler Bedingungen getreten ist, muß der Arzt sich und seinem Kranken in vielen – nicht in allen – Fällen, klarmachen, wie weit der Kranke an dem Ge-Stell dieser Bedingungen selbstverantwortlich beteiligt ist. Wenn dies schon für die *Krankheits*entstehung gilt, so ist es erst recht gültig für die Entwicklung des *Krankseins:* Der Kranke ist nicht nur Opfer einer Krankheit; er ist auch Gestalter seines Krankseins. Das schließt das diagnostisch-therapeutische Arbeitsbündnis mit dem Arzt ein. Darf dieser auf Einsichten in Blickfelder verzichten, die er durch vielfältige Wahl von Gesichtspunkten und Durchblicken gewinnen könnte? In dem Maße, in dem Wissenschaft Erkenntnisse bereithält, die sie auf diesen Feldern erarbeitet hat, wird ein Verzicht auf ihre Nutzung unmoralisch. Er würde auch gegen den sittlichen Gehalt und Anspruch von Wissenschaft und Wissenschaftlichkeit verstoßen.

Zu Beginn des neuzeitlichen pathogenetischen Denkens stand der Verzicht, nach den *ersten* Ursachen und dem *letzten* Sinn von Kranksein zu fragen. GOTTFRIED WILHELM LEIBNIZ verwies die Forschung auf die Untersuchung der nächstliegenden Ursachen, der *causa proxima*, von Erscheinungen allgemein; und eben dieses forderte THOMAS SYDENHAM zur gleichen Zeit für das ärztliche Denken im besonderen.

Die erste Frucht dieser Selbstbeschränkung war GIOVANNI BATTISTA MORGAGNIS Werk von 1761 „De sedibus et causis morborum". Gewöhnlich denken wir wenig darüber nach, ob denn Morgagnis Begriffe causa und morbus noch das Gleiche meinen, wie wir diese Begriffe heute gebrauchen und ob wir seine Vorstellungen vom Sitz teilen oder teilen können. Krankheit war für MORGAGNI das Muster der sinnlich erfahrbaren Zeichen an der Oberfläche des lebenden Menschen. Ursache war die unmittelbar unter dieser Oberfläche vom Anatomen entdeckte Veränderung eines Organs oder Gewebes. Der Sitz ist die Ursache, die causa proxima ganz im Sinne des räumlich Nächsten. Denn die Verortung der Krankheit war die Ablösung der Vorstellung einer durch Säfte – und Eigenschaften-Ungleichgewichte entstandenen Allgemeinkrankheit.

Von hier aus ist die pathogenetische Forschung zwei Wege gegangen: *1)* Die immer genauere Festlegung des Ortes: Gewebe (BICHAT) – Zelle (VIRCHOW) – Zellorganellen – Enzyme und Eiweißmoleküle – Biopolymere als Genträger. *2)* Der Einblick am Lebenden in sein Inneres: Endoskopien – Röntgendiagnostik – Radioisotope – Ultraschall – Magnetfelder; die sog. bildgebenden Verfahren, zunehmend nichtinvasiv z. B. Ersatz der Coronarographie durch Thallium-Szintigraphie.

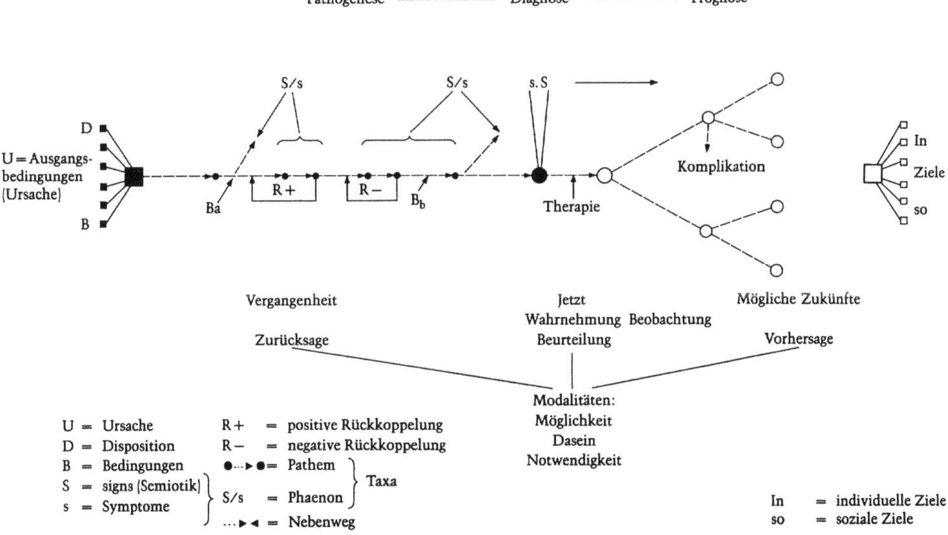

Abb. 1. Pathogenese-Schema

Es ist also nicht bei der Suche nach den causae proximae geblieben. Vielmehr wurden mit physikalischen, chemischen biologischen Methoden die Ereignisketten der Krankheiten-Entwicklungen, der Pathogenese, zurückverfolgt bis zu ihrem Beginn. Und dabei stellte sich heraus, daß *1.* diese Ereignisketten nicht eindimensional sind, sondern dreidimensionale Reaktions-Geflechte mit Haupt- und Nebenwegen – entsprechend zugeordneten Haupt- und Nebensymptomen – sowie mit mancherlei positiven und negativen Rückkoppelungen (Abb. 1) und *2.* am Anfang ist nur selten *eine* Ursache zu finden; vielmehr treffen wir auf ein Gefüge von Haupt- und Nebenbedingungen, das eine Erklärung für die Erfahrung verspricht, daß nicht jeder Mensch, der mit einem Krankheitserreger infiziert wird, erkrankt und wenn, dann nicht in gleicher Weise wie andere Menschen. Es hat sich gezeigt, daß es zweckmäßig und notwendig ist, die alte Unterscheidung der Krankheitszeichen in wesentliche, notwendige, essentielle und zufällig-accidentelle auch auf die verschiedenen Bedingungen des Krankwerdens zu übertragen. Es ist die Unterscheidung von *begünstigenden,* dispositionellen Bedingungen, wie z. B. genetischen Anlagen, Alter, Geschlecht, Ernährung, Klima, Jahreszeit und *auslösenden* präzipitierenden Bedingungen. Der ältere Begriff *accidentell,* zufällig, drückt nicht hinreichend deutlich aus, daß auch die auslösenden Bedingungen für den Beginn eines Krankwerdens notwendig sind, nur in einer unspezifischen Weise. Ein Beispiel wäre der Herzinfarkt: die Coronarsklerose ist eine begünstigende Bedingung, eine aktuelle Erschöpfung mit Blutdruckabfall, eine auslösende. Natürlich läßt sich das Schema auch weiter zurückverlegen. Für die Entwicklung einer Arteriosklerose gibt es disponierende Bedingun-

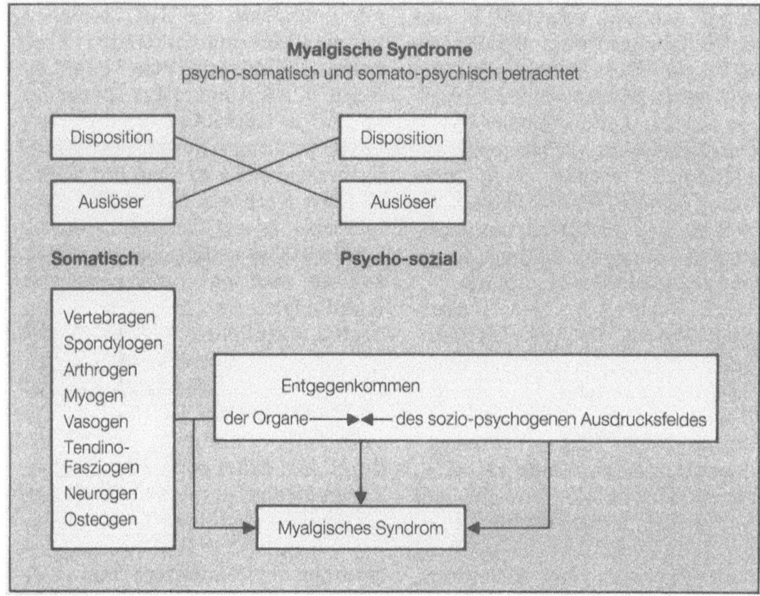

Abb. 2. Zusammenwirken körperlicher und seelischer Bedingungen fibromyalgischer Syndrome

gen, genetische oder Diabetes; zu den auslösenden Bedingungen würden, besonders wenn man eine schubweise Entstehung annimmt, Phasen von starkem Rauchen, von Blutdruckerhöhung und von ernährungsbedingten Flutwellen der Lipide gehören. Ein anderes Beispiele wäre das Zusammenwirken körperlicher und psychosozialer Faktoren bei der Auslösung fibromyalgischer Syndrome, z. B. Rückenschmerzen (Abb. 2)

Den diese klinische Erfahrung beschreibenden Begriffen Pluri- oder Multikausalität oder -konditionalität, auch Poly-Ätiologie entspricht als logische Folgerung für das pathogenetische Denken des Arztes die Mahnung und Aufforderung zu mehrdimensionalem Denken, Wahl verschiedener Gesichtspunkte, Wechsel der Blickrichtungen je nach Stand pathogenetischer Forschung, Lage eines Kranken, Möglichkeiten einer Praxis. Offenheit ist gefordert, Umgang der rechte Weg. Das Sichzurechtfinden ist schwieriger geworden, das Gelände unübersichtlicher. Tuchfühlung mit Kollegen muß gesucht werden. Die Wandlungen und Erweiterungen pathogenetischen Denkens verändern auch die Leistungen und Selbstverständnisse der Ärzteschaft als Ganzes. Der Begriff der Kollegialität müßte neu bestimmt werden.

Den seit MORGAGNI und CLAUDE BERNARD so zahlreich und vielfältig vermehrten pathogenetischen Kenntnissen war – das wurde bald eingesehen – mit rein additiven, zusammenzählenden Verfahren nicht beizukommen. Die Zunahme von Wissen über ein so komplexes System wie den Menschen, besonders den Einzelnen, bewirkt auch in der Ordnung dieses Wissens qualitative Sprünge. Dort, wo Wissen, das aus unterschiedlichen Gesichtspunkten auf verschiedenen Wegen erarbeitet wurde aufeinander trifft, entstehen auch Verwerfungen, Spannungen, ja Unverständnis und Streit. In dieser Lage befinden wir uns, wenn Ergebnisse der sog. naturwissenschaftlichen Krankenheitenanalyse mit psychologischen, phänomenologischen und soziologischen nicht in Übereinstimmung zu bringen sind.

Aus dieser Lage sind Versuche zu verstehen, mit Modellen und Methoden der System-Theorie die heterogenen und scheinbar unvergleichbaren Bruchstücke unseres pathogenetischen Wissens in einem Gefüge von labilen Fließgleichgewichten wenigstens als Denkmodell zu ordnen. Dies geschieht auch mit Rücksicht auf das Krankwerden verhütende und das Gesundwerden fördernde ärztliche Praxis.

Zwei Beispiele für einen solchen Ansatz mögen genügen: der von HANS SCHAEFER und der von THURE VON UEXKÜLL. In HANS SCHAEFERS Modell für die Pathogenese von Angina pectoris und Herzinfarkt (Abb. 3) ist das Prinzip der Vermaschung heterogener pathogenetischer Komponenten besonders deutlich und anschaulich. Für das Verständnis ist wichtig, sich zu vergegenwärtigen, daß jedes Kästchen und jede Schicht oder Ebene dieses Schemas wieder ein Subsystem mit komplizierten Regelvorgängen ist. Die Übersetzung der Informationen von Teilvorgängen und Subsystemen auf andere, ihr qualitativer und quantitativer Beitrag zum Ganzen bleibt ein offenes Problem. In diesem Schema bleibt trotz Einführung der Erkenntnisse aus vielen Blick- und Erfahrungsfeldern der Gesamtfluß eindimensional, von oben nach unten auf das Krankwerden zu. Die in diesem Fluß versteckten positiven und negativen Rückkoppelungen wären kaum schematisch darstellbar.

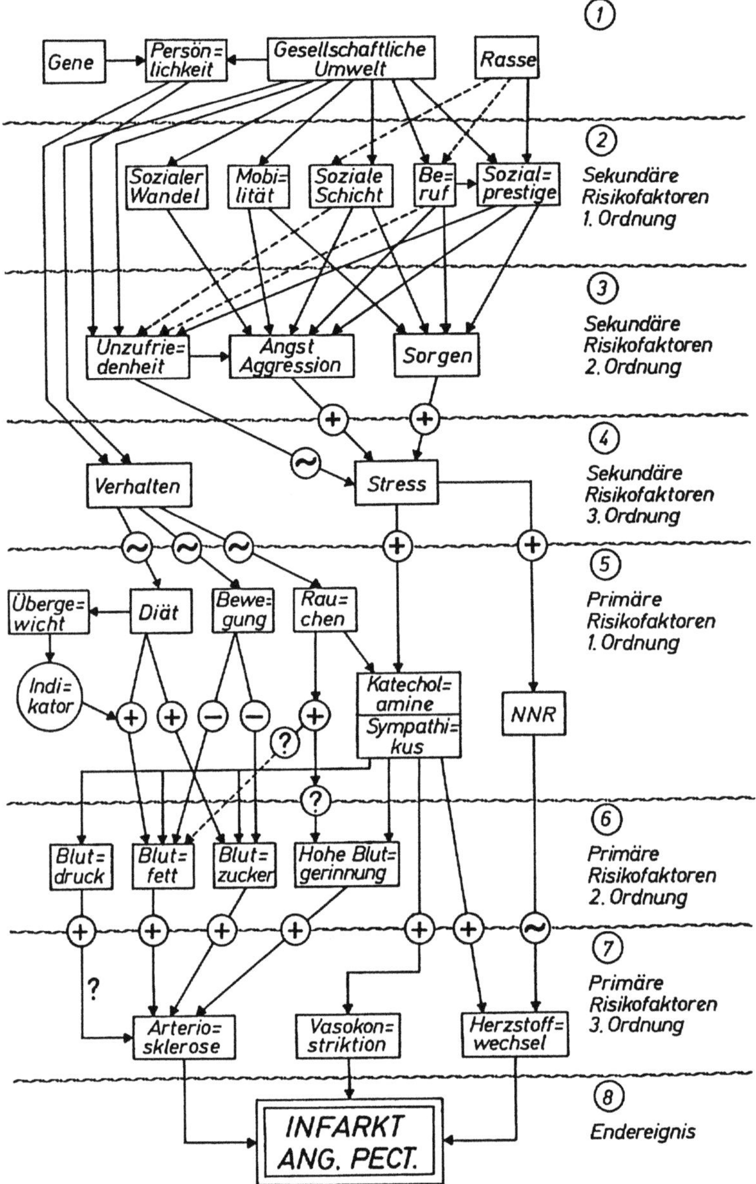

Abb. 3. Multikonditionale Pathogenese der Angina pectoris nach H. Schaefer

Das Schema THURE VON UEXKÜLLS (Abb. 4) ist allgemeiner und konkreter anwendbar auf primäres und sekundäres psychosomatisches Krankwerden und Krankbleiben. Das wesentliche dieses Schemas ist die zentrale Rolle der Bedeutungen, der Wertzuweisungen durch das kranke Individuum. Es wäre ein Mißverständnis, die Kreisgestalt dieses Schemas für ein geschlossenes System zu hal-

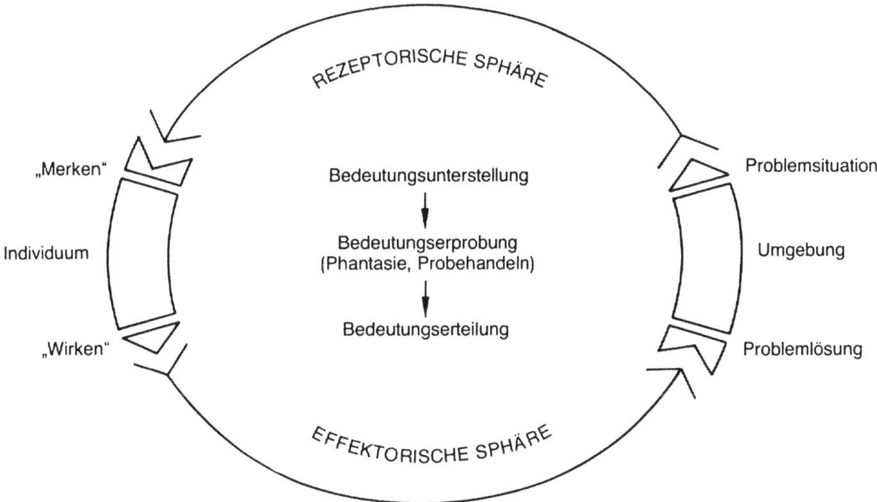

Abb. 4. Funktionskreis nach Th. v. Uexküll

ten. Es ist ein zur Mitwelt, Umwelt und Geschichte offenes System. Es ist in biographischer Bewegung und damit ist gemeint, daß nicht nur das Gedächtnis eines Kranken durch Kranksein lernt; auch der kranke Körper merkt sich somatisch krankhafte Ereignisse. Das gilt nicht nur für das klarste Beispiel der Infektionskrankheiten.

Von den Höhen der Systemtheorie kehre ich jetzt in pragmatischer Absicht in die Täler des ärztlichen Alltags zurück (Abb. 5). Dazu benutze ich ein dreidimensionales Koordinatensystem. In diesem findet jeder Kranke gemeinsam meist mit anderen vertrauten Menschen oft mit *seinem* Arzt *seinen* Ort. Mit einem solchen Schema läßt sich auch der Sachverhalt divergierender Bezugssysteme in offenen Gesellschaften veranschaulichen. Die Suche nach dem eigenen und dem gemeinsamen Ort der Beteiligten ist schwieriger als in geschlossenen. In der sog. Schulmedizin sind auch die nosologischen und pathogenetischen Bezugssysteme offen und in ständiger Bewegung. Verständigung bis Übereinstimmung ist deswegen möglich, weil niemand, der auf einer dieser Dimensionen denkt und handelt ohne Kenntnis der anderen ist.

Die erste Offenheit des Arztes gilt der Frage: Wie ist es gekommen, daß dieser kranke Mensch 1. sich das Zustands- oder Ereignismerkmal krank zuschreibt? 2. Mich als Arzt aufsucht, also vom – in soziologischer Begrifflichkeit – Kranken zum Patienten wird?

Wir sollten diese Anfangsschritte der sog. Patientenkarriere nicht grundsätzlich aus unserem pathogenetischen Denken ausschließen. Denn sie enthalten besonders bei chronischen Krankheiten pathoplastische Vorgänge, z.B. durch Sorge, Schmerz, narzistische Kränkung durch Mißbefinden, Protest gegen Versagen von Organen. Man darf auch nicht die pathoplastischen Einflüsse aus dem sog. Laiensystem unterschätzen, die dem Gang zum Arzt vorausgehen.

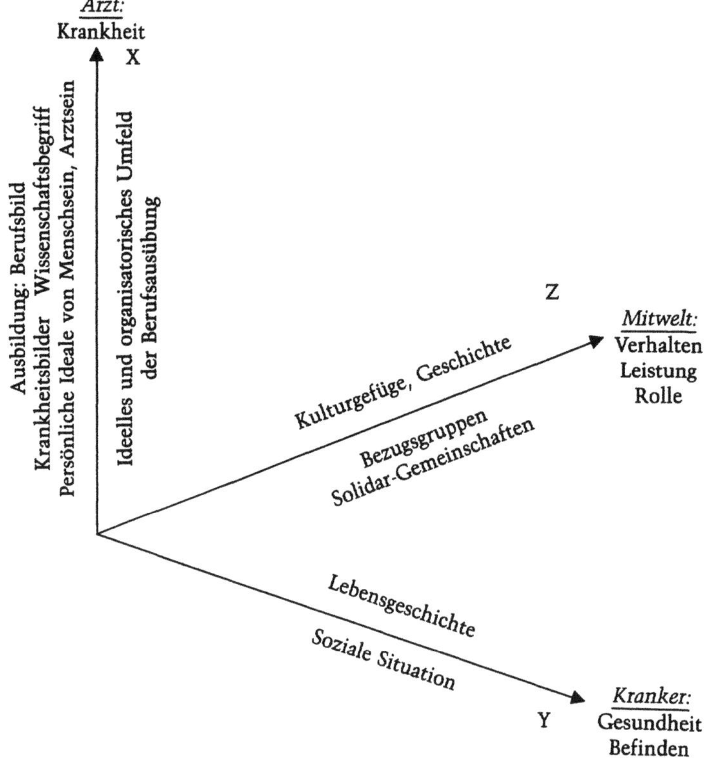

Abb. 5. Definition des Zustandes „krank" im Zusammenwirken von Kranken, Gemeinschaft, Arzt

Der Arzt geht zweckmäßig davon aus, jeden Menschen als Kranken anzunehmen, der sich ihm anvertraut, weil er glaubt, des Arztes zu bedürfen, sich diesem als Patient darbietet. Ein Kranker werden ist auch ein anthropologisch-soziologischer Prozeß. Er ist der besondere Fall einer Entscheidung, unter welchen Bedingungen wann und auf welchen Wegen ein Mensch andere Menschen beansprucht.

Die ersten mehrdimensionalen Annäherungen an den Kranken geschehen im ärztlichen *Gespräch*. Anamnestik ist unverändert der Königsweg nicht nur zum Kennenlernen des Kranken und zur Diagnose, sondern auch zu Einblicken in Entstehung und Entwicklung der Krankheit. Auch Pathoplastik, Gestaltung eines Krankseins durch einen Kranken gehört zur Individual-Pathogenese, die über die Krankheit hinaus das Kranksein verstehen will. Drei Dimensionen kennzeichnen das Spannungsfeld des ersten Gesprächs (Abb. 6): *1.* Die durch Instrumente nicht verstellte, noch ganz offene *Unmittelbarkeit* der Begegnung. *2.* Das Ziel der *Verständigung;* diese kann und darf die eigenen pathogenetischen Vorstellungen, die der Kranke sich gebildet hat nicht ausschließen. *3.* Die *Auslegung* dessen, was der Arzt über Pathogenesen gelernt hat, auf den Einzelfall.

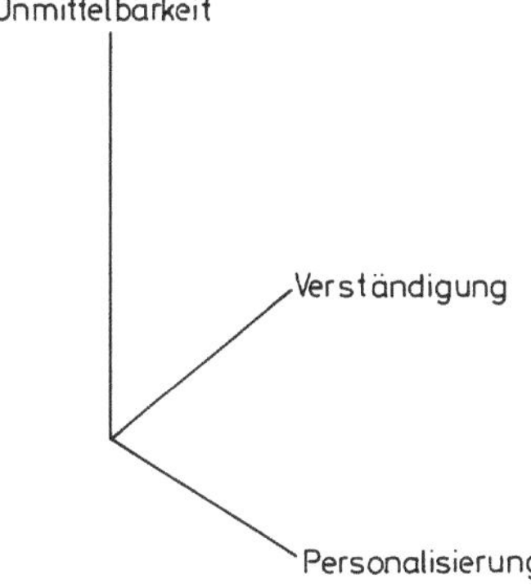

Abb. 6. Die drei Grunddimensionen der ärztlichen Aufgabe in der unverstellten Beziehung zum Kranken

Das Gespräch läßt sich, um die notwendigen Auskünfte zu erhalten wieder in drei Dimensionen ordnen (Abb. 7): Inhalte-Typen-Formen. Auf jeder dieser Dimensionen erhält der Arzt wichtige Mitteilungen. Jedoch kann er sie nicht gleichzeitig mit gleicher Genauigkeit wahr- und aufnehmen.

Das Gleiche gilt für die Zeitdimensionen des Krankseins, in deren Wirkungsfeld sich Pathogenese vollzieht (Abb. 8). Ihnen entsprechen Anamnestik – Diagnostik – Prognostik als Suchrichtungen des Arztes. Was dem Kranken in diesen

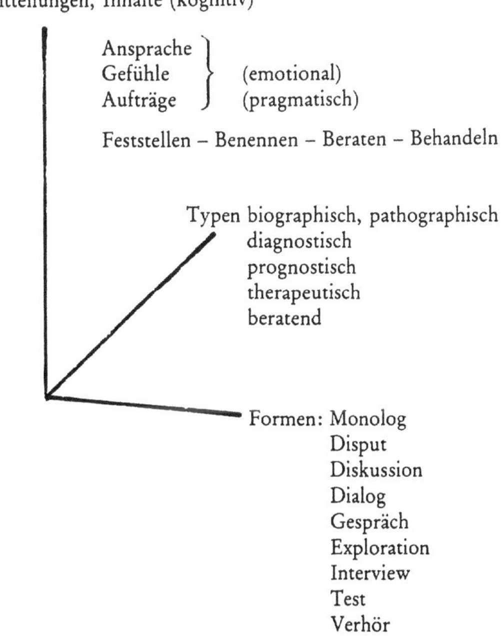

Abb. 7. Dimensionen des Kranken-Arzt-Gesprächs

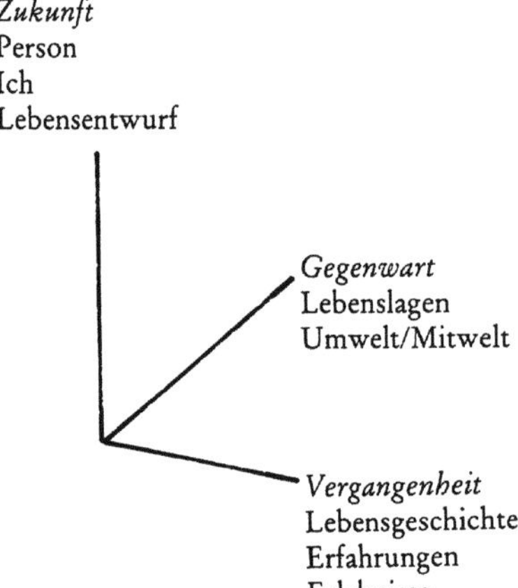

Abb. 8. Die zeitlichen Bedeutungsrichtungen des Krankseins

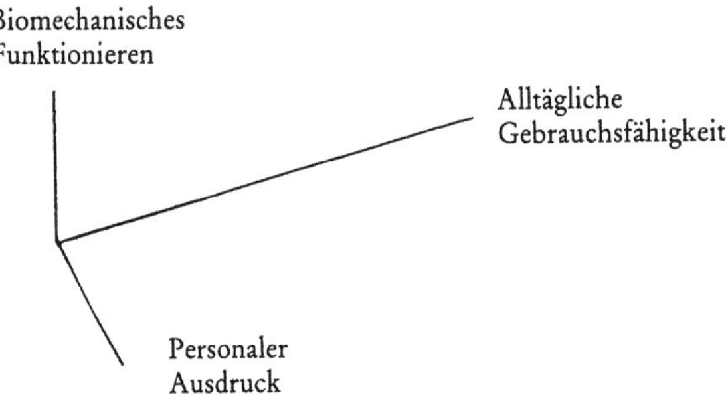

Abb. 9. Drei Dimensionen der Bewertung von Bewegung

Blickrichtungen sichtbar und nur zum Teil bewußt wird und was er mitteilen kann, ist von ihm bereits unbewußt und bewußt bearbeitet, zurechtgestellt – verstellt.

Am Beispiel der Krankheiten des Bewegungsapparates möchte ich abschließend die pathogenetische Aufhellung der krankhaften Vorgänge veranschaulichen. (Abb. 9) In den drei Dimensionen des allgemeinen Schemas ist die vom naturwissenschaftlich ausgebildeten Arzt bevorzugte pathologisch-anatomische, pathobiochemische und pathobiomechanische nur eine. Die beiden anderen nehmen die Richtungen von wertbesetzten Bedeutungen: Gebrauchswert für den Alltag von Arbeit, Familie, Gewohnheiten, Sport und Spiel; personaler und ästhetischer Ausdrucks- und Selbstdarstellungswert.

Für die Untersuchung der Pathogenese der in der Praxis so häufigen Rückenschmerzen ergibt sich aus diesen allgemeinen Grundsätzen mehrdimensionalen pathogenetischen Denkens und von diesem geleiteten Fragen und Messen das folgende Flußdiagramm ärztlicher Erkenntnisgewinnung und erkenntnisgeleiteten therapeutischen Handelns (Abb. 10). Das Schema knüpft an die Abbildung 2 an, zeigt aber vor allem die diagnostischen Schritte, im Rahmen eines allgemeinen pathogenetischen Denkschemas. Es zeigt die Entstehung eines Krankheitsbildes zu einem bestimmten Zeitpunkt, wenn möglicherweise ursprünglich voneinander unabhängige pathogenetische Entwicklungen aufeinander treffen. Das Ergebnis eines solchen Denkens genügt sowohl den Ansprüchen der Verallgemeinbarkeit der Aussagen wie der Notwendigkeit, den Einzelfall angemessen zu würdigen und zu verstehen. Denn das Ereignis des Krankwerdens ist nicht im Sinne klassischer naturwissenschaftlicher Ideale vorhersehbar. Aber was hier geschieht, erinnert an die Thermodynamik offener Systeme, in denen Ereignisse beschrieben werden, die man Singularitäten und Fulgurationen nennt.

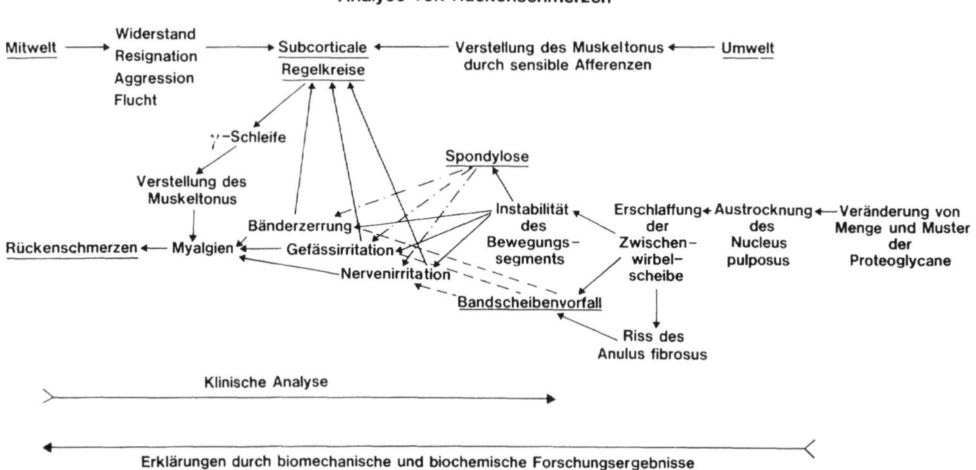

Abb. 10. Mehrdimensionale Analyse von Rückenschmerzen

Wie sollten sich die Ergebnisse dieser Erörterungen in dem niederschlagen, was wir Kranken-Geschichte nennen, was aber in der Regel nur Krankheits-Beschreibung mit verkümmerter geschichtlicher Dimension ist (Abb. 11). Eine Ermutigung und Anleitung dazu ist der Entwurf eines problemorientierten Kranken-Blattes, das die leidenden und handelnden Personen einbezieht. Das lenkt unseren Blick auf den sog. Problempatienten, der ist vorwiegend in Kliniken und Krankenhäusern aber auch in den Praxen niedergelassener Ärzte anzutreffen. Er ist ein Konstrukt, wenn nicht ein Produkt der Personen, die mit dem Kranken umgehen. Die kranken- oder personzentrierte Denk- und Arbeitsweise von Krankenhauspersonal birgt auch die Gefahr in sich, daß der Kranke zum Sündenbock, zum Lastesel für alle persönlichen Probleme wird, die für Ärzte, Krankenschwestern, Angehörige im Umgang mit dem Kranaken entstehen. Wenn ein Kranker sich zunehmend klagsam, unzufrieden, mürrisch, resigniert, abwendend, mißtrauisch verhält, ist die Frage zu stellen, welche Beziehungsstörungen hier wirksam geworden sind. In den Blick zu nehmen ist also die Frage, wessen Problem liegt hier vor, und das muß nicht immer nur ein Problem des

	Problembewertung: Problem für wen? Zielperson bzw. -gruppe								Pläne für Problemlösungen	Problemgefüge					Problemaktivität					
	Kranker	Arzt	Mitwelt	Staat	Verwaltung	Organisation	Dienstleistung	Wissenschaft		parallel	interdependent mit	konvergiert zu	verschmilzt mit	divergiert von	Erkenntnisstand	Konzentration	Lösungsstand	objekt. Aktivität	Handlungszwang	Reaktion des Kranken
Programm relevanter Probleme																				
1. Biographisch																				
2. Diagnostisch-symptomatologisch (Arbeitsdiagnosen)																				
3. Prognostisch-semiologisch (Allgemeinsymptome; Hypothesen)																				
4. Pathogenetisch-pathematologisch (Erklärungsmodelle)																				
5. Psychosoziale Dimension (Leidensdruck; Beruf; Familie)																				
6. Individuelle Reaktionsformen (Konstitution; Disposition; Gewohnheiten)																				
7. Therapeutische Modelle (wenn – dann)																				

Abb. 11. Entwurf einer Anleitung zur mehrdimentionalen problemorientierten Anlage einer Kranken-Geschichte

Kranken sein: der Arzt, der unzufrieden mit seinen diagnostischen Fortschritten ist, oder dessen vorausgesagter Therapieerfolg nicht eintritt, der sein Augenmerk am Problem des Kranken vorbei auf eine wissenschaftliche Fragestellung richtet und dadurch Widerständigkeit des Kranken hervorruft, die Schwester die sich Mühe gibt und eine entsprechende emotional befriedigende Antwort des Kranken vermißt, die Angehörigen, die ihren Besuch beim Kranken benutzen, um familiäre und berufliche Pläne mit ihm zu besprechen, die Krankenhausverwaltung die, ungeachtet der Verständnismöglichkeit des Kranken, ihm Formalien abverlangen. Als eine Abwehrhaltung, einen persönlichen Rettungsversuch bildet der Kranke dann Verhaltensweisen aus, die von den Personen seiner Umgebung als undankbar, nicht zur Zusammenarbeit bereit, uneinsichtig erlebt, gedeutet und behandelt werden.

Ich schließe mit dem Wunsch, daß Sie verstanden haben mögen, warum ich in meinem Thema pathogenetisches Denken mit sittlichen Haltungen im Begriff der Pflicht verbunden habe.

Kritischer Rückblick und Ausblick

W. Doerr

Wer sich durch dieses Buch hindurchgearbeitet und bemüht hat, einen *Leitfaden* zu finden, wird erschöpft – für einige Minuten – innehalten; denn das Mosaik der Steine, aus denen HANS SCHAEFERS „Modelle" errichtet wurde, scheint allzu heterolog:

Von den historisch-kritischen Darstellungen von HEINRICH SCHIPPERGES betreffend die geistigen Zusammenhänge einer sogenannten Modelltheorie bei JOHANNES MÜLLER, RUDOLF VIRCHOW und LUDOLF V. KREHL,

von AXEL BAUER betreffend die naturhistorische Schule um JOHANN LUCAS SCHÖNLEIN, aber auch den Einbruch „elementarer" Naturwissenschaft in Physiologie und Pathologie durch J. V. LIEBIG,

von den Bemühungen der einfachen morphologischen Pathologie (W. DOERR) um korrekte Ableitungen mittels logischer Schlüsse, durch vergleichend-anatomische Homologien und vermöge der Nutzanwendung sogenannter Gestalttheorie,

von der virtuosen Handhabung der „mathematischen Logik" durch HUCKLENBROICH und CHUAQUI, durch welche „Ordnung" und „Information" parallelisiert, „Information" auf „Entropie" bezogen und in ihren quantitativen Bedingungen physikalisch verständlich gemacht wurden,

von den Bemühungen TAUTUS und WAGNERS, erkannte oder vermutete Naturvorgänge in abstrakter Weise durch mathematische Modelle in logisch geschlossener Form darzustellen, bis hin zu der Lehre von den bedingten Reflexen, erläutert am Beispiel der Entwicklung des Funktionsschaltbildes psychosomatischer Fehlreaktionen junger Menschen durch GABRIELE HAUG-SCHNABEL (aus dem Arbeitskreis von B. HASSENSTEIN),

ist ein unerhört weiter Bogen, ein Kreis völlig disparater Aspekte geschlagen, dessen Orientierungsmarken zu verstehen, geschweige denn sachverständig zu prüfen, die ganze Kraft des Lesers erfordert!

Wie beglückend ist es, durch die Beiträge von FRITZ HARTMANN und A. W. v. EIFF in besser bekannte Gefilde klinisch-ärztlicher, aber auch klinisch-physiologischer Beobachtungen geführt zu werden, ja eine eigentliche perzipierende „Wohltat" empfängt der, der „neugierig bewegt" den Darstellungen von W. JACOB durch den und mit dem „Gestaltkreis" v. WEIZSÄCKERS in soziologische Aspekte einer Theoretischen Pathologie, besonders freilich – gleichsam als Krönung – dem Jubilar selbst (HANS SCHAEFER) folgen darf. Er erörtert die Pathogenese des Herzinfarktes, die gequälte Geschichte einer genialen Idee, indem er den Kranz *aller* Bedingungen aufreiht und wie in einem Modell zu alternierender Korrespondenz bringt.

Unser Symposion stand unter dem Thema „Modelle" der Pathologischen Physiologie. Letztere ist die „wahre Theorie" der Medizin (VIRCHOW). Insofern ist der Kompetenzanspruch umfassend. Viele Fragen der „Pathologie als Wissenschaft" sind solche einer betonten *Innerlichkeit*. Wir versuchen, die Besonderheiten des Lebens mit Hilfe der organismischen Theorie zu begreifen. Hierzu bedienen wir uns der „systemanalytischen" Methode. Krankheit im Sinne ärztlicher Betrachtung kann nur als „Störung eines offenen Systems" gewertet werden.

Wer nicht eingedacht ist, möge versuchen, durch die „Gestaltphilosophie" den Ariadnefaden zu finden. Der Physiologe sieht sich angehalten, „mechanische Modelle" auf biologische Bereiche zu transponieren. Im Zeitalter des technologischen Denkens kommt niemand um die Verarbeitung sogenannter mechanistisch getönter Konsequenzen herum. „Die Erfahrung wird zum Zeugungsferment des Geistes" (JOHANNES MÜLLER 1824). Das gilt heute so gut wie eh und je. Aber nichts ist schwieriger als der „gültige physiologische Versuch". Denn beim Übergang von der Erfahrung zum Urteil, von der Erkenntnis zu den praktischen Konsequenzen lauern dem Menschen seine „innere Feinde" auf: Er irrt sich ständig, aber er merkt dies oft erst zeitlich sehr viel später. Um Leben zu erforschen, muß man sich „am Leben beteiligen" (v. WEIZSÄCKER). Leben ist nicht nur ein Vorgang, sondern es wird – ärztlich gesehen – erlitten. Leben ist ein „Entwurf". Um dieses „Entwerfen" als Forscher nachvollziehen zu können, bedarf es der „Modelle".

Ein Modell kann nie der Wirklichkeit gleichen, allein es ähnelt ihr in allen wesentlichen Eigenschaften (KAPLAN 1965). Wissenschaftliche Prognosen werden in der gedanklichen Verlängerung kausaler Verknüpfungen gewagt, welche aus der Vergangenheit in die Zukunft reichen. Unsere Wissenschaft besteht dabei nicht nur aus der Registrierung spezieller Wahrnehmungsinhalte, sondern aus deren geistiger Verarbeitung mit stufenweiser Verallgemeinerung bis zur Entwicklung einer tragfähigen Theorie (cf. Verhandlungen LEOPOLDINA 1967, Nova Acta LEOPOLDINA 1968; HOLLE 1983).

Die menschliche Lebensform erscheint in ihren natürlichen Grundlagen wesentlich bestimmt von der ästhetischen Grundfunktion der geistigen Haltung. Wir haben als Personen in Beziehung zu treten zu kranken Personen und nicht bloß zu Laboratoriumsbefunden oder zu krankhaften Erscheinungen. An der Wirklichkeit des kranken Menschen gemessen ist die streng kausal-naturwissenschaftliche Medizin nur eine Methode von Verbindlichkeiten, aber nicht ein Bild dessen, was wirklich ist. Ihre Geltung ist eine kritische, sie ist keine ontische. Dies bedeutet, daß die naturwissenschaftlichen Daten alle richtig sind, das ausschließlich hierauf gegründete Bild des Menschen aber doch falsch sein kann. Richtigkeit und Wahrheit machen einen Unterschied. Menschliches Selbstverständnis umfaßt des Menschen Möglichkeiten, nicht ihn selbst.

Absolute Freiheit gibt es für uns nur als Idee (C. OEHME 1944), *denn die Weisheit dieser Welt ist eine Torheit vor Gott* (LÖWITH 1969). Wer sich im Sinne

HANS SCHAEFERS um die „Modelle der Pathologischen Physiologie" bemüht, arbeitet an der „ästhetischen Grundfunktion" seiner eigenen geistigen Haltung. Nur eine solche Tätigkeit macht unser Leben lebenswert!

Literatur

Doerr W (1968) Das physikalische Herzmodell. Vortrag, gehalten am 21. 10. 1967, Jahresversammlung der Leopoldina, Halle/Saale. Nova Acta Leopoldina 33:121 (Hier weitere Literatur)

Doerr W (1968) Biologische Modelle. Round-table-Diskussion über Modell und Erkenntnis. Nova Acta Leopoldina 33:231

Doerr W (1974) Anthropologie des Krankhaften. Wiener Med Wochenschr 124:209

Holle G (1983) Das Verhältnis der Allgemeinen zur Speziellen Pathologie. Z Ges Inn Med Grenzgeb 38:37

Löwith K (1969) In: Gadamer HG (Hrsg): Die Frage Martin Heideggers. Winter, Heidelberg

Oehme C (1944) Über Altern und Tod. Sitzungsberichte der Heidelberger Akademie der Wissenschaften, mathematisch-naturwissenschaftliche Klasse, Jahrgang 1944. Weiß'sche Universitätsbuchhandlung, Heidelberg